樹の中の虫の不思議な生活

穿孔性昆虫研究への招待

柴田叡弌・富樫一巳編著

東海大学出版会

The Fascinating Lives of Insects Residing in Tree Trunks
−An Introduction to Tree-Boring Insects−

edited by Ei'ichi SHIBATA & Katsumi TOGASHI
Tokai University Press, 2006
ISBN4-486-01735-8

1 スギカミキリ成虫．左は雌で右は雄である．（3・4章）

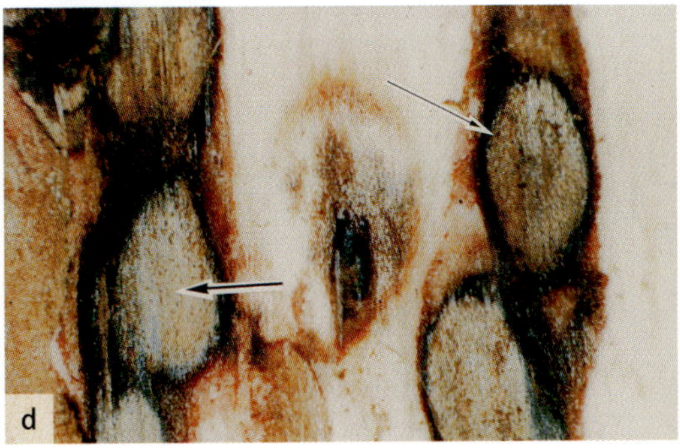

2 スギザイノタマバエ．a：スギ樹幹横断面の材斑（矢印：材斑），b：雄成虫，c：3齢幼虫，d：内樹皮表面の皮紋（輪郭のうすい新皮紋（中央），黒いふち取りは周皮（小矢印），その中が旧皮紋（大矢印））．（5章）

③ヒノキカワモグリガ．a：雄成虫（背面），b：雄成虫（腹面），c：雌成虫（腹面），d：5齢幼虫．（6章）

④交尾中のマツノマダラカミキリ成虫．雄は雌の上に乗っている．（7章）

⑤オオゾウムシ．a：成虫，b：幼虫，c：蛹．（8章）

4

5

a

b

c

6 マツ樹幹上におけるキタコマユバチ雌成虫の産卵行動．a：樹皮上での探索，b, c：産卵管の突き立て，d, e：産卵管の樹皮下への挿入．（9章）

7 ニホンキバチの産卵とそれによる被害．a：スギに産卵中の雌，b：ニホンキバチの産卵によってできた星型の変色（スギ）．（10章）

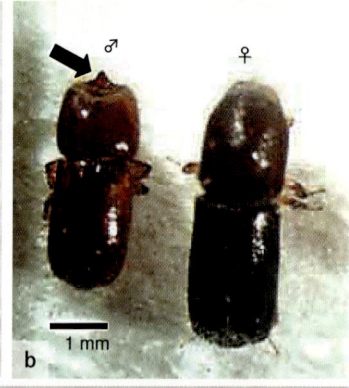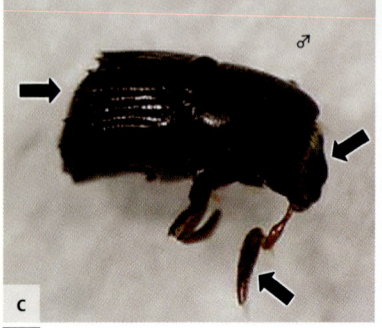

8

9

8 キクイムシ類の多彩な形態. 養菌性キクイムシのクスノオオキクイムシ (a), ファイルキクイムシ (b), ミカドキクイムシ (c) と樹皮下穿孔性キクイムシのカラマツヤツバキクイムシ (d). 矢印は, 特徴的な形態部位を示す. (11章)

9 キクイムシ類の形成する坑道 (巣). 養菌性キクイムシのハネミジカキクイムシ (a), サクキクイムシ (b) と樹皮下穿孔性キクイムシのカラマツヤツバキクイムシ (c). (11章)

10 京都府大江山で発生したナラ類の集団枯死 (1996年読売新聞社撮影). (12章)

11 ミズナラ枯死木の樹幹下部に堆積したカシノナガキクイムシのフラス. (12章)

12 倒木の表面を這うオニクワガタの雄成虫．オニクワガタの名は大アゴの先端にある小さな上向きの角が「鬼」を連想させたことに由来する．日本のブナ林を代表するクワガタで幼虫は白色腐朽材を中心に様々な腐朽材に穿孔する．（13章）

13 ヤマトシロアリ．日本では北海道の一部を除き全国に分布する．（14章）

まえがき

　森林には多くの植食性昆虫が生息している．これらの昆虫は草や木の葉，樹皮，材，根，種子やその他の部分を摂食して生活し，森林生態系の中でそれぞれ重要な役割を担っている．森林の穿孔性昆虫は主に樹幹の内樹皮，形成層あるいは材に棲んでそれを摂食する．穿孔性昆虫は樹幹の材を細かく破砕し，種によってはセルロースを分解して，枯死材の分解を促進している．枯れてから歳月が経過した樹幹にはクワガタムシやカブトムシ，さらにはシロアリが入り込み，幹を分解して土壌に還元している．穿孔性昆虫は森林内のリサイクル（自己施肥系）という面から重要な一群である．

　穿孔性昆虫は応用的に重要な昆虫を含んでいる．例えば，日本では，マツノマダラカミキリがマツノザイセンチュウの媒介者であり，スギカミキリやキバチ類は樹木の材質を悪化させる．最近ではカシノナガキクイムシ（養菌性キクイムシの1種）がナラ菌を媒介して，ナラ類の集団枯死を引き起こす．外国では，ニレ立ち枯れ病や青変菌をキクイムシが運ぶ．そのため，重要害虫の生活の記述はみられる．

　穿孔性昆虫にはカミキリムシ，カブトムシ，クワガタムシが含まれ，少年少女や昆虫収集家の感心が高い．ところが，彼らの手にする図鑑は穿孔性昆虫の生活について詳しくふれていない場合が多い．チョウやガと違って樹幹の中の穿孔性昆虫を直接観察することが難しいからだと思われる．穿孔性昆虫の最近の研究によって，樹幹の中の不思議な，興味深い生活が明らかになってきた．

　穿孔性昆虫のカミキリムシの多様性は環境評価の指標として有力視されている．なぜなら森林の伐採はカミキリムシ相に影響を与えるからである．穿孔性昆虫に対する理解は環境問題への理解を深めることになる．

　森林昆虫の学術書はこれまでに数多く出版されているが，穿孔性昆虫の本は少ない．重要害虫や愛好家の多い穿孔性昆虫の生活を詳しく解説した本はあるが，穿孔性昆虫の生活を統一して理解しようとした本はない．この本では樹幹の性質が穿孔性昆虫の生活に影響を与え，穿孔性昆虫の不思議で多様な生活を生み出していることを紹介したい．例えば，

樹幹の栄養不足は菌との共生を作り出し，樹幹の抵抗性は昆虫の生活史や行動を規定することに言及したい．また，これら穿孔性昆虫を利用する寄生蜂の生活にも言及したい．こうした理解は穿孔性昆虫と寄主である樹木との興味深い関係を提起するであろう．

この本では穿孔性昆虫の樹幹の中の生活をできるだけ平易な文章で紹介することを試みた．昆虫愛好家，自然に関心のある方，動物の研究者や学生の方たち，防除に係わる方々に，外界から隔離された環境での昆虫の生活に興味を持っていただければ幸いである．

柴田叡弌
富樫一巳

目 次

まえがき　　xi

1 章	穿孔性昆虫とは	柴田叡弌	1
2 章	穿孔性昆虫の樹幹利用様式―問題の提起―	柴田叡弌	7
3 章	スギカミキリの樹幹利用様式	柴田叡弌	15
4 章	スギカミキリに対するスギの防御反応	伊藤賢介	29
5 章	ちょっと変わったスギザイノタマバエの生活	讃井孝義・吉田成章	45
6 章	ヒノキカワモグリガの生活	加藤一隆	65
7 章	マツノマダラカミキリの生活	富樫一巳	83
8 章	枯死材をめぐるオオゾウムシの生活	中村克典	107
9 章	穿孔性昆虫を利用する寄生バチ	浦野忠久	123
10 章	キバチ―共生菌との複雑な関係―	福田秀志	145
11 章	養菌性キクイムシ類の生態―昆虫が営む樹内農園―	梶村　恒	161
12 章	ブナ科樹木萎凋病を媒介するカシノナガキクイムシ	小林正秀	189
13 章	幹を食べる苦労―腐朽材とクワガタムシの幼虫―	荒谷邦雄	213
14 章	樹を使うシロアリの生活	大村和香子	237
15 章	宿主の生理学的状態と穿孔性昆虫の生活史―まとめに代えて―	富樫一巳	259

- 説明 Box 1　マツ材線虫病の発病機構　　富樫一巳　88
- 説明 Box 2　林内と地域におけるマツ材線虫病の発生拡大機構　富樫一巳　94
- 説明 Box 3　昆虫の社会性　　梶村　恒　144
- 説明 Box 4　キクイムシ類の配偶システム　　小林正秀　187
- 説明 Box 5　ブナ科樹木萎凋病　　小林正秀　211

あとがき　　269
用語解説　　271
索引　　278

1章
穿孔性昆虫とは
柴田叡弌

穿孔性昆虫にはカミキリムシやクワガタムシが含まれ，子供から自然愛好家まで関心が高い．ところが，手にする図鑑には穿孔性昆虫の生活に詳しくふれられていない場合が多い．それは生活する樹幹の中を直接観察することが難しいからである．

森林には多くの昆虫が生息している．森林の中で植食性昆虫は，葉，芽，枝，樹幹，果実などの樹木のいろいろな部分を食べて生きている．図1には針葉樹のスギと広葉樹のサクラを例として，樹木の各部位を摂食する昆虫を示した．多くの種類の昆虫が樹木のさまざまな部位を利用して摂食しているのがわかるだろう．このような昆虫群は分類学的には多岐にわたっているが，摂食する部位によって分けるとその生活が理解しやすい（柴田，2004）．このようにして分けられたグループをギルド（guilds）とよぶ．

　この中で穿孔性昆虫とよばれるグループでは，幼虫が主として枝や樹幹などの師部（内樹皮）と木部（材）を利用して生活している（Haack and Slansky, 1987）(図2)．穿孔性昆虫には次のような種が含まれる．

鞘翅目
　カミキリムシ科：スギカミキリ，ヒメスギカミキリ，スギノアカネトラカミキリ，マツノマダラカミキリ，カラフトヒゲナガカミキリ，ゴマダラカミキリ，シロスジカミキリ，ハンノキカミキリ
　ゾウムシ科：マツノシラホシゾウムシ，マツノクロキボシゾウムシ，オオゾウムシ
　キクイムシ科：キイロコキクイムシ，ヤツバキクイムシ，ハンノキキクイムシ
　ナガキクイムシ科：カシノナガキクイムシ
　タマムシ科：マスダクロホシタマムシ

膜翅目
　キバチ科：ニトベキバチ，ニホンキバチ，オナガキバチ

鱗翅目
　コウモリガ科：コウモリガ，キマダラコウモリ
　ボクトウガ科：ボクトウガ
　メイガ科：マツノシンマダラメイガ
　ハマキガ科：ヒノキカワモグリガ
　スカシバガ科：コスカシバ

双翅目
　タマバエ科：スギザイノタマバエ

　穿孔性昆虫は摂食する部位によって2つに分けることができる．そ

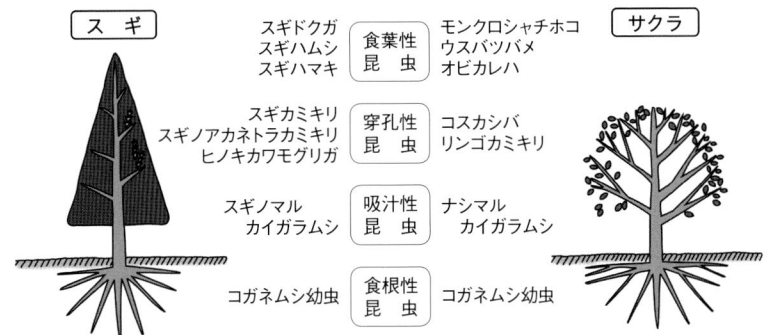

図1 樹木を摂食する昆虫の種類．
左：スギ（針葉樹），右：サクラ（広葉樹）．

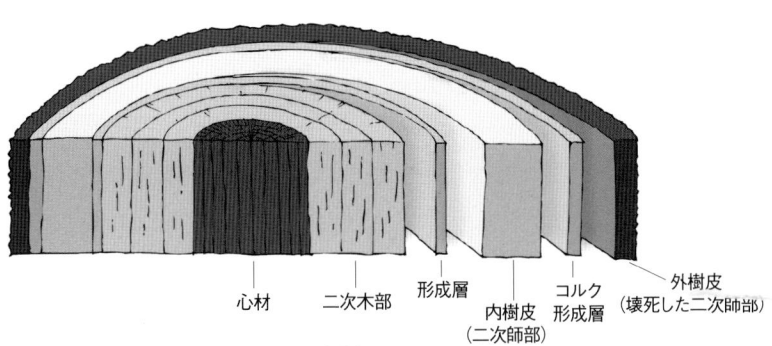

図2 成木樹幹の構造（黒田，1999を改変）．
形成層より内側にできた部分を木部，形成層より外側の部分を師部とよぶ．

の1つは「樹皮下昆虫（phloem-feeding insects）」であり，主として樹皮下の内樹皮（師部）を摂食する．もう1つは「材穿孔性昆虫（wood-feeding insects）」であり，材に穿孔したり材を摂食したりする．前者にはキクイムシが，後者にはキバチ類が含まれるが，一部のカミキリムシは若齢時に内樹皮を摂食するが，老熟すると材内に穿孔する．

樹木を摂食する昆虫に対して，その寄生力によって一次性昆虫と二次性昆虫に分けることがある（Knight and Heikkenen, 1980）．一次性昆虫（primary insects）とは，健全木に寄生し，時には衰弱木にも寄生可能な昆虫であり，食葉性昆虫や吸汁性昆虫がこれに含まれる．二次性昆

虫（secondary insects）とは，健全木に寄生することは不可能で，何らかの原因で生理的障害を引き起こした衰弱木にだけ寄生して栄養摂取する昆虫で，大部分の穿孔性昆虫がこれに含まれる．さらに動植物の遺体から栄養を摂取するものは腐生昆虫（scavenger）とよばれ，シロアリやクワガタムシが含まれる．この分け方に従うと，健全木に寄生するカミキリムシ類は一次性の穿孔性昆虫であり，衰弱木や枯死木に寄生するキクイムシ類は二次性の穿孔性昆虫ということになる．

また，Wood (1982) はキクイムシ類を対象にして，Hanks (1999) はカミキリムシ類を対象にして，寄主木の生理的状態によって昆虫を次の4つのカテゴリーに分類している．

1. 健全木に寄生する種：健全な樹木のみに産卵する種．寄主木が枯死すると幼虫は生存できない．
2. 衰弱木に寄生する種：寄主木は生存して生長をしているが，防御力が何らかの原因（土壌条件，乾燥，山火事あるいは他の昆虫の攻撃）で弱っている木を攻撃する種．寄生された木は数年間は生存し，このタイプの昆虫は数世代にわたって衰弱木を利用するが最終的には枯らす．
3. ストレスを受けている樹木に寄生する種：厳しいストレスを受けて枯死寸前であったり，伐採直後の木や新鮮な丸太に寄生する種．
4. 枯死木に寄生する種：葉が緑を失い，樹幹は乾燥し，さらに菌糸が蔓延している樹木に寄生する種．

穿孔性昆虫の最大の特徴は，一度樹幹に産卵されるとそれに由来する幼虫は他の樹幹に移動することができないことである．食葉性であるチョウやガの幼虫のように，寄主植物を求めてあちこちに動き回ることができないために，産卵された樹幹の性質が昆虫の生活に大きな影響を及ぼす．この本では穿孔性昆虫の多様な生活を紹介したい．

参考文献

Haack, R.A. and F. Slansky Jr. (1987) Nutritional ecology of wood-feeding Coleoptera, Lepidoptera, and Hymenoptera. In: *Nutritional Ecology of Insects, Mites, Spiders and Related Invertebrates.* (F. Slansky Jr. and J.G. Rodriguez eds.). John Wily and Sons, New York. pp. 449-486.［材部を摂食する鞘翅目，鱗翅目および膜翅目の栄養生

態学]

Hanks, L.M. (1999) Influence of the larval host plant on reproductive strategies of cerambycid beetles. *Annu. Rev. Entomol.* 44: 483-505.［カミキリムシの繁殖戦略に及ぼす幼虫の寄主木の影響］

Knight, F.B. and H.J. Heikenen (1980) *Principles of Forest Entomology.* 5th ed. McGraw-Hill, New York. 461 pp.［森林昆虫学の基礎］

黒田慶子（1999）樹木の構造と機能．樹木医学（鈴木和夫編著）．朝倉書店，東京．pp. 57-80.

柴田叡弌（2004）虫害．森林保護学（鈴木和夫編著）．朝倉書店，東京．pp. 205-218.

Wood, D.L. (1982) The role of pheromones, kairomones, and allomones in the host selection and colonization behavior of bark beetels. *Annu. Rev. Entomol.* 27: 411-446.［キクイムシの寄主選択と定着におけるフェロモン，カイロモンおよびアロモンの役割］

2章

穿孔性昆虫の樹幹利用様式
―問題の提起―

柴田叡弌

樹幹を時間的に捉えると，健全，衰弱・枯死，腐朽という連続した段階に分けられる．このように変化する樹幹の性質が穿孔性昆虫の生活に影響を及ぼし，不思議な生活を生み出す．

1. はじめに

　一般に穿孔性昆虫が利用する樹幹は森林の中で安定的に存在していると考えられる．健全な樹木を利用する昆虫にとってはそうである．しかしながら，衰弱している樹木や枯れつつある樹木の幹はいつでも至る所に大量に存在するわけではない．このような樹幹を子の餌資源として利用する昆虫は，その出現を時間的空間的に予測しにくく，親は子の餌を発見するために多くの時間とエネルギーを投資しなければならないであろう．発見された餌資源は永遠に利用できるわけではなく，子にとって餌資源の利用期間も限られている場合が多い．さらに，穿孔性昆虫が利用する樹木の樹幹や枝は，葉や芽に比べて栄養的に劣る（Slansky and Scriber, 1985）(図1)．そして，衰弱や枯死した樹幹は健全な樹幹より栄養的に劣る（Shibata, 1998, 2000）．また，穿孔性昆虫の幼虫は樹幹から出て他の樹幹に移動することは難しい．したがって寄主の栄養状態を反映して，発育や体サイズなどに大きな種内変異が生じる（Anderson and Nilssen, 1983）(写真1)．樹幹の中は広食性の天敵，天候および破壊から隔離されるため，穿孔性昆虫の幼虫や蛹の生存率は高い．このため，発育の大きな変異は世代時間の大きな変異につながる．さらに，樹木，特に針葉樹は昆虫の攻撃に対してさまざまな防御機構を有する（Barbosa and Wagner, 1989）(写真2)．穿孔性昆虫については，樹脂がキクイムシの成虫や卵を殺すことが知られている（Berryman, 1986）．このように寄主である樹幹の質あるいは樹幹の反応が穿孔性昆虫の生活史特性に大きな影響を与えていることが予想される．

2. 穿孔性昆虫の生息場所としての樹幹

　昆虫に対する樹幹の特徴を，1）子の餌資源としての出現の時間的空間的予測性，2）子の餌資源としての利用可能期間，3）子の餌としての栄養価，さらに4）繁殖や子の生存に対する幹の抵抗力という観点から整理したい（図2）．

　森林の中の樹木は通常健全である．こうした健全な樹木を利用する穿孔性昆虫にとって，子の餌資源は時間的空間的に安定して存在する．そして，健全木は長期的に利用することが可能であり，生きた柔細胞が多

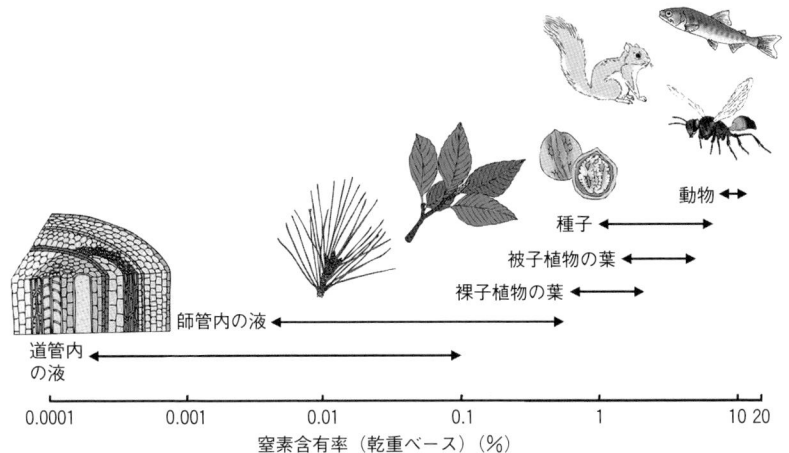

図1 植物と動物組織の窒素含有量の比較（Speight *et al.*, 1999 を改変）.

写真1 スギ林内で捕獲されたスギカミキリ成虫の体サイズの変異（伊藤賢介原図）.
上段は雄，下段は雌.

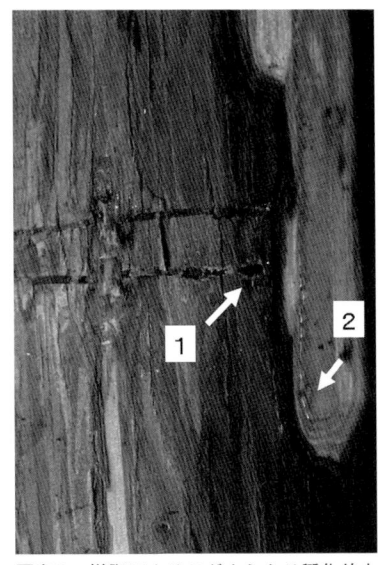

写真2 樹脂によるスギカミキリ孵化幼虫の死亡.
幼虫が内樹皮へ穿孔する時に樹脂によって死亡している（矢印1）.
内樹皮から樹脂が流出している（矢印2）.

2章 穿孔性昆虫の樹幹利用様式 — 9

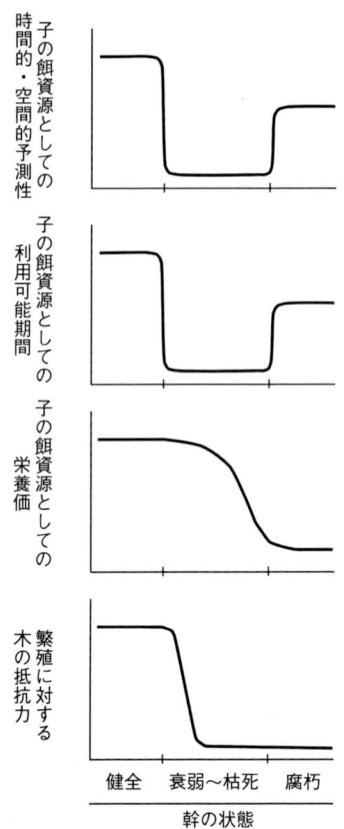

図2 樹幹の生理的状態と穿孔性昆虫の資源としての特性との関係（柴田・富樫，2002を改変）．

い内樹皮は樹幹の中で最も栄養価が高い．しかし，樹幹は穿孔性昆虫の加害に対して抵抗力を持つので，実際に利用できる量は限られているかもしれない．特に針葉樹の場合，樹脂による抵抗は穿孔性昆虫の生存にとって大きな脅威となる．

　樹木は何らかの原因によって衰弱し，さらに枯死に至る場合がある．森林の中でこの過程にある樹木がいつどこに出現するかは予測しがたい．なぜなら，そのような樹木は，老齢のために，光をめぐる競争の結果として，風，雪，雷などの気象害の結果として（写真3），さらには枝打ちや除間伐などの人為的作業などによって発生するからである．外観から見て樹冠が緑色であっても，樹幹内部の水分生理が異常になった場合，ヒメスギカミキリやマスダクロホシタマムシなどの二次性の穿孔性昆虫

写真3 台風によって倒れたスギ．
倒れたスギは穿孔性昆虫発生の温床になる．

表1 ヒノキの水分生理異常木で捕獲されたヒメスギカミキリとマスダクロホシタマムシ（Ueda and Shibata, 2005を改変）．
樹木番号1から3までが水分生理異常木，番号4から6までが正常木．

樹木番号	胸高直径(cm)	樹高(m)	捕獲数					
			ヒメスギカミキリ			マスダクロホシタマムシ		
			1999	2000	2001	1999	2000	2001
1	14.0	17.6	2	7	4	3	1	3
2	16.3	17.5	1	3	2	1	4	2
3	14.9	18.1	2	1	3	0	0	2
4	14.5	17.8	0	0	0	0	0	0
5	16.8	16.6	0	0	0	0	0	0
6	14.1	16.1	0	0	0	0	0	0

が加害する（Ueda and Shibata, 2005）（表1）．

衰弱したり枯れて間もない樹幹の中では，含水率や糖分の含有量が低くなり（Ohashi et al., 1990）（図3）（表2），穿孔性昆虫の摂食や微生物の繁殖は樹幹の変質を早め，その結果としてそれらの資源としての利用可能な期間は短い．樹幹は穿孔性昆虫の加害に対して抵抗性を失っている．このため，内樹皮は多くの種類の穿孔性昆虫が繁殖に利用し，種内競争や種間競争の激しい部位である．これに対して，辺材を利用する穿

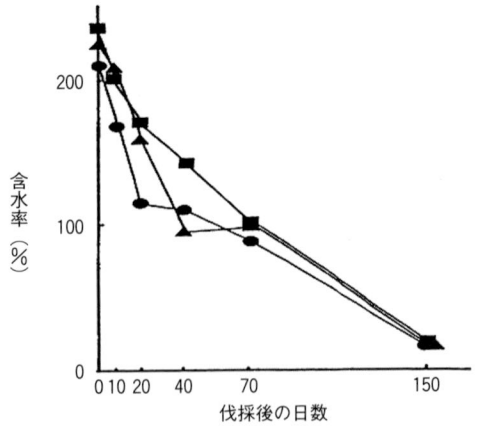

図3 伐採後の経過日数に伴うスギ辺材部の含水率の低下
(Ohashi et al., 1990を改変). 各値は3本のスギの平均値
で示されている.
■：外方部, ▲：中央部, ●：内方部

表2 伐採後の経過日数にともなうスギ辺材部の糖（サッカロースとグルコース）含有量の低下（Ohashi et al., 1990を改変).

糖分	辺材部分	伐採後の日数					
		0	10	20	40	70	150
サッカロース	外方部	4.16	0.91	0.07	0.15	0.26	0.00
	中央部	0.18	0.00	0.06	0.05	0.08	0.00
	内方部	0.17	0.34	0.32	0.20	0.14	0.00
グルコース	外方部	1.26	2.95	0.68	0.38	0.83	0.00
	中央部	0.38	0.65	0.42	0.33	0.53	0.00
	内方部	0.32	0.39	0.35	0.22	0.49	0.00

乾燥試料1g当たりのmg.

孔性昆虫は，共生微生物を利用している．例えばキバチ類が産卵時にアミロステレウム（*Amylostereum*属）菌を材に植え付け，その菌によって変質した辺材を幼虫が摂食する（Morgan, 1968）．養菌性キクイムシの場合，雌成虫は辺材の中に孔道を作ってアンブロシア（ambrosia）菌を栽培し，幼虫はその菌を食べて育つ（Beaver, 1989）．このように栄養価を改善できた種だけが辺材を利用できたようであり，辺材の貧栄養が種間競争を少なくしているようである．

樹幹が枯れて1年以上経過すると，樹幹の利用可能な部分は材に限ら

れてくる．このような資源は，健全木の樹幹ほど量的に多くはないが，ある程度の期間，同じ場所に存続する．このため，衰弱した樹幹または枯れて間もない樹幹と比べて，時間的空間的に予測しやすく，子の餌資源としての利用可能期間は長いであろう．しかしながら，多くの生物に利用された後なので，樹幹の栄養価は最も低くなっているであろう．

　Shibata (1987) はスギカミキリとマツノマダラカミキリの成虫の分散活動を比較したところ，健全木を利用するスギカミキリの成虫はあまり活発に林内を動き回らずに脱出してきた木に定着する傾向があり，枯死木に寄生するマツノマダラカミキリ成虫は産卵のために枯死木を求めて林内を活発に動き回ることを示した．このように成虫の分散行動は，昆虫が利用する寄主木の生理的状態に依存しているようである（Hanks, 1999）．利用する寄主の質は穿孔性昆虫の活動に影響を及ぼしている．

　この本では，森林内に存在する健全な木，衰弱木と枯れて間もない木，そして枯れて１年以上たった木の樹幹をそれぞれ利用する穿孔性昆虫として，スギカミキリ，スギザイノタマバエ，ヒノキカワモグリガ，マツノマダラカミキリ，ゾウムシ類，キバチ類，養菌性キクイムシ，クワガタムシ，シロアリ類を取り上げ，彼らの生活史を餌資源の特徴に関連づけることを試みた．もっとも，今回樹皮下キクイムシ（bark beetle）のような内樹皮だけを利用する昆虫について言及できなかったのは残念である．今後，わが国においてもさまざまな穿孔性昆虫について研究が蓄積されるならば，樹幹の質あるいは樹幹の反応が穿孔性昆虫の生活史パラメータに与える影響について理解が進むものと考えられる．

参考文献

Anderson, J. and A.C. Nilssen (1983) Intrapopulation size variation of free-living and tree-boring Coleoptera. *Can. Entomol.* 115: 1453-1464.［自由生活性と穿孔性鞘翅目昆虫の体サイズの個体群内変異］

Barbosa, P. and M.R. Wagner (1989) *Introduction to Forest and Shade Tree Insects*. Academic Press, New York. 639 pp.［森林と日陰樹の昆虫］

Beaver R.A. (1989) Insect-fungus relationships in the bark and ambrosia beetles. In: *Insect-Fungus Interactions* (N. Wilding, N.M. Collins, P.M. Hammond and J.F. Webber eds.). Academic Press, London, pp. 121-143.［樹皮下キクイムシと養菌性キクイムシにおける昆虫と菌との関係］

Berryman, A.A. (1986) *Forest Insects: Principles and Practice of Population Management*. Plenum Press, New York. 279 pp. ［森林昆虫：個体群管理の原理と実際］

Hanks, L.M. (1999) Influence of the larval host plant on reproductive strategies of cerambycid beetles. *Annu. Rev. Entomol.* 44: 483-505. ［カミキリムシの繁殖戦略における幼虫の寄主木の影響］

Morgan, F.D. (1968) Bionomics of Siricidae. *Annu. Rev. Entomol.* 13: 239-256. ［キバチ科昆虫の生物学］

Ohashi, H., T. Imai, K. Yoshida and M. Yasue (1990) Characterization of physiological fluctuations of sapwood: Fluctuation of extractives in the withering process of Japanese cedar sapwood. *Holzforschung* 44: 79-86. ［辺材の生理学的形質変動の特徴：萎凋過程におけるスギ辺材の抽出成分の変動］

Shibata, E. (1987) Oviposition schedules, survivorship curves, and mortality factors within trees of two Cerambycid beetles (Coleoptera: Cerambycidae), the Japanese pine sawyer, *Monochamus alternatus* Hope, and sugi bark borer, *Semanotus japonicus* Lacordaire. *Res. Popul. Ecol.* 29: 347-367. ［2種のカミキリムシ（マツノマダラカミキリとスギカミキリ）の産卵スケジュールおよび樹体内の生存曲線と死亡要因］

Shibata, E. (1998) Effects of Japanese cedar inner bark nutritional quality on development of *Semanotus japonicus* (Coleoptera: Cerambycidae). *Environ. Entomol.* 27: 1431-1436. ［スギカミキリの発育に及ぼすスギ内樹皮の栄養の影響］

Shibata, E. (2000) Bark borer *Semanotus japonicus* (Col. Cerambycidae) utilization of Japanese cedar *Cryptomeria japonica*: a delicate balance between a primary and secondary insect. *J. Appl. Entomol.* 124: 279-285. ［スギカミキリによるスギの利用：一次性昆虫と二次性昆虫の間の微妙なバランス］

Slansky Jr., F. and J.M. Scriber (1985) Food consumption and utilization. In: *Comprehensive Insect Physiology, Biochemistry and Pharmacology*, vol. 4. (G.A. Kerkut and L.I. Gilbert, eds.). Pergamon, Oxford, pp. 87-163. ［昆虫の食物消化と利用］

Speight, M.R., M.D. Hunter and A.D. Watt (1999) *Ecology of Insects: Concepts and Applications*. Blackwell, Oxford. 350 pp. ［昆虫生態学：概念と応用］

Ueda, M. and E. Shibata (2005) Water status of hinoki cypress, *Chamaecyparis obtusa*, attacked by secondary woodboring insects after typhoon. *J. For. Res.* 10: 243-246. ［台風被害後に二次性穿孔性昆虫によって攻撃を受けたヒノキの水分生理状態］

3章

スギカミキリの樹幹利用様式

柴田叡弌

スギカミキリは健全なスギを利用して生活している．ところが健全なスギでは樹脂によって多くの幼虫が死亡する．一方，伐採したスギ樹幹では死亡率は低いが，成虫の体は小さい．

1. スギカミキリについて

　スギカミキリ Semanotus japonicus の幼虫はスギやヒノキの樹幹に穿孔して，樹木の材質を低下させる「はちかみ」被害の原因となっている（小林・柴田，1985）．穿孔性昆虫は生きている木を摂食する一次性昆虫と枯れた木を利用する二次性昆虫に分類され（Knight and Heikkenen, 1980），スギカミキリは一次性昆虫に含められている．中部地方では本種は1年で1世代を完了する．成虫はスギやヒノキの樹幹から早春に脱出し，すぐに樹幹で交尾をする．雌成虫は重なり合った外樹皮の隙間に産卵する．孵化した幼虫は樹皮に穿入し，内樹皮と形成層を摂食して発育する．夏に幼虫が老熟すると材内に穿入して蛹室を作り，その中で蛹化し，初秋には成虫になって越冬する．本種の樹幹加害様式を模式的に図1に示す（柴田，1989）．ここではスギ樹幹の性質がスギカミキリの生活史に与える影響について紹介し，このカミキリが一次性か二次性かという分類の間に横たわる微妙なバランスのもとでスギ樹幹を利用していることについて述べたい．

2. スギ林での成虫個体群

　スギカミキリの成虫（口絵1）は夜間に樹幹を歩いて移動し，昼間は樹幹の暗い部分，例えば樹皮の隙間などに好んで潜む．このため，成虫の発見が困難であり，林内の個体群について定量的な研究が行われなかった．筆者はこの性質を利用して，スギの樹幹に遮光ネットを巻き，その中に潜む成虫を捕獲する方法（バンド・トラップ法）を開発した（図2）（柴田，1989）．バンド・トラップ法では地際部と胸高部の樹幹に幅約10cmの遮光ネット（遮光率：70%）を巻き付ける．そうすると，夜間に成虫がネットの隙間に潜入し，昼間に容易に成虫を捕獲することができる（写真1）．スギ林内に巻き付けた遮光ネット内に潜んでいる成虫をすべて捕獲し，捕獲した成虫に個体識別のための番号を付して同じトラップに放すということを繰り返すと，スギ林内の個体数の推定が可能になる．連続する2回の調査の間に1本のスギに作られた脱出孔数と，その木のバンド・トラップで捕獲された成虫の中の未標識虫（林分の中で初めて捕獲された成虫）数の間の相関は高かった（r = 0.973）．この

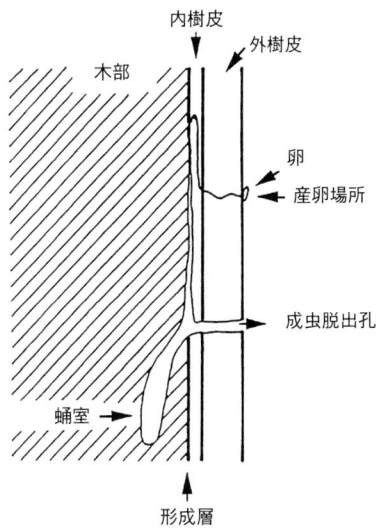

図1 スギカミキリの加害模式図（柴田，1989を改変）．

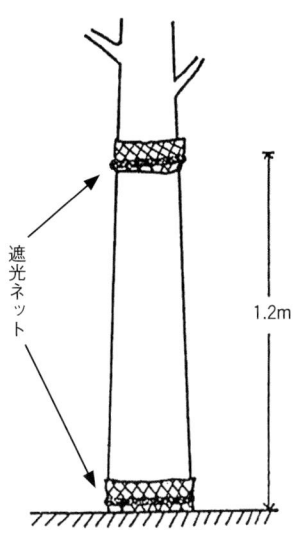

図2 スギカミキリ成虫を捕獲するバンド・トラップ法（柴田，1989を改変）．

写真1 バンド内に潜むスギカミキリ成虫．

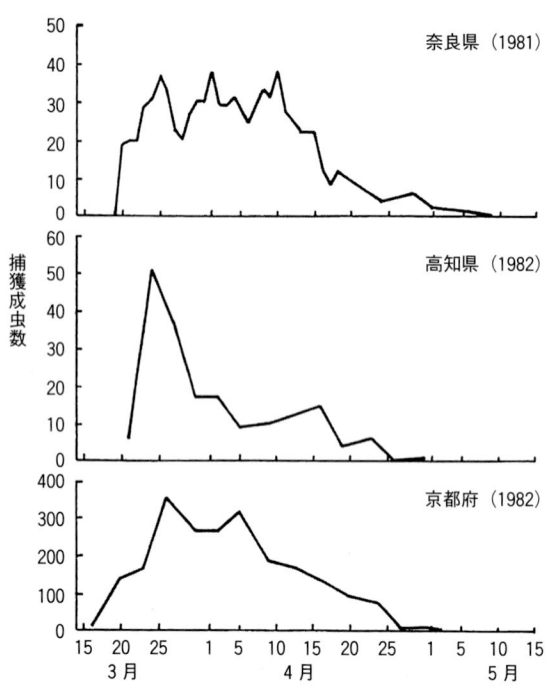

図3 スギ林でバンド・トラップ法で捕獲されたスギカミキリ成虫数の季節的変動(柴田,1984を改変).

ことから,バンド・トラップ内で捕獲された未標識虫のほとんどは,それらが捕獲されたスギから脱出したと考えられた(柴田,1984).

奈良県のスギ林では,成虫は3月中旬過ぎから捕獲され始め,3月下旬から4月中旬にかけてその個体数がピークに達し,その後は減少して5月中旬までにはいなくなる(図3).成虫は3月中旬から4月中旬にかけてスギから脱出する(Shibata, 1986b;西村,1995;伊藤,1999).したがって,成虫はその脱出期間よりもおよそ1カ月くらい長く林内で活動するようである.

捕獲－再捕獲のデータにJolly-Seber法を適用してスギ林内(840 m^2)の成虫個体数を推定すると,そのピークは4月4日であり,83.0±11.9頭と推定された(表1)(Shibata, 1983).さらにスギ林でのスギカミキリ成虫の日当たりの生存率は雄で0.915,雌で0.881であり,林分に停留する平均期間は雄で11.8日,雌で8.4日であると推定された(Shibata,

表1 バンド・トラップ法で捕獲した成虫のデータに，Jolly-Seber法を適用して推定されたスギ林でのスギカミキリ成虫数（Shibata, 1983を改変）.

年 月 日	推定成虫個体数（±標準偏差）
1981年3月21日	28.81 ± 3.66
22	33.44 ± 4.48
23	40.40 ± 4.41
24	52.05 ± 5.42
25	60.55 ± 5.91
26	52.53 ± 3.88
27	52.41 ± 4.59
28	54.97 ± 6.46
29	48.16 ± 4.61
30	62.60 ± 6.71
31	57.41 ± 5.13
4月1日	71.39 ± 6.50
2	66.21 ± 6.21
3	61.24 ± 6.06
4	83.03 ± 11.94
6	72.58 ± 12.11
8	60.37 ± 8.17
9	53.49 ± 6.76
10	57.37 ± 7.32
11	54.06 ± 11.96
13	23.27 ± 4.04

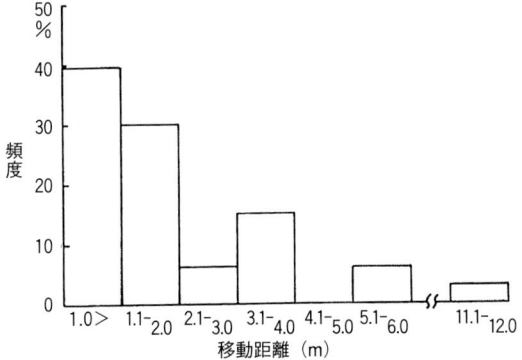

図4 スギ林におけるスギカミキリ成虫の木間移動距離の頻度分布（Shibata, 1983を改変）.

1986b）. 捕獲－再捕獲のデータから，スギカミキリ成虫は木から木へあまり動かずに同じ木で再捕獲される傾向があることも明らかにされた. また，他の木で再捕獲される場合，前回捕獲された木から2m以内の木であることが多かった（図4）.

3．樹脂による幼虫の死亡

　生きているスギ樹幹内では，外樹皮から内樹皮に穿入する過程で約99％の孵化幼虫が樹脂によって死亡する（表2）(Shibata, 1995)．また，うまく内樹皮へ穿入できても，その後すべての幼虫が形成層を通過するときに同じように樹脂によって死亡していた．このようなことは他の研究でも明らかにされており（萩原・小河，1970；奥田，1982；Shibata, 1987；伊藤，1999），スギカミキリ幼虫の主要な死亡要因は樹脂である．樹脂による抵抗反応の機構については第4章に詳しく述べられている．

　樹脂による孵化幼虫の死亡は，スギカミキリのスギ樹体内の生存曲線の形にも影響を及ぼしている．スギカミキリの生存曲線は樹体内での発育段階の初期に高い死亡率が生じるパターンを示し，DeeveyのC型であると判断された（Shibata, 1987）．一方，二次性昆虫であるマツノマダラカミキリは，枯れたマツ内で死亡率が一定であるDeeveyのB型を示しており，樹幹の生死によって生存曲線の形が異なっていて興味深い．

　生きているスギ樹幹内では樹脂による幼虫の死亡率が大きい．では，樹脂が流出しない伐採した丸太での死亡要因はどうであろうか？ 伐採時期の異なるスギ丸太にスギカミキリの孵化幼虫を接種すると，伐採直後の丸太（接種2週間前伐採）では約86％の幼虫が成虫になった（表2）(Shibata, 1995)．死亡要因を見ると，樹脂によって死亡した幼虫はいない．ところが伐採後の時間が経過した丸太（接種4カ月前伐採，8カ月前伐採，12カ月前伐採）に孵化幼虫を接種すると，1頭も成虫にならなかった（表2）．この場合にも樹脂による死亡は観察されなかったが，接種場所から死亡した場所までの孔道の距離は，伐採から幼虫接種までの期間の増加に伴って減少した．また，幼虫接種の8カ月前と12カ月前に伐採した丸太では，接種した孵化幼虫が脱皮せずに死亡していた．このことから，伐採後の日数が経過した丸太では孵化幼虫は樹脂によって死ぬことはないものの，栄養不足で死亡することが示唆された．

　丸太の片方の木口（切口）を水に浸けると，その内樹皮の窒素含有量は，水に浸けない丸太より高い．そこで，スギ樹幹の栄養がスギカミキリの発育に及ぼす影響を調べるために，片方の木口面を水に浸けた丸太に孵化幼虫を接種したところ，水に浸けない丸太より幼虫の死亡率が低

表2 スギ樹幹内でのスギカミキリの生命表（Shibata, 1995を改変）.

発育段階 (x)	死亡要因 (d_xF)	生立木樹幹			接種2週間前伐採丸太			接種4カ月前伐採丸太			接種8カ月前伐採丸太			接種12カ月前伐採丸太		
		l_x	d_x	q_x	l_x	d_x	q_x	l_x	d_x	q_x	l_x	d_x	q_x	l_x	d_x	q_x
穿入幼虫 (外樹皮-内樹皮間)		78			59			57			80			42		
	樹脂		77	98.7		0	0.0		0	0.0		0	0.0		0	0.0
	糸状菌		0	0.0		0	0.0		0	0.0		0	0.0		0	0.0
	不明		0	0.0		0	0.0		1	1.8		20	25.0		42	100.0
内樹皮内 幼虫 (内樹皮-形成層間)		1			59			56			60			0		
	樹脂		1	100.0		0	0.0		0	0.0		0	0.0			
	糸状菌		0	0.0		1	1.7		0	0.0		0	0.0			
	不明		0	0.0		3	5.1		46	82.1		60	100.0			
(形成層) 幼虫		0			55			10			0			0		
	不明					3	3.5		10	100.0						
材内 穿入幼虫		0			52			0			0			0		
蛹室内幼虫		0			52			0			0			0		
	不明					1	1.9									
成虫		0			51			0			0			0		

l_x：生存数, d_x：死亡数, q_x：死亡率（$100d_x/l_x$）（％）

かった（Shibata, 1998）．このような丸太から脱出した成虫は生きているスギから脱出した成虫と体重に差はなかった．このことは伐採したスギ丸太では内樹皮が変質して栄養価が低下し，先に述べたように，伐採後の日数の経過に伴って栄養不足のために幼虫が死亡したと考えられた．

スギ生立木の樹幹を環状剥皮して衰弱させ，スギカミキリを放して産卵させた場合にも同じような結果が得られている（Shibata, 2000）．この場合，産卵の約1年前にスギ生立木の地上約1mの樹幹を幅約3cmに環状に剥皮し，その上部と下部をネットで覆い，その中へ成虫を放して産卵させた．樹冠からの栄養分が剥皮部の上部に貯まり，剥皮上部では下部よりも内樹皮の窒素含有率が高く死亡率が低くなった．

4．スギ内樹皮の形質と関連したスギカミキリの生活史の特徴

スギカミキリ雌成虫は脱出時に成熟卵を体内に保持しており，脱出後すぐに産卵を始め，摂食を必要としない（Shibata, 1987）．春の早い時

期に成虫が脱出することは樹脂による幼虫の死亡を回避する上で有利である．金指ほか（1988）は人工的に樹幹に傷を付け，傷害樹脂道（4章2と3参照）の発生を観察した．それによると傷害樹脂道の形成は春に遅く，夏に早いことが明らかになった．したがって，孵化幼虫が内樹皮に穿入する初春には樹脂道の形成が遅く，夏よりも内樹皮における樹脂の影響を受けにくく，生存率は高いと予想される（Shibta, 1995a）．

　伐倒した丸太に孵化幼虫を接種した場合，そこから小さな成虫が脱出する（Shibata, 1995）．また，幼虫の発育途中に寄主であるスギが枯死すると小さい成虫にしかなれない（Togashi, 1985；富樫，1985）．小さい雌成虫の生涯産卵数は少ない（井上，1981；Shibata, 1995）．したがって，子の生存率が変わらない場合，雌成虫は枯れた木（あるいは枯れかけた木）に産卵するよりも健全な木に産卵したほうが適応度が高くなる（Shibata, 1995）．

　スギカミキリ幼虫の主要な死亡要因は樹脂であることはすでに述べた．このことから樹脂は雌成虫の産卵数に影響を及ぼすと考えられる．マツノマダラカミキリの雌成虫と比較すると，スギカミキリの雌成虫の産卵数は多い（Shibata, 1987）．マツノマダラカミキリは二次性昆虫であって，雌成虫は健全木ではなく，枯れ始めたり枯れて間もないマツに産卵する．つまり産卵対象のマツの樹幹には樹脂滲出能がなく，孵化幼虫は樹脂によって死亡しない（Shibata, 1987）．このカミキリの樹幹内の死亡主要因は種内競争（Shibata, 1987）であると考えられる．雌成虫は樹幹表面の外樹皮に口器で傷を作り，そこに産卵管を差し込んで樹皮下に産卵する．しかも最近接の卵は一定の距離以上離れている（Shibata, 1984）．一方，スギカミキリの雌成虫は樹皮の隙間に産卵管を差し込み，多数の卵をかためて産み付ける．スギカミキリの高い産卵能力は樹脂による孵化幼虫の高い死亡率を補償するといえるだろう．

　このような寄主の質はスギカミキリ成虫の行動にも反映されている．スギカミキリに加害されたスギよりも加害されていないスギではスギカミキリ幼虫の死亡率が高くなると予想される．このため，成虫は自身が脱出してきた木から他の木に移動して産卵することは子供の死亡率が高くなるために不利である（Shibata, 1986）．事実，スギカミキリの成虫は木から木へあまり動かずに同一の木を利用する傾向が見られる（図

4)(Shibata, 1983).この点では,枯死したマツに産卵するマツノマダラカミキリとは対照的である.マツノマダラカミキリの成虫は林内に枯死木が発生するとその近くの健全なマツの小枝を後食する傾向がある(Shibata, 1986a).雄成虫は枯死木の樹幹で雌成虫と交尾をし,さらに雌成虫は枯死木に産卵する.このために彼らの分散移動は枯死木の発生に左右され,林内であるいは林外へ活発に移動する必要がある.利用する樹幹の質が成虫の分散行動に影響を及ぼすことは,多くのカミキリムシでも知られている(Hanks, 1999).

林内においてはスギカミキリ成虫の不活発な移動は,スギカミキリ加害木の集中的分布に反映される.林内ではスギカミキリ成虫の脱出孔のある木は集中分布を示す(Shibata, 1986b;伊藤,1999).これは成虫が木から木へあまり動かずに自身が脱出した木に産卵する傾向が強いことと,そのような木は樹脂道形成能が劣ることに起因するためと思われる.いったんスギ林にスギカミキリが定着すると,林内で同じスギを何年にもわたって利用する(伊藤,1999)ことを反映している.

5.寄主木の生長とスギカミキリ個体数の年次的変動パターン

スギ林でのスギカミキリ個体数の年次変動は独特のパターンを示す(図5).伊藤(1999)によれば,スギの植栽後5〜10年たつとスギカミキリが林に侵入して定着し,10〜20年後に高密度に達する.20〜30年後になると密度が低くなる.この傾向を伊藤(1999)はスギ樹幹の特性から次のように説明している.若いスギは外樹皮が未発達なためにスギカミキリ雌成虫が産卵する外樹皮の隙間がないこと,さらに内樹皮が薄くて幼虫の生息空間が確保できないこと,そして内樹皮の栄養状態が幼虫の生存に不適である.スギが生長すると雌成虫の産卵が可能になり,スギ林でスギカミキリが定着できるようになる.この時までスギは幼虫の摂食を受けていないので,内樹皮に傷害樹脂道は形成されておらず,樹幹内での孵化幼虫の生存率は高い.年を経ると枯死しなかったスギでは傷害樹脂道が広く形成され,幼虫が樹脂によって死亡する確率が高くなり,脱出する成虫数は少なくなる.このように,寄主木の変化は穿孔性昆虫の個体群動態に影響を及ぼす.

生きているスギでは樹脂がスギカミキリの主要な死亡要因である(表

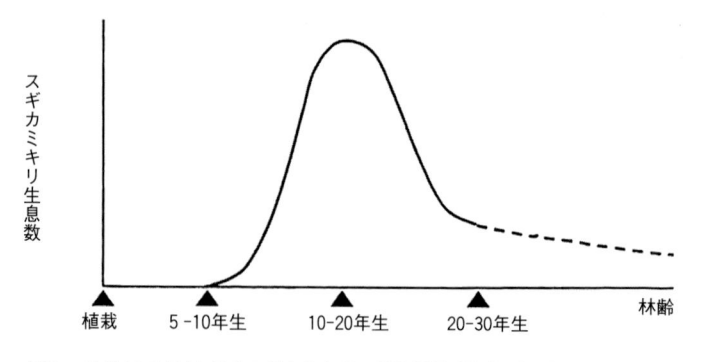

図5　スギ人工林におけるスギカミキリの発生経過（模式図）（伊藤，1999を改変）．

2）．この場合，寄生蜂による死亡は観察されない．これは他のスギ林でも同じである．ところがスギの丸太に孵化幼虫を接種した場合，かなりの幼虫が寄生蜂によって死亡する（Urano and Ito, 1993）．これは伐採した丸太あるいは環状剥皮によって樹勢が弱った木では寄生蜂による死亡率が高くなることを示唆する．同様に，伐採直後の新鮮なスギ丸太にヒメスギカミキリ幼虫が寄生した場合，その主要な死亡要因が寄生蜂である（Shibata, 1994）．このことから，スギカミキリは健全な木に産卵することによって幼虫が寄生蜂の攻撃を避けることが示唆される．

6．スギカミキリは一次性昆虫か二次性昆虫か

1章で述べたように，生きている樹木を攻撃する昆虫は一次性昆虫，衰弱・枯死している樹木を攻撃する昆虫は二次性昆虫と定義されている．しかしながらこの定義も厳密なものではない．スギの樹勢と関連したスギカミキリのスギ利用様式を模式的に図6に示した（Shibata, 2000）．スギカミキリが樹勢の強い健全なスギに産卵すると，樹脂によってほとんどの幼虫が材内で死亡するだろう．一方，枯死木を利用すれば，樹脂による死亡はないものの，幼虫は栄養不良で死亡するに違いない．また，たとえ幼虫が発育を完了できても，成虫の体は小さくなる．さらに枯死木を利用すれば寄生蜂による幼虫の死亡は高いだろう．スギカミキリはスギ林で衰弱林や樹幹の一部が枯死した健全木を利用していると考えられる．すなわち，幼虫の生存率と成長を通して雌成虫の繁殖成功度が最

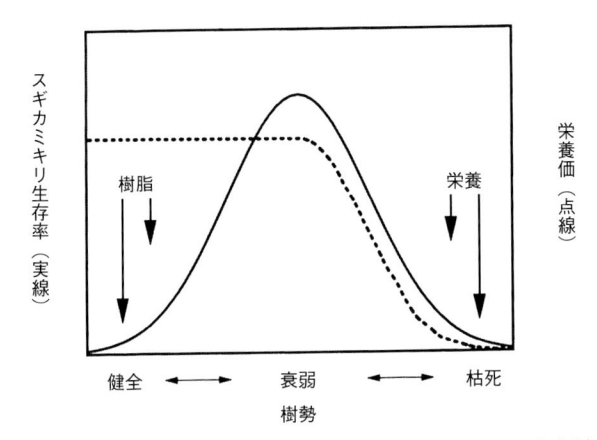

図6 スギカミキリの寄生とスギ樹幹の樹勢の関係（Shibata, 2000を改変）．
説明は本文参照のこと．

大になるようにスギを利用していると考えられる．雌成虫の繁殖成功度は強度の枝打ち（奥田，1982）や干ばつ（萩原・小河，1970）などによる樹勢の低下に左右されていると考えられる．

引用文献

萩原幸弘・小河誠司（1970）九州におけるスギのはちかみ発生事例とその分布特性．森林防疫 19: 118-121.

Hanks, L.M. (1999) Influence of the larval host plant on reproductive strategies of cerambycid beetles. *Annu. Rev. Entomol.* 44: 483-505.［カミキリムシの繁殖戦略における幼虫の寄主木の影響］

井上重紀（1981）スギカミキリの産卵条件．日本林学会誌 63: 213-215.

伊藤賢介（1999）スギカミキリ大発生個体群の特性およびスギ樹体内における生存過程に関する研究．名古屋大学森林科学研究 18: 29-82.

金指達郎・横山敏孝・勝田 柾（1988）スギ内樹皮における人為的な傷害樹脂道形成の確認に要する期間と形成年輪．日本林学会誌 70: 505-509.

Knight, F.B. and H.J. Heikenen (1980) *Principles of Forest Entomology*. 5th ed. McGraw-Hill. New York. 461pp.［森林昆虫学の基礎］

小林一三・柴田叡弌（1985）スギカミキリの被害と防除法．林業科学技術振興所．東京．88 pp.

西村正史（1995）スギ林におけるスギカミキリによる被害発生機構の解明に関する研究．富山県林業技術センター研究報告 9: 1-77.

奥田清貴（1982）スギカミキリ幼虫の加害とスギの状態．森林防疫 32: 8-11.

Shibata, E. (1983) Seasonal changes and spatial patterns of adult populations of the sugi bark borer, *Semanotus japonicus* Lacordaire (Coleoptera: Cerambycidae), in young Japanese cedar stands. *Appl. Entomol. Zool.* 18: 220-224.［若齢スギ林におけるスギカミキリ成虫個体群の季節的変動と空間分布］

柴田叡弐（1984）スギカミキリ成虫を捕獲するためのバンド法について．森林防疫 33: 11-16.

Shibata, E. (1984) Spatial distribution pattern of the Japanese pine sawyer, *Monochamus alternatus* Hope (Coleoptera: Cerambycidae), on dead pine trees. *Appl. Entomol. Zool.* 19: 361-366.［枯死マツ上でのマツノマダラカミキリの空間分布］

Shibata, E. (1986a) Dispersal movement of the adult Japanese pine sawyer, *Monochamus alternatus* Hope (Coleoptera: Cerambycidae) in a young pine forest. *Appl. Entomol. Zool.* 21: 184-186.［若齢マツ林におけるマツノマダラカミキリ成虫の移動］

Shibata, E. (1986b) Adult populations of the sugi bark borer, *Semanotus japonicus* Lacordaire (Coleoptera: Cerambycidae), in Japanese cedar stands: Population parameters, dispersal, and spatial distribution. *Res. Popul. Ecol.* 28: 253-266.［スギ林におけるスギカミキリ成虫個体群：個体群パラメータ，分散移動および空間分布］

Shibata, E. (1987) Oviposition schedules, survivorship curves, and mortality factors within trees of two Cerambycid beetles (Coleoptera: Cerambycidae), the Japanese pine sawyer, *Monochamus alternatus* Hope, and sugi bark borer, *Semanotus japonicus* Lacordaire. *Res. Popul. Ecol.* 29: 347-367.［2種のカミキリムシ（マツノマダラカミキリとスギカミキリ）の産卵スケジュールおよび樹体内の生存曲線と死亡要因］

柴田叡弐（1989）マツノマダラカミキリとスギカミキリの生態に関する比較研究．奈良県林業試験場研究報告（別冊）19: 1-98.

Shibata, E. (1994) Population studies of *Callidiellum rufipenne* (Coleoptera: Cerambycidae) on Japanese cedar logs. *Ann. Entomol. Soc. Am.* 87: 836-841.［スギ丸太上でのヒメスギカミキリ個体群研究］

Shibata, E. (1995) Reproductive strategy of the sugi bark borer, *Semanotus japonicus* (Coleoptera: Cerambycidae) on Japanese cedar, *Cryptomeria japonica*. *Res. Popul. Eco.* 37: 229-237.［スギにおけるスギカミキリの繁殖戦略］

Shibata, E. (1998) Effects of Japanese cedar inner bark nutritional quality on development of *Semanotus japonicus* (Coleoptera: Cerambycidae). *Environ. Entomol.* 27: 1431-1436.［スギカミキリの発育に及ぼすスギ内樹皮の栄養の影響］

Shibata, E. (2000) Bark borer *Semanotus japonicus* (Col. Cerambycidae) utilization of Japanese cedar *Cryptomeria japonica*: a delicate balance between a primary and secondary insect. *J. Appl. Entomol.* 124: 279-285.［スギカミキリによるスギの利用：一次性昆虫と二次性昆虫の間の微妙なバランス］

Togashi, K. (1985) Larval size variation of the cryptomeria bark borer, *Semanotus japonicus* (Coleoptera: Cerambycidae), in standing trees. *J. Jpn. For. Soc.* 67: 461-463. [スギ立木におけるスギカミキリ幼虫サイズの変異]

富樫一巳 (1985) 石川県におけるスギカミキリの生活環 (予報). 石川県林業試験場研究報告 15: 1-9.

Urano, T. and K. Ito (1993) Life histories of the parasitoid wasps and their percent parasitisms on inoculated larvae of the cryptomeria bark borer, *Semanotus japonicus* Lacordaire (Coleoptera: Cerambycidae). *J. Jpn. For. Soc.* 75: 409-415. [スギカミキリ幼虫に寄生するハチ類の生活史と寄生率]

4章

スギカミキリに対するスギの防御反応

伊藤賢介

健全な樹木は穿孔性昆虫の攻撃を防御するためにさまざまな工夫をしている．スギカミキリに攻撃されるとスギは傷害樹脂道を作って樹脂を生産して防御している．

1. はじめに

　穿孔性昆虫は，繁殖源として利用する樹木の生理的な状態によって一次性昆虫と二次性昆虫に分けられる（Rudinsky, 1962）．一次性昆虫は健全な生立木を繁殖源として利用できるが，二次性昆虫は衰弱木や枯死木しか利用できない．一次性昆虫をさらに細分すれば，繁殖源として選んだ生立木が途中で枯れなくても繁殖できるものと，繁殖源として選んだ生立木が途中で枯れなければ繁殖できないものの2種類のタイプがある．
　スギカミキリ（口絵1）は前者のタイプの一次性昆虫であり，スギの生立木の樹幹の内樹皮を食べて卵から成虫までの全生育期間を完了する．しかし，スギカミキリのようなタイプの一次性昆虫は非常に少ない．針葉樹生立木の内樹皮に成虫が穿孔するキクイムシ類（*Dendroctonus ponderosae*, *D. frontalis*, ヤツバキクイムシ *Ips typographus* など）も一次性昆虫とよばれる．しかし，これら一次性キクイムシの多くは後者のタイプの一次性昆虫であり，短期間におびただしい数の成虫が生立木に穿孔することによって，またそれと同時に大量の病原性青変菌を樹幹内に持ち込むことによって，寄主木を枯れさせることが繁殖の必須条件となっている．寄主木が枯れなければ，これらのキクイムシの成虫は産卵を開始できないことが多く，たとえ産卵しても孵化幼虫は内樹皮を食べることができずに死んでしまう．スギカミキリと同じように寄主である針葉樹が枯れなくても幼虫が生育を完了できるキクイムシは，エゾマツオオキクイムシ *D. micans* などごく少数の種に限られる（Paine *et al.*, 1997）．一方，針葉樹の枯死木や衰弱木の樹幹や新鮮な丸太には，キクイムシ類やカミキリムシ類，ゾウムシ類，タマムシ類，キバチ類などのさまざまな種類の二次性昆虫が飛来して繁殖する．
　したがって，スギ生立木を寄主とするスギカミキリの生活様式は非常に特異なものといえるだろう．本章では，スギカミキリ幼虫の摂食に対するスギ生立木の防御反応について，スギカミキリの個体群動態に対するその影響を中心に紹介する．

2. 昆虫に対する針葉樹の防御

　枯死木や衰弱木に比較して，針葉樹の生立木の樹幹に侵入・寄生する

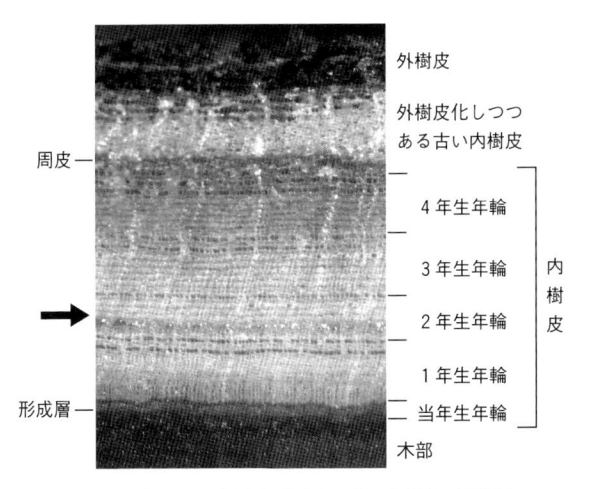

写真1 スギカミキリ被害を受けたスギの内樹皮の横断面.
矢印の位置に傷害樹脂道が列状に形成されている.

昆虫が少ないのは，針葉樹の生産する樹脂（ヤニ）が大きな原因と考えられている（Phillips and Croteau, 1999）．針葉樹の樹脂の主要成分は多様なテルペン類の混合物で，揮発性の精油（テレビン油）と不揮発性のロジンに大別される．さらに揮発性成分はモノテルペン類とセスキテルペン類からなり，不揮発性成分はジテルペン類からなる．これらのテルペン類には殺虫・抗菌作用や摂食阻害作用があり，またその粘性によって侵入者の動きを物理的に封じる効果がある．こうした樹脂の作用によって多くの昆虫は針葉樹生立木の樹幹内では生存できない．

多くの針葉樹に樹脂道が常在し，特にマツ *Pinus* 属にはよく発達した樹脂道が樹幹を含む樹体全体に常在する（Fahn, 1988）．このように傷害や虫害の有無とは無関係に常に存在する樹脂道は正常樹脂道とよばれ，正常樹脂道内の樹脂は昆虫の侵入後ただちに作用する構成的防御として機能する（Franceschi *et al.*, 2005）．

しかし，スギには通常は樹脂生産組織が存在しない．その代わり，スギはさまざまな傷害に反応して樹幹の内樹皮に傷害樹脂道を形成する（写真1）．傷害樹脂道は軸方向（垂直方向）に長く伸びる管状の細胞間隙で，エピセリウム細胞によって囲まれている．このエピセリウム細胞が樹脂を生産して樹脂道内に分泌する．一般に正常樹脂道が単独で散在

して分布するのに対して，傷害樹脂道は複数で接線方向に並んで分布する．スギの枯死木や丸太には傷害樹脂道を形成する能力はない．後述するように，樹脂はスギ生立木内のスギカミキリ幼虫の重要な死亡要因となっており，傷害樹脂道の形成と樹脂の分泌はスギカミキリに対するスギ生立木の誘導防御反応として機能している．

3. スギ内樹皮の防御反応

スギの樹幹は，外側から順に樹皮，形成層，木部で構成される．さらに，樹皮は外樹皮，周皮，内樹皮からなる．外樹皮は死細胞からなる組織で外側から次第にはげ落ちていくが，毎年，新しい周皮が内樹皮の外層に形成されて，その外側になった細胞が水分や養分の供給を遮断され死んで外樹皮化していく．一方，内樹皮の細胞は形成層の細胞分裂によって供給される．形成層から分裂した細胞の分化には一定の規則があって，師細胞－師部繊維－師細胞－柔細胞という基本配列を繰り返すので，同じ種類の細胞が接線方向に並んで層を形成する．また，春の成長開始期に最初に形成される師部繊維が最も大きくて目立つので，木部と同様に内樹皮にも年輪構造が出現する．内樹皮を構成する3種類の細胞のうち，師部繊維は成熟段階で死細胞となり，師細胞は細胞質を保有する生細胞ではあるが核を持たない．したがって，傷害刺激に反応して分裂・再分化できるのは柔細胞だけである（佐藤・堤，1978）．

傷害樹脂道の形成過程についてはスギよりもヒノキで詳しく調べられているので，ヒノキでの知見（Yamanaka, 1989）と合わせて記述する．内樹皮に人為的な傷害を与えたり，スギカミキリ幼虫を接種して摂食させると，前年と2年前に形成された年輪（1年生と2年生の内樹皮年輪）内の柔細胞が活性化されて肥大する．これらの柔細胞は分裂してエピセリウム細胞に分化する．やがてエピセリウム細胞間に間隙が生じて，そこに樹脂が分泌される．樹脂が蓄積するにつれて間隙が拡大し，傷害を受けてから2週間から1カ月後には内径が0.1～0.2 mmくらいの明瞭な傷害樹脂道になる．さらに発達して樹脂道内部の樹脂圧が高まると，接線方向に並んだ樹脂道の間の組織に裂け目ができてそこに樹脂が流れ込んで樹脂囊（のう）を形成する．スギカミキリ幼虫が内樹皮を食べ進んでいく途中で樹脂道や樹脂囊を切断すると，樹脂が幼虫孔道内に流入して幼虫

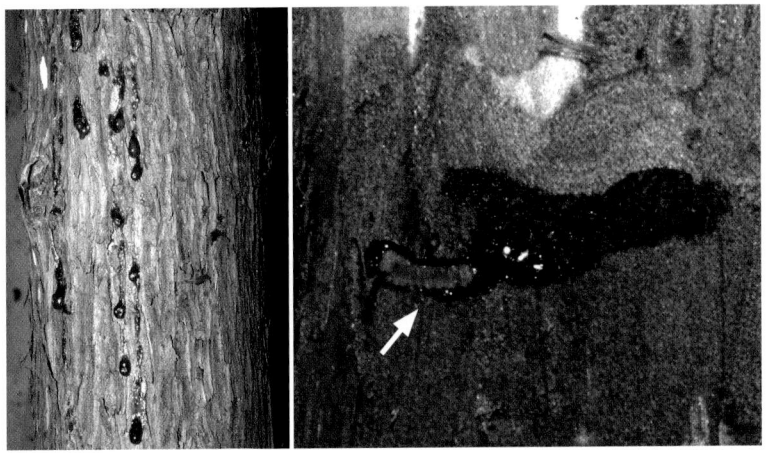

写真2 左:スギ生立木の樹幹表面に漏出した樹脂.右:樹脂に囲まれているスギカミキリ幼虫の死体(矢印).

を殺してしまう(写真2右).

　傷害部に接する細胞だけでなく,傷害部を囲む一定の範囲の内樹皮に傷害樹脂道が形成される.このことから,傷害部からある程度離れた内樹皮に傷害刺激を伝達してそこで傷害樹脂道の形成に至る反応を引き起こす信号の存在が示唆される.さまざまな針葉樹の樹幹をエチレンやジャスモン酸メチルで処理すると内樹皮や木部に傷害樹脂道が形成されることから,またどちらの物質も針葉樹以外の多くの植物で誘導防御反応に関与していることから,この2つの物質がスギ内樹皮に傷害樹脂道を形成させる信号の有力な候補と考えられている(楠本,2004;Hudgins et al., 2004).なお,傷害を受けたスギ内樹皮でエチレンが生産されることは知られているが,ジャスモン酸メチルが生産されるかどうかは現在のところ明らかでない.

　樹脂が大量に生産されると,樹脂道内の樹脂圧が高まって周辺組織に滲出したり樹幹表面に漏出したりする(写真2左).また,幼虫の摂食によって形成層が破壊されると,その周囲の健全な形成層の細胞や内樹皮と木部の柔細胞が活発に分裂してカルス(癒傷組織)を形成する.このカルスが発達して破壊された部分を完全に覆うようになると,形成層の連続性が回復される.しかし,傷が大きい場合にはカルスが大きく発

写真3　左：スギカミキリ幼虫を摂食するヨゴオナガコマユバチの幼虫（矢印）．右：スギカミキリ幼虫孔道内に作られたヨゴオナガコマユバチの繭（矢印）．

達し，また形成層が完全に回復するのに何年もかかるので，外観的には樹幹の大きな陥没や変形が生じる．こうした樹脂の漏出と樹幹の変形がスギカミキリ被害の存在を示す目印になる．

4．スギカミキリ幼虫の死亡要因

　スギ樹幹内を摂食中のスギカミキリ幼虫の主要な死亡要因は樹脂と寄生バチであると考えられている．これら2つの死亡要因がまったく作用しないように，孵化幼虫を接種したスギ丸太を網室内に置くと，接種幼虫の85％以上が成虫になる（Shibata, 1995）．

　スギ生立木の樹体内では死亡したスギカミキリ幼虫の多くが樹脂に囲まれている．また，強度の枝打ちなどによって人為的に衰弱させた生立木では，樹脂がほとんど分泌されず幼虫の生存率がきわめて高い．これらの観察から，スギ生立木では樹脂がスギカミキリ幼虫の最も重要な死亡要因であると考えられてきた．

　一方，スギの丸太や枯死木は樹脂生産能力を失っている．そのため，これらに寄生した幼虫では樹脂による死亡は起こらないが，寄生バチに

よる死亡率が非常に高い（写真3）．Urano and Ito (1993) はスギ丸太に孵化幼虫を接種し，それらを近畿地方各地のスギ林内に置いて天敵の調査を行った．その結果，ヨゴオナガコマユバチ *Doryctes yogoi* やサッポロマルズオナガヒメバチ *Ischnoceros sapporensis* など4種の寄生バチによって接種幼虫の60〜90%が死亡した．生立木でも寄生バチによるスギカミキリ幼虫の死亡が発生するが，その報告例は少ない．生立木では天敵によって死亡した幼虫もいずれは樹脂に巻き込まれてしまうことが多いので，生立木における天敵の影響は過小評価されてきた可能性がある．

以下では，スギ生立木にスギカミキリ孵化幼虫を接種した2つの実験を紹介する．最初の実験では，幼虫の摂食に対する傷害樹脂道の形成範囲を調べた（Ito, 1998）．次の実験では，樹脂と寄生バチという2つの死亡要因の作用が幼虫の密度によってどのように変わるのかを調べた（伊藤，1996）．

5．スギ傷害樹脂道の形成範囲

この実験では，スギ生立木に孵化幼虫を接種し，その後1カ月ごとに2本ずつ伐倒して樹幹全域における樹脂道の分布を調べた．内樹皮の1年生および2年生の年輪内の樹脂道を幼虫接種後に形成された新生樹脂道と見なし，幼虫孔道の周囲で新生樹脂道が連続して出現する範囲を幼虫の摂食に対する内樹皮の反応面積とした．

樹幹全体における樹脂道の分布（図1）から，幼虫の摂食に対して局所的反応を示す木と全身的反応を示す木があることが判明した．4本の接種木（♯1, 2, 4, 5）は，幼虫孔道の周囲に集中して樹脂道を形成した．これらの木では，幼虫孔道が長くなるほど内樹皮の反応面積が大きくなった（図2）．一方，2本の接種木（♯3, 6）は全身的反応を示し，樹脂道の分布はほぼ樹幹全域に及んでいた．この2本に特に大きな幼虫孔道が存在したわけではなく，過去の傷害や虫害の痕跡が見られたわけではなかった．したがって，スギ個体によってスギカミキリの摂食に対して異なるタイプの防御反応を示すと考えられる．この実験で用いたスギの品種やクローンは不明であったので，ここで観察された防御反応の違いが遺伝的な性質なのかどうかは確認する必要がある．

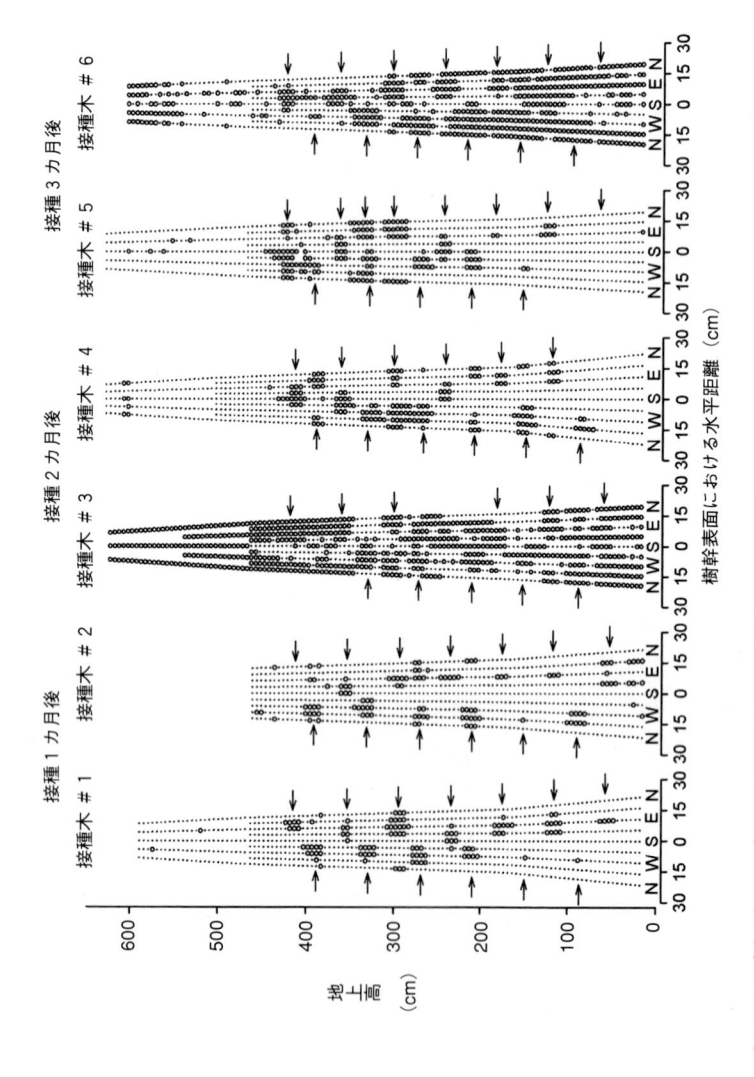

図1 スギカミキリ幼虫の接種に対するスギ生立木の反応 (Ito, 1998を改変).
矢印：幼虫を接種した高さ，○：傷害樹脂道が存在しなかった内樹皮試料，●：傷害樹脂道が存在した内樹皮試料，NWSEは方位を示す．

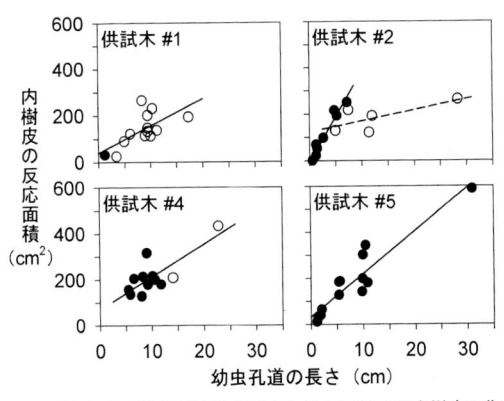

図2 スギカミキリ幼虫の孔道の長さとそれに対する内樹皮の傷害樹脂道形成面積の関係（Ito, 1998を改変）．
○：摂食中の生存幼虫，●：死亡幼虫または摂食を終了した幼虫．

6．スギカミキリに対するスギの防御反応と天敵の影響

　もう1つの実験では，スギ生立木の地上50 cmから150 cmまでの樹幹にさまざまな密度でスギカミキリ孵化幼虫を接種した．幼虫を天敵の攻撃とスギの防御反応にさらした場合（対照区16本）と接種部を防虫網で覆って天敵を排除した場合（天敵排除区16本）との間で，蛹室を形成するまでの幼虫の生存率を比較した（図3）．接種部の樹幹表面積100 cm^2 当たりに換算した幼虫数を幼虫密度とした．

　天敵排除区では，高密度（約3頭 / 100 cm^2）の幼虫を接種した5本のうち2本が摂食によって枯れた．これらの枯死木における生存幼虫の平均密度は 1.35頭 / 100 cm^2 であり，幼虫の生存率はそれぞれ38％と54％だった．

　一方，天敵排除区のうち枯れなかった14本では，接種密度とは無関係に生存幼虫の密度はほぼ同レベルに収束する傾向を示し，その平均値は 0.14頭 / 100 cm^2 であった．生存幼虫密度の収束に伴い，接種密度が低い木ほど幼虫の生存率は高くなった．接種密度が最も低い木における幼虫生存率は43％で，枯死木における生存率と大きな違いはなかった．天敵を排除しているので，天敵が密度収束の原因ではあり得ない．また，生存木の生存幼虫密度が枯死木の1/5以下であったことから，幼虫間

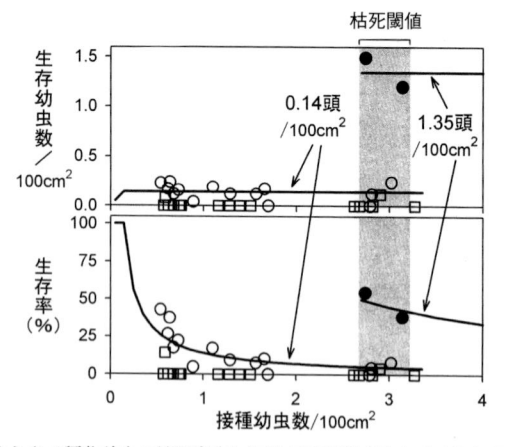

図3　スギカミキリ孵化幼虫の接種密度と天敵が蛹室形成時までの生存率と幼虫密度に及ぼす影響（伊藤，1996を改変）．
実線は天敵排除木における生存幼虫の密度が生存木と枯死木でそれぞれ一定の場合を示す．○：天敵排除区の生存木，●：天敵排除区の枯死木，□：対照区の生存木．

の噛み合いや食物の不足といった種内競争も幼虫密度の収束の原因とは考えられない．したがって，幼虫密度の収束はスギの防御反応によって起こったと考えられるが，具体的にどのようなプロセスで幼虫密度が収束したのかについてはわかっていない．以上の結果は，天敵が作用しない環境下では，孵化幼虫密度が高いとスギを枯らしてその防御反応の発現を停止させることによって樹脂による死亡を免れる可能性が高くなること，また孵化幼虫密度がそれほど高くない場合には，スギが防御反応を発揮しても一定数の幼虫が樹脂による死亡を免れることを示している．

　対照区では枯死は発生しなかった．対照区の全接種幼虫の99.2%が蛹室を形成する前に死亡しており，生存幼虫が見られたのは2本の木だけだった．対照区の死亡幼虫のうち寄生バチによる死亡を確認できたのはごく一部だった．しかし，天敵排除区との比較から，対照区における幼虫生存率がきわめて低かったのは，スギの防御反応に加えて天敵も作用したことが原因であったと推測される．したがって，天敵は丸太や枯死木だけでなく生立木においても幼虫の重要な死亡要因になっていると考えられる．

(1) スギを枯らすのに必要なスギカミキリ幼虫の密度

　天敵排除区では高密度に幼虫を接種したスギのほぼ半数が枯れてしまったが，それよりも低い密度で幼虫を接種したスギは1本も枯れなかった．このことから，スギカミキリの摂食密度が高くなると，防御反応が十分に機能しないスギの割合が増加することが示唆される．

　針葉樹の生立木を枯らすキクイムシ類の場合，樹幹に侵入する成虫の密度が一定レベル以下なら針葉樹はその防御能力によって枯死を免れることができるが，それ以上の密度になると針葉樹の防御能力は急速に減退して枯れてしまい，その中でキクイムシの繁殖が可能になる．この臨界密度を枯死閾値とよぶ（Paine et al., 1997）．このような現象はスギとスギカミキリの関係にも当てはまるものと思われる．図3から，天敵排除区では樹幹表面積100 cm^2 当たりほぼ3頭の孵化幼虫密度がこの研究に使われたスギの枯死閾値であったと推測される．

　なぜ局所的に高密度の孵化幼虫が摂食するとスギの防御能力が低下するのか．残念ながらそのメカニズムはわかっていないが，このようなスギでは多数の幼虫が形成層あるいは木部に達する孔道を形成する．このような幼虫孔道下の木部では内部に向かって変色部が形成され通水機能が阻害される．こうして通水機能が大きく阻害された木部が生じることにより，その部分で水分の移動が止まり，やがて木全体が枯死してしまうのだろう．

　対照区では枯死木が発生しなかった．このことから，天敵が有効に作用する環境では孵化幼虫密度の枯死閾値が上昇して，スギカミキリによる枯死木の発生頻度が低下すると予想される．

(2) スギカミキリ脱出成虫数の上限値

　天敵排除区では，主要な死亡要因のうち樹脂（スギの防御反応）だけが幼虫に作用した．これは野外の健全な生立木に寄生した幼虫に対して天敵が作用しない場合に相当する．したがって，天敵排除区における生存幼虫の密度は生立木における蛹室形成幼虫密度の上限を示すと考えられる．

　スギカミキリが蛹室に穿入してから翌春に成虫として脱出するまでの生存率はきわめて高い．そのため，蛹室形成幼虫数は脱出成虫数にほ

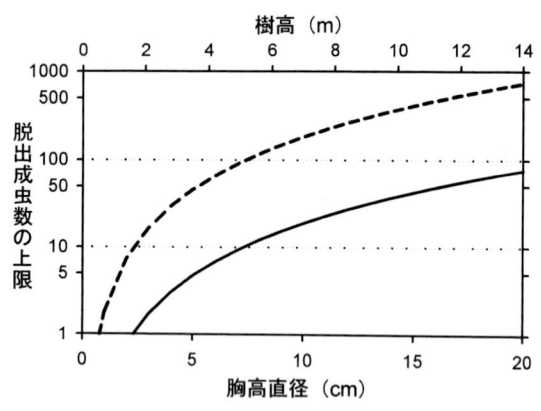

図4 スギ立木当たりスギカミキリ脱出成虫数の予想上限値.
実線は生立時,破線は枯死時を示す.

ぼ等しいと考えてよい．そこで，生立木では100 cm^2 当たり0.14頭の成虫が，一方，食害によって枯死した場合には1.35頭の成虫が脱出し得るものとして，さまざまな大きさのスギにおける1本当たりのスギカミキリ脱出成虫数の上限値を予想した（図4）．なお，スギの成長式を樹高（cm）＝70×胸高直径（cm）と想定し，1.937×胸高直径×樹高で樹幹表面積を近似した．その結果，例えば胸高直径が10 cmのスギの場合，生立時には19頭，枯死時には183頭を上限として成虫が脱出することが予想された．

7．スギカミキリ抵抗性スギの選抜育種

　スギカミキリによる被害程度はスギの品種間やクローン間で大きく異なることが知られている．在来品種の中では，ボカスギやサンブスギなどがスギカミキリ被害を受けにくく（抵抗性品種），クモトオシ，ウラセバルなどが被害を受けやすい（感受性品種）．また，被害木が90％以上を占めるような激害林の中で被害を免れているスギ個体はスギカミキリに対する強い抵抗性を備えている可能性が高い．このような品種間あるいは個体間の被害差をもたらす要因として，外樹皮の形状と内樹皮における樹脂分泌能力が重要であると考えられている．抵抗性品種の外樹皮は平滑で隙間が少ないため，成虫の産卵を受けにくいとされている．つまり，平滑な外樹皮が構成的防御として機能していると考えられてい

る．また，抵抗性品種は内樹皮に侵入した幼虫に対して速やかに大型の傷害樹脂道を形成して樹脂を分泌する．このため，幼虫の摂食が形成層や木部に達する前に幼虫が死ぬことが報告されている．幼虫の摂食が形成層や木部に及ばなければ，木材製品になったときの品質に影響することはなく，したがって経済的な損失も生じない．

　これらの知見に基づいて，スギカミキリに対する抵抗性の強いスギの選抜育種が林野庁の事業として1985年に開始された．この事業は林木育種センターを中心にして，次の手順で実施されている（植木，2004）．まず，全国規模の被害調査を行って，80％以上の木がスギカミキリ被害を受けているスギ林を探し出し，このような激害林の中でスギカミキリの被害をほとんど受けることなく良好に成長している個体の中から候補木を選ぶ．これらの候補木を挿し木や接ぎ木によってクローン増殖する．候補木のクローンを網室内に植え，スギカミキリ成虫を放して自由に産卵させたり，卵や孵化幼虫を幹に接種して，それぞれのクローンの受けた被害の程度を比較する．このようにして成虫によって産卵されにくく，たとえ幼虫が孵化してもその食害が形成層や木部に達する前にほとんどの幼虫が死亡するような抵抗性クローンを決定する．これら抵抗性クローンの採穂園を造成して，造林用苗を育成・供給するという計画である．現在は，西日本における検定作業が完了して，657本の候補木の中から最終的に38クローンが抵抗性クローンとして選定された．数年以内に，東日本における検定作業も終了する見通しである．

8．おわりに

　今後はスギカミキリ抵抗性の苗を植えてゆくことにより，猛威をふるったスギカミキリの被害は激減すると期待される．しかし，抵抗性の発現はスギの遺伝的性質だけによって決まるものではない．それはスギカミキリの加害を受けた時点のスギの生理的条件に大きく影響される．なぜなら傷害樹脂道を形成して樹脂を生産するには，多量の資源が必要となるからである（Raffa and Berryman, 1987）．例えば，スギに強度の枝打ちをして一時的に葉量を減少させると，樹脂によるスギカミキリ幼虫の死亡率が低下する．これは，光合成能力が低下して，防御反応に必要な資源を十分に供給できなくなるためであると考えられる．したがって，

抵抗性のスギであっても，防御反応に利用できる資源量が低下するような環境条件下では，スギカミキリの加害を受けたときに抵抗性を十分に発揮できないおそれがある．今後は，抵抗性の発現に影響を与える環境要因を明らかにしておく必要がある．

参考文献

Fahn, A. (1988) Secretory tissues in vascular plants. *New Phytol*. 108: 229-257. ［維管束植物の分泌組織］

Franceschi, V.R., P. Krokene, E. Christiansen and T. Krekling (2005) Anatomical and chemical defenses of conifer bark against bark beetles and other pests. *New Phytol*. 167: 353-375. ［キクイムシなどの病害虫に対する針葉樹皮の構造的・化学的防御］

Hudgins, J. W., E. Christiansen and V. R. Franceschi (2004) Induction of anatomically based defense responses in stems of diverse conifers by methyl jasmonate: a phylogenetic perspective. *Tree Physiol*. 24: 251-264. ［多種の針葉樹におけるジャスモン酸メチルによる樹幹の防御反応の誘導］

伊藤賢介（1996）スギ生立木に接種されたスギカミキリ幼虫の密度と生存の関係．応動昆 40: 1-7.

Ito, K. (1998) Spatial extent of traumatic resin duct induction in Japanese cedar, *Cryptomeria japonica* D. Don, following feeding damage by the cryptomeria bark borer, *Semanotus japonicus* Lacordaire (Coleoptera: Cerambycidae). *Appl. Entomol. Zool*. 33: 561-566. ［スギカミキリ食害に対するスギ内樹皮傷害樹脂道の誘導範囲］

楠本　大（2004）針葉樹の樹脂流出はなぜ起こる？．樹木医学研究 8: 65-74.

Paine, T. D., K. F. Raffa and T. C. Harrington (1997) Interactions among scolytid bark beetles, their associated fungi, and live host conifers. *Ann. Rev. Entomol*. 42: 179-206. ［キクイムシ・随伴菌・針葉樹生立木の相互作用］

Phillips, M. A. and R. B. Croteau (1999) Resin-based defenses in conifers. *Trends Plant Sci*. 4: 184-190. ［針葉樹における樹脂による防御］

Raffa, K. F. and A. A. Berryman (1987) Interacting selective pressures in conifer-bark beetle systems: a basis for reciprocal adaptations? *Amer. Natur*. 129: 234-262. ［針葉樹とキクイムシは相互淘汰圧によって共進化しているか？］

Rudinsky, J. A. (1962) Ecology of Scolytidae. *Ann. Rev. Entomol*. 7: 327-348. ［キクイムシ類の生態］

佐藤大七郎・堤　利夫（1978）樹木―形態と機能．文永堂．東京．309 pp.

Shibata, E. (1995) Reproductive strategy of the sugi bark borer, *Semanotus japonicus* (Coleoptera: Cerambycidae) on Japanese cedar, *Cryptomeria japonica*. *Res. Popul*.

Ecol. 37: 229-237. ［スギにおけるスギカミキリの繁殖戦略］

植木忠二（2004）関西育種基本区におけるスギカミキリ抵抗性育種に関する研究. 林育セ研報 20: 219-292.

Urano, T. and K. Ito (1993) Life histories of the parasitoid wasps and their percent parasitisms on inoculated larvae of the cryptomeria bark borer, *Semanotus japonicus* Lacordaire (Coleoptera: Cerambycidae). *J. Jpn. For. Soc.* 75: 409-415.［スギカミキリ幼虫に寄生するハチ類の生活史と寄生率］

Yamanaka, K. (1989) Formation of traumatic phloem resin canals in *Chamaecyparis obtusa*. *IAWA Bull. ns* 10: 384-394.［ヒノキ二次師部の傷害樹脂道形成］

5章

ちょっと変わった
スギザイノタマバエの生活

讃井孝義・吉田成章

スギザイノタマバエは1953年に宮崎県で発見され，その後急速に分布域を拡大した．ハエが穿孔性昆虫とは不思議だが，健全なスギの樹幹で立派に生活している．樹脂との関係はどうなのであろうか？

1. はじめに

スギザイノタマバエ *Resseliella odai* は双翅目タマバエ科（Diptera：Cecidomyiidae）に属する昆虫である（井上，1955）．成虫はハエというよりカに似た形をしている．タマバエの幼虫は植物に「虫えい」（虫こぶ，ゴール）を作ることが和名の由来になっている．例えば，森林害虫として著名なスギタマバエやマツバノタマバエは針葉に虫えいを作り，越冬時期になると地面に落下し，土中に潜って繭を作り羽化時期を待つ．これに対して，スギザイノタマバエは虫えいを作らず，卵から蛹までの期間をスギの樹皮中で過ごし，地面に落下することはない．

スギザイノタマバエは穿孔性害虫の中では異色である．ハエが穿孔性害虫？と疑問に思われるかもしれないが，本書における定義「木本の内樹皮または木部を加害する」には符合する．しかし，穿孔性害虫の言葉から受ける印象である，木に孔をあけることはない．木部に傷を付けることから，穿孔性害虫に含まれるが，加害様式は吸汁性昆虫や虫えい昆虫に近い．植食性の種であるが，植物をかじるわけでもない．本種はスギだけを利用する．

2. スギザイノタマバエの分布拡大

スギザイノタマバエはスギの内樹皮に寄生し加害するが，その際，年輪に沿って形成される被害痕（材斑（stain）という・口絵2a・形成のメカニズムについては後述）は被害歴の調査に使用される．年輪上に形成された位置が被害にあった年を示している．九州内の古いスギの円板を見ても1945年以前の材斑を見つけることはできず，この時期以降に形成された材斑が最も古いものである．しかし，屋久島では屋久杉工芸品上に750年以上前の被害が確認されている（吉田ら，1981）．このことからスギザイノタマバエはもともと，屋久島に生息していたものが，九州本島に屋久杉の材と一緒に持ち込まれたものと考えられている．地域外から人為的に持ち込まれた生物 – 外来種であり，侵入生物でもある．

九州本島で初めて被害が発見されたのは1953年，宮崎県西諸県郡加久藤村（現えびの市）であった（小田，1957）．その頃の分布調査では，被害はえびの市付近を北限として南九州に限られていた．その後，年平

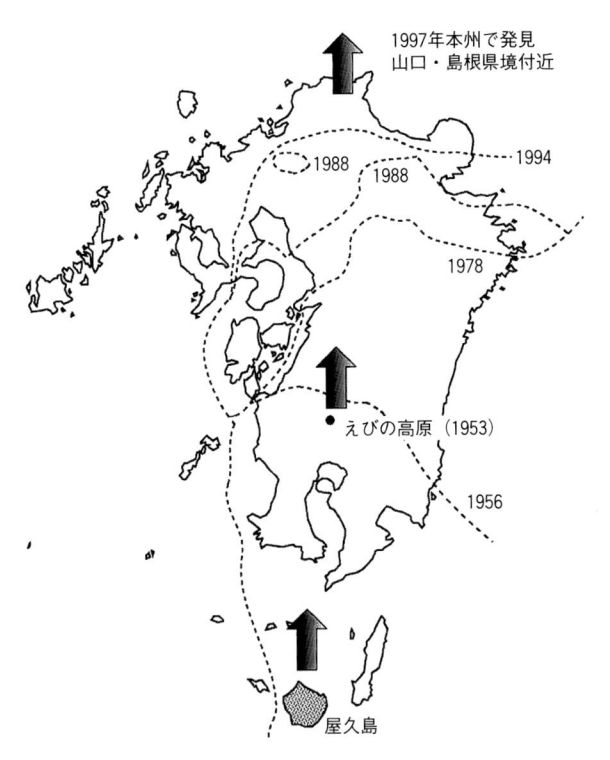

図1 スギザイノタマバエの分布の拡大．
破線とその近くの数字は分布拡大の先端域と調査年を示す．
●は被害が初めて発見された場所，（ ）内は初めて発見された年を示す．

均8〜9km程度のスピードで北に向かって分布が拡大し，発見以来35年たった1988年には九州本島全域に分布することになった（図1）．九州から本州への分布拡大は連続的ではなく，1997年に山口県と島根県の境の山間部で，2004年（発見から51年後）には近畿地方で確認されており（未発表），今後も分布が拡大していくものとみられる．分布拡大は人為による移動，すなわち，皮付き丸太の移動によるものであろう．成虫は微小なハエなので飛翔力がそれほどあるとは思えない．飛翔による移動だけであれば2km未満と考えられているが（大河内・吉田，1982），林外へ出て風に乗った場合は長距離の移動があるのかもしれない．

5章　ちょっと変わったスギザイノタマバエの生活──47

3．生息場所としての樹皮

　スギ樹幹の横断面を見ると，中心から外に向かって心材，辺材，形成層，内樹皮，外樹皮を区別することができる．形成層は1～2層の細胞からなり，細胞分裂によって幹の中心方向に木部を，外部に向かって師部（内樹皮）を形成する．内樹皮は師管や柔細胞などの生きた細胞からなり，内樹皮中にも年輪を形成する．6～8月頃，内樹皮中に周皮ができ，その外側の内樹皮が死ぬことによって外樹皮になる．このため，周皮は生きた組織の最外層になる．スギザイノタマバエ幼虫はこの周皮外側の表面に定着し，栄養摂取を行う．

　内樹皮の厚さはスギザイノタマバエの被害発生と大きく関係するが，スギの品種，植栽密度，樹齢などさまざまな条件によって変化する．1本のスギの中では内樹皮の厚さは梢頭部付近で薄い以外は，地上高にはあまり関係ない．

4．成虫と産卵

　成虫の体長は雄で約1.5～2.5 mm，雌で2.5～4.0 mmである．頭部から胸部にかけては暗黄色ないし暗赤色で，毛がまばらに生えている．頭部にある触角は雄のほうが長く2.3 mmでカールしている（口絵2b）が，雌では短く1.4 mmである．腹部は雄では黄褐色でずんぐりしているが，雌では濃い赤橙色で先端には長い産卵管があり尖っている．

　成虫は年に2回発生する（図2）（讚井，1977）．宮崎県えびの市（標高1,000 m）では，1回目の発生は5月中旬から6月（越冬世代），2回目は7月下旬から10月である（第1世代）．標高が低い場所では，5月上旬には羽化すると考えられる（低標高地での調査例がない）．5～6月に羽化した成虫から産まれた幼虫の一部は7月以降に羽化するが，その他はその年のうちには羽化することなく，幼虫のまま越冬して，翌年の越冬世代として羽化する（図3，図の内樹皮厚の季節的変化については後述する）（吉田・讚井，1979）．1回目と2回目の羽化数の比は一定していない．羽化期に被害林分に入って樹幹を見上げると，樹幹の周囲を盛んに飛翔している成虫を見ることができる．これら飛翔する個体はおおむね雄で，雌はあまり飛翔しない．

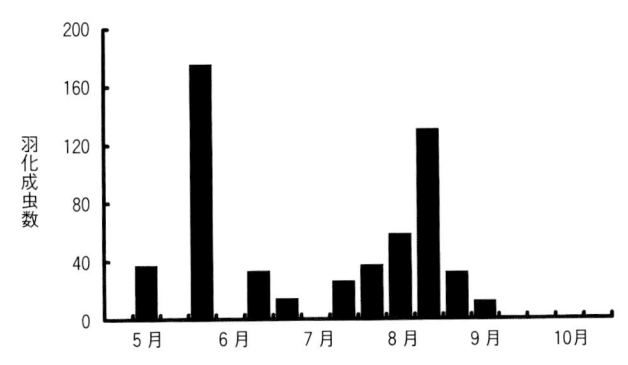

図2　スギザイノタマバエ成虫の羽化消長（1981年宮崎県北諸県郡三股町）

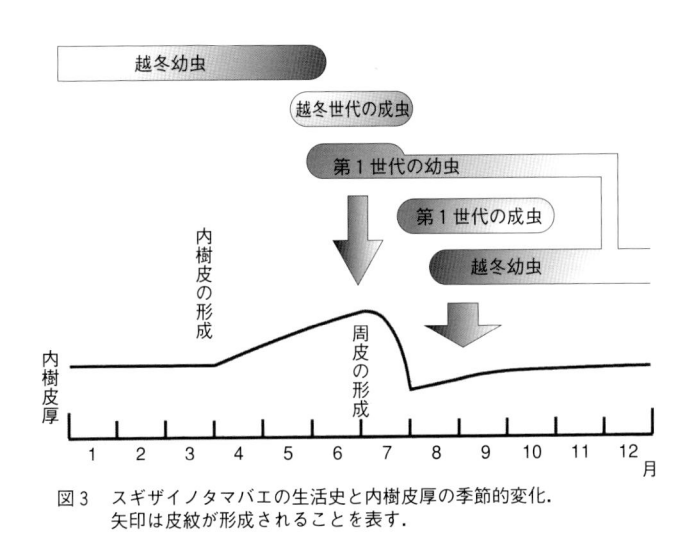

図3　スギザイノタマバエの生活史と内樹皮厚の季節的変化．
矢印は皮紋が形成されることを表す．

　成虫が水を飲んでいるところは確認されているが，餌を食べるかどうかは確認されていない．成虫の寿命については室内の飼育下では3日程度といわれている．成虫の死亡要因については調査例はないが，天敵（クモ類やゴミムシ類）による捕食はしばしば観察される．
　雌の蔵卵数は約120である．卵は外樹皮の割れ目や隙間に，卵塊状に産み付けられることが多い．卵は長卵形で長径は0.49 mm，短径は0.12 mmと細長い．やや淡い紅色を帯びている．
　室内での実験によると卵は10〜29℃の範囲で孵化し，25〜27℃の範囲

5章　ちょっと変わったスギザイノタマバエの生活

では3～5日で孵化する．林内では気温が30℃を超えることはほとんどないが，室内では胚発生の後期に30℃を超えると卵の死亡が多くなる（大河内，1986）．

5．幼虫と蛹

　幼虫は紡錘形（長卵形）で14の体節がある（口絵2c）．1齢から3齢初期までは白色ないしは乳白色で，3齢後期（老熟幼虫）には鮮やかな赤橙色となる．老熟幼虫の体長は2.5～4.5mmである．これらのうち，体長が短いものはおおむね雄，長いものは雌である（讃井，未発表）．3齢幼虫には胸骨があり，幼虫の齢の識別は尾端の突起（terminal pappilae）の長さで識別できる（図4A）．

　スギ樹幹の外樹皮で孵化した幼虫は外樹皮内を通って内樹皮表面（周皮表面）に達すると，そこで定着し内樹皮から栄養を摂取する．3齢後半になって体色が赤橙色になると栄養摂取は行わず，外樹皮中へ移動し越冬する．越冬時は老熟幼虫である．生息場所としての内樹皮表面では，スギザイノタマバエと競合する昆虫は皆無である．

　幼虫は成虫が羽化する時期には少なくなるが，それ以外の時期ならばほぼ通年，外樹皮の中で見られる．幼虫でいる期間は越冬世代のものはほぼ1年弱，その年の夏以降に羽化するものは3～4カ月である．

　スギが7～8年生になると，スギザイノタマバエ幼虫の寄生が樹皮で見られるようになる．それ以前は樹皮の厚さが薄いため生活空間が得られないのであろう．寄生の始まりは樹皮が厚い地際付近から始まり，スギの成長につれて樹幹上部にも生息するようになる．樹幹内で高さ別に寄生数を調べてみると，下のほうに多い場合と枯れ枝付近で減少して生枝着生部分でまた増加する，いわゆる中くびれ型の分布をする場合があり，樹幹の高い部分には少ない．いずれの場合も林内の微気象（空中湿度分布）が生息数に影響していると考えられる．また，幼虫の寄生は健全なスギでも，樹勢衰退を起こしているスギでも見ることができる．

　蛹は赤褐色から赤橙色で，羽化前には体の背面が黒くなる．羽化が近づくと蛹は繭を出て，外樹皮から体の前半部を乗り出し，脱皮して成虫となる．蛹期間の死亡要因等についてはわかっていない．

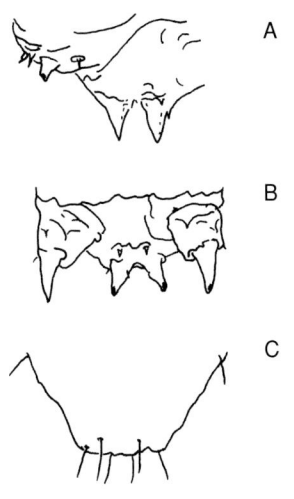

図4 スギの樹皮に生息するタマバエ3種の尾端.
A：スギザイノタマバエ，B：スギヤニタマバエ，
C：ミツフシハマダラタマバエ.

6．幼虫の死亡要因

　スギカミキリやヒノキカワモグリガなどでは幼虫が内樹皮を摂食することから，物理的に樹皮が傷つけられる．その結果，傷害樹脂道が形成され樹脂が分泌されて，その樹脂によって幼虫が死亡することがある．しかし，スギザイノタマバエの場合，体外消化による化学的な損傷では傷害樹脂道は形成されない．そのためスギが幼虫の加害に対して，何らかの抵抗を示しているという形跡は認められない．

　外樹皮の中では何らかの原因によって死亡する幼虫が多数あり，それらには昆虫寄生性の病原菌として知られる糸状菌 *Paecilomyces cateniannulatus* が寄生することが知られている．しかし，実際にこの菌が死亡原因となっているのかどうかは明らかではなく，この菌の接種試験は成功していない．このような死亡個体は被害地では普通に見られることから，あまり密度を制限する要因ではないであろうと考えられている．

　寄生性の天敵としてはザイタマヤドリハラビロコバチが，えびの市の被害地で確認されている（讃井，1978）（写真1）．ザイタマヤドリハラビロコバチの羽化は年に1回，スギザイノタマバエの1回目の羽化とほ

写真1　ザイタマヤドリハラビロコバチの雌成虫.

ぼ同時期に見られ，2回目の羽化期には見られない．7，8月にスギザイノタマバエ幼虫を解剖すると，体内からザイタマヤドリハラビロコバチの幼虫が出てくる．スギザイノタマバエ幼虫の解剖によれば，30％の寄生率に達する年がある．9月頃にはスギザイノタマバエ幼虫の体内はほとんどコバチが食べ尽くして，秋には蛹となって越冬し，春に羽化する．ハラビロコバチの仲間は卵寄生をすることが知られており，羽化時期が寄主とほぼ同じかやや早い時期であることから，本種もスギザイノタマバエの卵に産卵していると考えられている．

　ザイタマヤドリハラビロコバチの成虫も，スギザイノタマバエ用の羽化箱で春に採集することができるが，採集したコバチ723匹のうち雄はわずかに12匹で，98％は雌であった．

　樹皮内ではミツフシハマダラタマバエ幼虫がスギザイノタマバエ幼虫を捕食する（後述）（写真3）．

　降雨があって樹幹表面がぬれているときには，スギザイノタマバエの3齢幼虫が樹幹表面をはい回っているが，そのようなときにはゴミムシ類やアリ類，クモ類等によって捕食されるのが見られる．しかし，これらの天敵がスギザイノタマバエ幼虫の死亡にどの程度関わっているのか

については，ほとんど明らかにされていない．

7．摂食に対する内樹皮の反応

スギザイノタマバエの幼虫は口針や大顎を持っていないので，吸汁したりかじったりするわけではなく，唾液あるいは消化液を出し，植物の組織を殺して消化し，栄養摂取を行っていると考えられている（体外消化，腸外消化）．ただし，この説明はあくまで観察に基づく仮説であり検証されていない．幼虫が定着すると，幼虫がいる場所の下の内樹皮に茶色の点が現れる．さらに，幼虫を中心に楕円形の斑点状の環が現れ，環の内側が淡い褐色に着色し，最終的にはこの環で縁取られた楕円形のしみとなる（口絵2d）．このしみを皮紋（fleck）と称している．この皮紋の形状は内樹皮表面上では小判型をしており，木部方向へすり鉢状に伸びている．この時期にすでに，この小判型の範囲の内樹皮は壊死しており，皮紋の形状が，唾液がしみ込んだ範囲と推定する根拠になっている．皮紋の形成が認められたのち，皮紋が大きくなることはないことから，幼虫が内樹皮表面に生息している全期間唾液を出しているのではなく，初期にのみ唾液が出されると考えられる．幼虫の成長とともに皮紋の色は濃くなる．

皮紋の底部と生きた内樹皮の組織の間には，次の6〜8月に新たに周皮が形成され，皮紋が周皮の褐色のリングによって縁取られ，それまでは内樹皮の中にあった皮紋が外樹皮に取り込まれる．周皮によって縁取られる前の皮紋を新皮紋，あとを旧皮紋とよんでいる．

第1世代幼虫が形成する皮紋ができる時期は，周皮が形成される時期と近いため新皮紋の期間が短い．しかし，越冬世代幼虫が形成する新皮紋は次の周皮形成期まで新皮紋で，内樹皮中に残存する期間が長い．老熟した幼虫は外樹皮へ移動するので，幼虫数は変化するが，皮紋数は変動しない．したがって，個体群密度の調査にあたっては幼虫数より皮紋数を用いたほうが正確である．

複数年，産卵を阻止したスギとしなかったスギでは，その後の被害の進展に差がある（大河内，1990）．スギザイノタマバエの寄生を繰り返し受けたスギの外樹皮中には，3齢幼虫が外樹皮内を動き回ったり，樹幹表面へ出てくるために穿ったトンネルが多数あり，外樹皮はスポンジ

のように柔らかくなっている．新たに孵化した1齢幼虫はこの孔を通って容易に内樹皮表面へ到達できる．これに対して，被害をあまり受けていない硬い外樹皮は，1齢幼虫の内樹皮への定着を妨害する要因になっていると考えられている．このことから激害地ではすでに被害を受けているスギは，さらなる被害を受けやすくなるので，地際付近の樹皮からぼろぼろになって剥げ落ちる．1齢幼虫がどの程度，侵入を阻害されているかについては定量的な調査例はない．

8．摂食に対する木部の反応

　木部に向かってすり鉢状に伸びる新皮紋の底部が形成層に達した場合，内樹皮とともに形成層と木部が壊死し，木部は褐変する．次の成長期に形成層の死んだ部分の巻き込みが起こり傷はふさがれるが，木部には変色と巻き込みの傷が残る．傷が大きい場合は閉塞までに時間を要することから，独特の形状を作り出す．この傷と変色を材斑と称している．

　材内に材斑ができるかどうかは，皮紋の深さと内樹皮の厚さに関わっている．内樹皮表面での皮紋の大きさは，長径が4～19 mmの縦に長い楕円形で，短径は長径のほぼ0.7倍である．皮紋の長径と内樹皮内へ達する深さには正の相関があり，単独の皮紋の場合，長径19 mmの皮紋で最大の深さ約1.6 mmに達する（吉田・讃井，1979）．このことから内樹皮厚が1.6 mm以上の厚さであれば，材斑は形成されにくいことになる．

　皮紋の深さの分布から，材斑ができる割合を内樹皮の厚さとの関係で見たものを図5に示した．内樹皮の厚さが0.5 mm以下の場合，皮紋のほぼ全部が材斑を作る．1.0 mmでは50%，1.6 mm以上では皮紋は材斑を形成しない．ただし，この1.6 mmというのは皮紋が単独で形成される場合で，幼虫は集中分布をすることから皮紋が重なり合って，皮紋の底部はより深い位置まで達することがある．

　幼虫は1年に2回発生するにもかかわらず，材斑は1年に1回，夏材にそって現れる場合が多い．材斑の形成はスギザイノタマバエの幼虫密度だけではなく，内樹皮の厚さの通年変動と関わっている．標高によって差があるが，内樹皮は毎年6～8月の間のある時期に突然薄くなる（図3参照）．この時期，内樹皮の古い部分（外側）に新たに周皮が形成

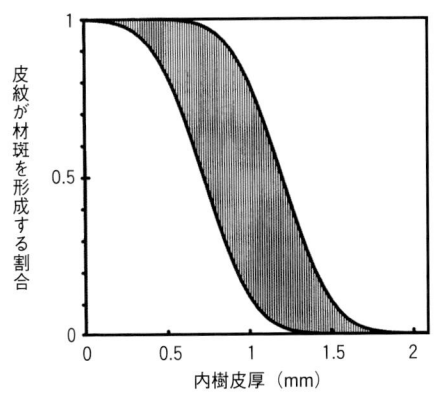

図5　皮紋が材斑を形成する割合と内樹皮厚の関係．

され，それより外の部分が外樹皮化するからである．そのため，周皮形成から翌春の内樹皮が形成される時期まで，内樹皮が薄い状態が続く．周皮は1年に1回しか形成されないので，9月以降に形成される皮紋は内樹皮が薄いことから，容易に形成層まで到達できることになる（讃井・吉田，1981）．

　材斑の長さは皮紋の長径に比べて長く，皮紋が形成層に到達した時点では点に近かったものが，材斑になると最大43 mm，平均10.3 mmになる．材斑が形成されたスギを製材すると，多数のしみが材表面に現れることになり，材質の劣化が起こる．

9．スギの生長と材斑数

　材斑数は年輪幅が狭くなってくる10数年生から増加してくる．年輪幅が狭くなるということは，内樹皮が薄くなっているということである．間伐をすることで直径成長の増大を図り，その結果，内樹皮厚が増加することによって材斑の形成を回避しようという意図で，多くの間伐試験が行われた．この内樹皮厚のコントロールによる被害回避の基礎となっているのは，前項で述べた内樹皮厚1.6 mmという数値である．

　1つの林分では幹直径の異なる木が生育している．胸高部の直径クラス別に内樹皮厚を調査すると，直径と内樹皮厚には正の相関がある（図6）．ということは直径が大きければ材斑は形成されにくいということ

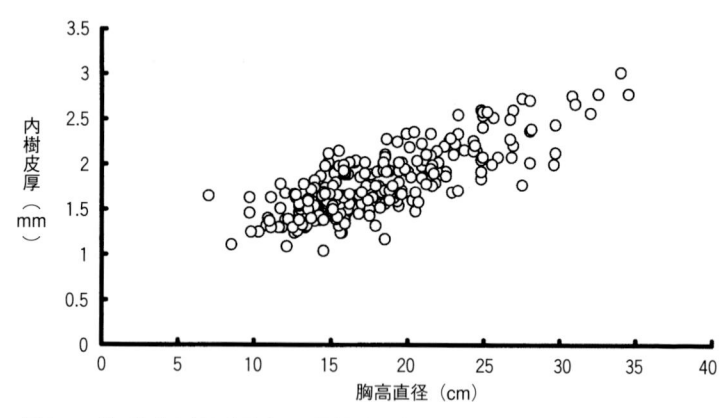

図6 スギの胸高直径と内樹皮厚の関係（えびの市　28年生林分）.

である．しかし，内樹皮厚は年齢や環境条件によって変化している．もし，間伐などを行わずに放置した場合は，内樹皮厚は減少の一途をたどる．間伐を行うとその年か翌年には内樹皮厚が増加することがわかっている．しかし，間伐の効果は長くは続かず，2〜3年で間伐前の厚さに戻ってしまう（讃井，1988）．

スギザイノタマバエの寄生によるスギの枯死はほとんど起こらないが，極端に材斑の形成が多い場合は巻き込みが追いつかず，成長が衰えて枯死する場合がある．しかし，通常の施業を行っていれば枯死するまでには至らない．無施業で長期間放置され，樹冠の競合が起こっているような林分では枯死木が発生することがある．

スギザイノタマバエ幼虫が寄生するだけならば被害ではない．実質的な被害は材に材斑が形成され，製材したときに材の美観を損ねるような状態をいう．激害木の樹幹は材斑を巻き込むために，多数の傷が表面に盛り上がり，これを剥皮すればシボ丸太風になる．美観を損ねるとはいうものの，これを逆手にとってシボ丸太風に仕上げ，飾り柱として売り出すという例もあり，かなり高価で取り引きされたことがあった．付加価値が出るまで（枯死寸前になるまで）被害を放置するか，早めに被害に対して対策を講じるかは所有者の判断ではある．

なお，前出の皮紋と材斑という言葉は，スギザイノタマバエの被害の説明のために，筆者らが定義した言葉である．

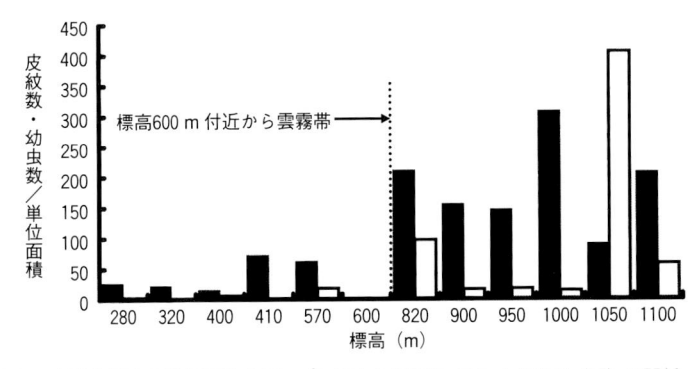

図7 標高と樹皮の単位面積（600 cm^2）当たり皮紋数（■）と幼虫数（□）の関係.

10. 発生環境

　スギザイノタマバエの個体数変動を説明できるところまで研究は進んでいない．樹皮の単位表面積当たりの幼虫密度については膨大な調査データがあるが，如何せん樹皮の中のことであり，何が密度を制御する要因となっているのかはよくわかっていない．

　経験的にスギザイノタマバエの寄生は暗くて湿った林分に多いとされている．激害地は霧が発生しやすい雲霧帯といわれる地域の林分で多いが，これは空中湿度との関係と考えられている．雲霧帯は高標高地に多いため，激害地も高標高地に多くなる．図7は宮崎県内の山で標高別に，被害木の樹幹表面単位面積当たりの幼虫数・皮紋数を数えたものである（讃井，1983）．標高が高くなると幼虫数・皮紋数ともに多くなり，雲霧帯にあたる600 m付近から急増している．雲霧帯であっても尾根越しの風が吹き抜けるような乾燥気味の林分には少なく，また，低標高地であっても，谷間の渓流沿い等の空中湿度が高い林分で多いことから，標高が高いことは必ずしも必要な条件ではない．

　これらのことから林分を乾燥化すれば寄生数が減少すると考え，被害回避のための間伐試験が多く実施された．しかし，間伐を行って立木密度を下げた程度では，雲霧帯にある林が目に見えて乾燥することはなかった．間伐による林分の乾燥化は，雲霧帯以外の場所では可能である場合もあった．乾燥化はできない場合でも，スギの本数が減ることによっ

て直径生長量が増加し，内樹皮の厚さが増加したことから材斑が形成される割合は低下した．

　1981年に九州の5つの県が共同で大規模な間伐試験を行った．間伐前後の幼虫密度を比較するために，1年目の調査が終わってから2年目に間伐を行い，以降も同様な幼虫密度調査を実施した．その結果，最初の1年目には多かれ少なかれ見られた幼虫が，各県の試験地で，無間伐の対照区も含めて突然いなくなってしまった．宮崎県ではそれほど減少はしなかったが，4つの県では極端な減少で，前後の比較ができなくなった．九州の広い範囲でこのような減少が見られたことから，気象的な要因が疑われたが，この年に特に異常な気象条件が発生したということもなく，その原因は現在に至るも解明されないままになっている（九州地区林業試験研究機関協議会スギザイノタマバエ分科会，2004）．

　これまでの観察からスギザイノタマバエの個体群密度を制限している要因は，空中湿度が最も大きいと考えられる．九州本島内の分布や中国地方の分布を見ると，いずれも海岸寄りには被害地は少なく，空中湿度が高いと考えられる山間部の被害が多いことがわかる．

　凍結した樹皮の中でも生存が可能であることから，低温は制限要因とはなっていない．

　30℃を超えると卵が孵化できないが，スギ林内で気温が30℃を超えることはほとんどない．スギザイノタマバエの密度調査でも並行して気象観測が行われたが，気象データから幼虫密度の年次変動を説明することは難しく，ただ，空中湿度が関係ありそうだという程度のことしかわかっていない．

11.　スギ樹皮を生活の場とするタマバエ

　スギの樹皮中にはスギザイノタマバエだけでなく，スギヤニタマバエ（Sanui and Yukawa, 1985）とミツフシハマダラタマバエ（Yukawa and Sanui, 1978）が生息しており，いずれも虫えいを形成しない．他にも何種類かタマバエ類が見出されているが，個体数が少ないことから詳細については不明である．スギザイノタマバエとの比較のためにスギヤニタマバエとミツフシハマダラタマバエの生活を見てみよう．

(1) スギヤニタマバエ *Resseliella resinicola*

　スギヤニタマバエはスギの樹脂（ヤニ）の中に生息し，樹脂から栄養の摂取をしている．スギザイノタマバエの幼虫調査を行う際にナイフで外樹皮を剥皮するが，しばしば内樹皮に傷を付けることがある．傷口から樹脂が分泌されると，数週間後にはその中にスギヤニタマバエ幼虫が見られることがある（写真2）．本種はヒノキカワモグリガの加害に起因する樹脂中でも見られる．スギヤニタマバエはスギの組織を加害しておらず，もっぱらスギの樹脂の中だけで見られ，他の樹種の樹脂では観察されていない．成熟した幼虫は樹脂を出て樹皮中で蛹化の時期を待つことから，スギザイノタマバエの幼虫密度調査において混同される場合がある．樹脂は幼虫が樹皮の中に移動するまでは硬化しない．

　スギヤニタマバエの幼虫はスギザイノタマバエの幼虫と大きさ，色彩とも酷似している．ただし，尾端の突起の形状が異なっていることから，ルーペでのぞいてわかる程度の違いであるが，識別は容易である（図4B）．尾端にある突起2本を樹脂の外に出して呼吸をしていると考えられている．幼虫，成虫とも詳しい生態は調査されていない．

　スギザイノタマバエとスギヤニタマバエは同じ *Resseliella* 属に分類され，成虫は形態的によく似ており，専門家でなければ識別は困難である．スギヤニタマバエは広範囲に分布していると考えられ，1988年以前のスギザイノタマバエの記録に本州，四国に分布するという報告があるが，本種と混同されたものであろう（森林防疫，被害速報）．

　樹脂中に生息するタマバエは国外では何種類か知られているが，いずれも針葉樹（マツ，トウヒ，モミ）の樹脂中から見出されている．それらは分類学的に *Resseliella* 属とは離れたところにあり，形態的に類似した近縁の2種類のタマバエが，ほぼ同じような場所で異なる生活様式をとっているということは，どのような進化の道筋をたどってきたのか気になるところである．スギヤニタマバエのほうが広い範囲に分布しており，スギザイノタマバエは当初，屋久島だけに分布していたようなので，スギヤニタマバエからスギザイノタマバエが進化したとも考えられる．

　Resseliella 属では菌食性や植食性の種が知られているが，樹脂食性の種は他には知られていない．生態についてはあまりよくわかっていないが，成虫の発生は多化性であるということだけがわかっている．樹脂中

写真2 スギ樹脂中のスギヤニタマバエ幼虫（矢印）.

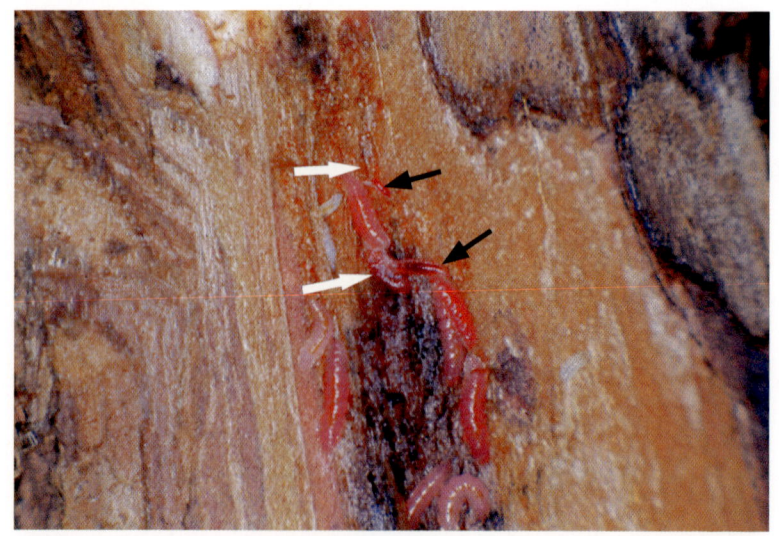

写真3 ミツフシハマダラタマバエ幼虫（黒矢印）によるスギザイノタマバエ幼虫（白矢印）の捕食

にはこの他に少なくとも2種類のタマバエがいるが，詳細は不明である．

（2）ミツフシハマダラタマバエ Lestodiplosis trifaria

スギザイノタマバエの捕食者であり，幼虫がスギザイノマタバエの幼虫にとりついて吸汁する（写真3）．学名が決定されるまでは吸血タマバエとよんでいた．Lestodiplosis 属のタマバエは肉食性の一群で多くの種類がおり，アブラムシや他のタマバエを捕食するものが多い．形態的には Resseliella 属の2種とはまったく異なっており（図4C），肉眼でも識別は可能である．幼虫，成虫とも Resseliella 属の2種と較べると一回り小型である．本種幼虫の体の中央部は鮮茶褐色，周囲はオレンジ色のツートンカラーになっており，幼虫の動きもまったく異なって活発な動きをする．

ミツフシハマダラタマバエのミツフシは成虫の頭部（顔にあたる）にある触髭（ひげ）が Lestodiplosis 属の多くは4節であるのに対して，本種は3節であることにより，また，ハマダラは翅に斑模様があることによっている．

スギザイノタマバエの羽化調査用の箱でミツフシハマダラタマバエの成虫も捕獲されることから，本種もスギザイノタマバエと同様に，年2回の羽化期があることがわかっている．ミツフシハマダラタマバエの詳しい生態や死亡要因については調査されていない．

12. まとめ

スギザイノタマバエはスギだけに寄生する．今ではスギの広大な造林地があるが，かつて造林が始まる以前には，スギは常緑広葉樹と混生していたといわれている．スギザイノタマバエ幼虫がスギを枯らすことは少なく，産卵された場所が次世代幼虫の生活空間の一部となることが多い．他の穿孔性昆虫のように，成虫が次世代幼虫のために生息場所を探索する必要はない．孵化した幼虫の生活空間は産卵場所のすぐ直近の樹皮の中である．

スギザイノタマバエの幼虫はスギの生きた組織を破壊する．このため，幼虫はスギの抵抗によって高い死亡率が予想されたが，その事実はなかった．また，幼虫の寄生はスギの健全度とは無関係であった．これらの

ことは，スギザイノタマバエ幼虫がスギの抵抗性を誘導しないことを意味する．さらに，スギザイノタマバエ幼虫には競争種がいない．これらのことはスギザイノタマバエはいつでも産卵できることを示唆する．しかしながら，生活史の調査によって，このタマバエは1年で1世代を送る場合と2世代を送る場合が混在することが明らかになった．スギの周皮形成はスギの生長に対するスギザイノタマバエ幼虫の影響を最小限にとどめる働きをしている．スギザイノタマバエの生活史は幼虫の生育時期と周皮形成の時期が異なるように形作られたのかもしれない．

参考文献

井上元則（1955）スギの新害虫スギザイノタマバエについて．林試研報 78: 1-7.
九州地区林業試験研究機関協議会保護部会スギザイノタマバエ分科会（2004）スギザイノタマバエ被害回避のための間伐試験．1-32．九州地区林業試験研究機関協議会．
小田久五（1957）スギザイノタマバエと被害，及び防除對策．暖帯林 12(8): 33-43.
大河内勇（1986）スギザイノタマバエの温度別ふ化試験．日林九支研論 39: 173-174.
大河内勇（1990）高標高地における内樹皮の外樹皮化とスギザイノタマバエ発生期の関係．日林九支研論 43: 167-168.
大河内勇（2002）スギザイノタマバエ．森林をまもる．東京：全国森林病虫獣害防除協会．pp. 193-201.
大河内勇・佐藤重穂（1990）スギザイノタマバエの加害歴がさらなる加害を容易にする傾向について．101回日林論 537-538.
大河内勇・吉田成章（1982）天草下島におけるスギザイノタマバエの分布．日林九支研論 35: 193-194.
讃井孝義（1977）スギザイノタマバエに関する研究（Ⅳ）―成虫の発生回数―．日林九支研論 30: 253-254.
讃井孝義（1978）スギザイノタマバエの天敵に関する研究（Ⅲ）―寄生蜂について―．日林九支研論 31: 237-238.
讃井孝義（1983）スギザイノタマバエに関する研究（Ⅷ）―加害数増加の要因としての品種と標高―．日林九支研論 36: 201-202.
讃井孝義（1988）スギザイノタマバエの被害と間伐の効果．林業技術 551: 16-19.
讃井孝義・吉田成章（1981）スギザイノタマバエに関する研究（Ⅶ）内樹皮厚の通年変動と Stain の形成時期について．日林九支研論 34: 221-222.
Sanui T. and Yukawa J. (1985) A new gall midge of the genus *Resseliella* (Diptera: Ceccidomyiidae) inhabiting resin of the Japanese cedar, *Cryptomeria japonica* (Taxodiaceae). *Appl. Ent. Zool.* 20: 27-33．［スギの樹脂中に生息する *Resseliella* 属

のタマバエの新種］

Yoshida, N. and Hirashima, Y. (1979) Systematic studies on prototrupoid and chalcioid parasites of gall midges injurious to *Pinus* and *Cryptomeria* in Japan and Korea (Hymenoptera). *Esakia* 14: 113-133.［日本と韓国のマツとスギを加害するタマバエの寄生蜂に関する研究］

吉田成章・讃井孝義（1979）スギザイノタマバエの生態と防除の展望．森林防疫 28: 138-142.

吉田成章・讃井孝義・国生定男（1981）九州周辺島嶼におけるスギザイノタマバエの分布．日林九支研論 34: 219-220.

Yukawa J. and Sanui T. (1978) Description of a new predacious gall midge (Diptera: Ceccidomyiidae) *Appl. Ent. Zool.* 13: 243-249.［捕食性タマバエの記載］

6章
ヒノキカワモグリガの生活

加藤一隆

穿孔性昆虫にはガの仲間もいる．ヒノキカワモグリガの幼虫はスギやヒノキの樹幹に生息し，内樹皮や形成層を摂食する．そして，幼虫は摂食場所を変えることによって樹脂に対抗している．

1. はじめに

　鱗翅目（ガ類とチョウ類）の多くの種は植食性であり，そのうちの一部が植物体に穿孔して内側から組織を食べる．さらに幼虫が樹木の枝や幹に穿孔する種はコウモリガ科，ハマキガ科，ボクトウガ科，スカシバガ科，メイガ科，ヒラタモグリガ科，ハモグリガ科およびキバガ科の中のほんの一部の種でしか知られていない．

　ヒノキカワモグリガ *Epinotia granitalis* はハマキガ科に属し，幼虫が樹木に穿孔する．穿孔場所は幹だけでなく針葉や枝にも及ぶため穿孔性昆虫の中でもたいへん特異的である．この幼虫は，スギ，ヒノキ，ヒノキアスナロ，サワラ，コノテガシワ，ニオイヒバおよびネズミサシなどの針葉樹の健全な樹木のみを摂食する．ヒノキカワモグリガは，九州地方から北海道南部までほぼ全国的に分布している．1957年4月に長野県のヒノキ林から本種が採集され，これを同定した一色・六浦（1961）によって和名がヒノキカワモグリガとなった．このガが発見された当初は林業上重要な害虫と認識されていなかった．ところが本種の幼虫の摂食によって健全な樹木の材表面と材内に小さな変色や傷ができ，その結果丸太や柱材の価格が大きく低下すること，また多くの造林地で個体数が多いことから注目される害虫になった．

　ここでは，幼虫の特異的な樹体内穿孔と生活史や行動について述べる．次に，その特異的な行動と関連した死亡要因に言及する．最後にヒノキカワモグリガの生活史に及ぼすスギとヒノキの影響の違いについて述べる．

2. 生活史および行動

　スギを寄主とした場合のヒノキカワモグリガの生活史と発育段階ごとの主な行動および生息場所を図1に簡潔に示した．以下，この図に基づいて述べる．

(1) 産卵から越冬前までの生活史および行動

　成虫は年1回発生し，その時期は日本全体では5月下旬から7月までであり，1つの地域ではおよそ1カ月間発生が見られる．羽化成虫の性

```
1月 2月 3月 4月 5月 6月 7月 8月 9月 10月 11月 12月
```

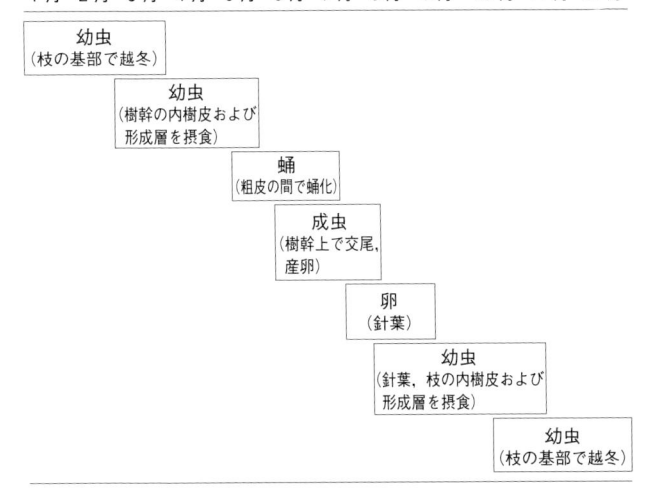

| 幼虫
(枝の基部で越冬) |
| 幼虫
(樹幹の内樹皮および
形成層を摂食) |
| 蛹
(粗皮の間で蛹化) |
| 成虫
(樹幹上で交尾,
産卵) |
| 卵
(針葉) |
| 幼虫
(針葉,枝の内樹皮および
形成層を摂食) |
| 幼虫
(枝の基部で越冬) |

図1 ヒノキカワモグリガの生活史.( )内は生息場所と主な行動を示す.

比はほぼ1:1である.成虫には走光性があるため夜間灯火採集法によって簡単に捕獲することができるが,誘引できる範囲は50 mぐらいである(宮島ほか,1993).成虫の体長は5.0～6.5 mm,開張した場合13～16 mmで雌のほうが大きい傾向にある.翅の形態は雌雄間にほとんど差がなく,前翅は灰褐色の地に黒褐色の斑があり,翅を閉じると六角形の石垣状の紋に見える(口絵3 a, b, c参照).成虫の寿命はおよそ2週間で,雌雄の違いはない.雌成虫は生涯に70個ほどの卵を産む.産卵は2 m前後の樹高の幼木から10 mを超える壮齢な木までに行われる.産卵場所は樹冠の上方の外側に面した針葉部分に多く,同じ場所に1～数卵を点状に産み付ける.

卵は楕円形で長径が約0.9 mm,幅が0.6 mmで,その表面には不規則な皺と光沢がある.産卵直後の卵は乳白色であるが徐々に黄色が増す.卵期間はおよそ10日である.孵化直後の1齢幼虫(6～7月)は黄白色で体長が約1.1 mm,頭幅が約0.2 mmである.孵化幼虫は針葉のくぼみから葉肉内に潜り込む.潜入した幼虫による2週間ほどの摂食によって針葉は枯死する.この枯死によってヒノキカワモグリガ幼虫の発生を知ることができる.2齢幼虫(7～8月)は1齢幼虫よりも赤褐色がかり

写真1 ヒノキカワモグリガ幼虫の摂食によってコブ状になった枝（矢印）．左：スギ，右：ヒノキ．

頭幅が 0.3〜0.4 mm で，針葉から出て主枝の先端近くの分枝基部へ移動し，内樹皮と形成層を摂食する．この摂食によって分枝基部の内樹皮と形成層が環状に失われ，分枝全体が枯死することがある．3齢（8〜11月）および4齢（9〜翌年4月）幼虫になると体色は赤褐色の部分が増し，頭幅もそれぞれ 0.4〜0.7 mm，0.7〜1.3 mm になる．これらの幼虫は移動を繰り返しながら分枝基部から主枝基部に穿孔することが多くなる．3，4齢幼虫の摂食によって枝は枯れないが，食べられた部分にコブができて枝は屈折する場合がある（写真1）．

11月下旬頃になると幼虫は活動をほとんどやめて越冬に入る．越冬は4齢で行うことが多く，太い枝の分枝基部や主枝基部の内樹皮の中にいる．越冬中の暖かな日に幼虫は摂食する．このように，幼虫は越冬するまで発育を進め，穿孔場所を針葉→分枝基部→主枝基部と変える．

（2）越冬後から羽化までの生活史および行動

スギとヒノキの経済的損失は越冬後の幼虫によって引き起こされる．そのため，越冬後の幼虫の行動について詳しい観察が行われてきた．3月中旬から4月中旬頃に幼虫は活動を再開し，新しい糞を樹幹表面に排出する．この時期から蛹化までの穿孔場所はほとんど樹幹であり，穿孔場所の表面には褐色の糞が観察される（写真2）．また，摂食は枝の場合と同様に形成層にまで及ぶことが多く，1カ所で 1〜5 cm^2 ほどの内樹皮を食べ，その部分は樹脂で満たされ（写真3），数年経過すると巻き込まれて樹皮の表面がコブ状に盛り上がる（写真4）．このコブ状の

写真2 幹の表面のヒノキカワモグリガ幼虫の糞（矢印）．左：スギ，右：ヒノキ．

写真3 ヒノキカワモグリガ幼虫が食べた内樹皮と木部（樹脂で満たされている）．

写真4 ヒノキカワモグリガ幼虫の摂食後数年を経過し，巻き込まれて形成された幹表面に見られるコブ状隆起（矢印）．左：スギ，右：ヒノキ．

隆起は，樹体を衰弱させないが10年以上樹幹表面に残るためその樹木の被害歴として確認することができる．

　幼虫は4〜5月に5齢になり，その多くは枝のない樹幹部へと下降して穿孔する傾向がある（口絵3d参照）．それらの体長は10 mm前後，

6章　ヒノキカワモグリガの生活——69

写真5　ヒノキカワモグリガの蛹（左）と蛹殻（右）．

頭幅は1.2〜1.6 mmである．越冬後の幼虫は1頭で最大5カ所に穿孔し，最終的には穿孔場所から出てその上の粗皮の間に白い糸でつづった蛹室を作り，その中で蛹化する（写真5）．蛹化開始は5月上旬から下旬頃である．蛹の長さは約7.6 mmである．蛹の期間はおよそ14日で，羽化後の蛹殻は蛹室から体を乗り出すように残されている（写真5）．

このように，ヒノキカワモグリガの幼虫期（約10カ月）は卵期（約10日），蛹期（約2週間），成虫期（約2週間）に比べて長く，その間は針葉内または樹皮下で生存している．このような生活史から，ヒノキカワモグリガの死亡には樹木の抵抗性が大きく影響しているように思われるが，実際はそうではなかった．

3．死亡要因

ヒノキカワモグリガの雌は平均70卵を産む．これだけの産卵数によってヒノキカワモグリガは個体群を維持していることから，その卵から成虫になるまでの生存率は高いことが推察される．実際，佐藤（1997）はその生存率が約2％で（図2），個体数の年次変動が比較的安定していることを報告している．死亡要因として，(1) 気象的な要因，(2) 孵化や穿孔の失敗，(3) 捕食，(4) 微生物や寄生バチによる寄生および (5) 樹木の抵抗性が考えられる．ここでは，これらの要因がどの程度ヒノキカワモグリガの生存率に影響を与えているのか，そして生活史や行動とどのように関連付けられるのかを明らかにする．

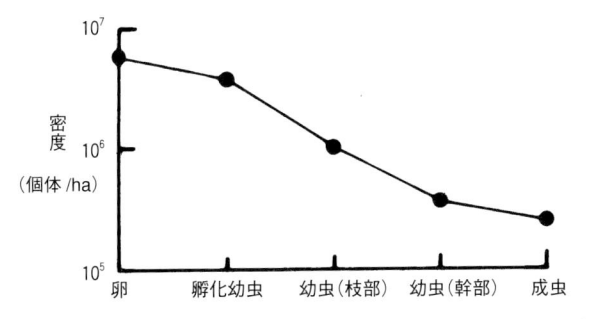

図2 ヒノキカワモグリガの生存曲線（佐藤，1997を一部改変）．
縦軸は対数で表す．

（1）気象的な要因

　樹体内は環境的に安定した生息空間であるため，そこでヒノキカワモグリガ幼虫が降雨や低温によって死亡することはほとんどないと考えられる．一方，卵，穿孔場所間を移動中の幼虫および蛹は樹皮上や重なりあった外樹皮の間にいるため，降雨や風によって樹体から離れる可能性がある．しかしながら，今のところこれらの要因による死亡率が大きいという報告はない．また，成虫は多少の降雨でも誘蛾灯に飛来するので（佐藤・吉田，1990），降雨に対する耐性は高いと考えられる．したがって，ヒノキカワモグリガは気象的な要因によって死亡する可能性は少ない．

（2）孵化および穿孔の失敗

　ヒノキカワモグリガでは，卵の孵化失敗と1齢幼虫の穿孔または再穿孔の失敗による死亡が観察されている．山崎・倉永（1988）は，卵の孵化率が採集日の間で60〜95％の範囲で変動し，平均孵化率が73％であったことを報告している．このことから，産下された卵の約3割は孵化に失敗していると考えられる．さらに，山崎・倉永（1988）は孵化幼虫の穿孔または再穿孔の失敗による死亡率が約30％であることを実験的に示した．したがって，約5割の幼虫がこれらの原因で死亡しているとみなされる．

（3）捕食

　ヒノキカワモグリガ幼虫が樹体内にいるとき，捕食者が樹皮上から幼虫を発見して摂食することはないようである．一方，ヒノキカワモグリガの卵，穿孔場所を移動中の幼虫，蛹および成虫の捕食が観察されている．産卵後幼虫として越冬するまでの間にアリ類や徘徊性クモ類などによって卵と幼虫が捕食される．越冬後の4～5齢幼虫と蛹はコメツキムシ，ゴミムシおよびムカデ類などによって捕食される．また，成虫は造網性クモや鳥によって捕食される．

　佐藤・牧野（1995）は1齢幼虫が摂食しないで枝を移動する時間は4齢や5齢幼虫よりも長く，そのためこの期間に捕食される割合が高いと推察している．佐藤（1997）の報告から推測すると，全発育期間を通して羽化するまでに4～5割のヒノキカワモグリガは捕食によって死亡するとみなされる．

（4）寄生

　寄生は微生物による病気と寄生バチや寄生バエなどの昆虫による寄生に分けることができる．病原微生物として *Paecilomyces* spp., *Beauveria bassiana*, *Verticillium* sp. および NPV（核多角体病ウイルス）がヒノキカワモグリガの幼虫と蛹から分離された（山崎・倉永，1988）．*Paecilomyces* spp. を含む綿をスギの幹に巻き付けると，ヒノキカワモグリガ幼虫の死亡率は高くなったが（Mitsuhashi *et al.*, 1992），野外における寄生率は明らかになっていない．

　今までにヒノキカワモグリガの寄生バチは多く確認されている．岡山県で7年間スギ林およびヒノキ林から4～5齢のヒノキカワモグリガ幼虫を毎年26～90頭ずつ採集したところ，0～23%の幼虫が寄生バチに寄生されており，平均寄生率はスギ林で3.0%，ヒノキ林で11.5%であった（図3）(Kato and Yamanobe, 2003)．羽化成虫によって内部寄生バチとしてヒメバチ科2種（*Campoplex* sp. A，*Campoplex* sp. B）とコマユバチ科2種（*Iconella repleta* と *Bassus cingulipes*），外部寄生バチとしてコマユバチ科1種（*Bracon* sp.）が確認された（表1）．ヒノキ林における平均寄生率は10%を超えており，ヒノキカワモグリガ幼虫の大きな死亡要因であった．この他の寄生バチとしてヒメバチ科の *Celinae* sp.,

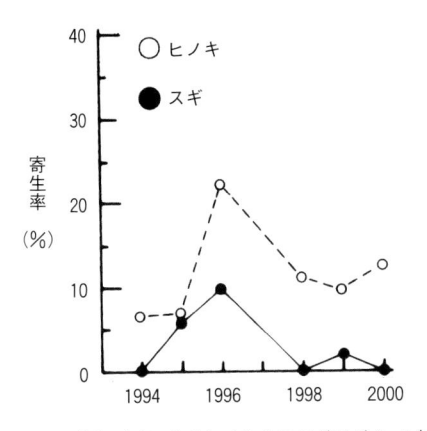

図3 寄生バチによるヒノキカワモグリガ4，5齢幼虫の寄生率の年次変動．幼虫はスギとヒノキ林から採集した．

表1 ヒノキカワモグリガの寄生バチ

寄生バチ	科	寄生の仕方	寄生ステージ
Campoplex sp. A	ヒメバチ科	内部寄生	幼虫
Campoplex sp. B	ヒメバチ科	内部寄生	幼虫
Celinae sp.	ヒメバチ科		
Ischnus sp.	ヒメバチ科		
Diadegma sp.	ヒメバチ科		蛹
Agashis sp.	コマユバチ科		
Iconella repleta	コマユバチ科	内部寄生	幼虫
Bassus cingulipes	コマユバチ科	内部寄生	幼虫
Bracon sp.	コマユバチ科	外部寄生	幼虫
Macrocentorus thoracius	コマユバチ科		幼虫
Charmon extensor	コマユバチ科		幼虫

Ischnus sp. と *Diadegma* sp., コマユバチ科の *Agashis* sp., *Macrocentrus thoracius* および *Charmon extensor* が報告されている（山崎・倉永，1988）．ヒノキカワモグリガ幼虫に対する病原微生物の感染時期や寄生性昆虫の寄生時期や天敵相の地域間差異など解明すべき点は多い．

（5）樹木の抵抗性

ヒノキカワモグリガに対する樹木の抵抗性は，1齢幼虫の針葉内穿孔時期とその後の内樹皮穿孔時期とに分けて考える必要がある．1齢幼虫

は葉肉を摂食し，葉肉内にはフェノールやタンニンなどの防御物質が含まれる．そのため，葉肉内の幼虫はこれらの物質を摂取して死亡する可能性がある．1齢幼虫が枯死寸前の針葉内に潜ったまま餓死する（山崎・倉永，1988）．このような餓死は防御物質と関連があるかもしれない．しかしながら，スギドクガなどの食葉性昆虫において，これらの防御物質によって死亡したという例はない（柴田，1985）．したがって，防御物質の影響は小さいと考えられる．

内樹皮に穿孔する時期には，傷害樹脂道[*1]から滲出する樹脂によって死亡する可能性がある．ヒノキカワモグリガ幼虫は2齢幼虫以降内樹皮に穿孔するため，樹脂によって穿孔を阻まれるかもしれない．しかしながら，ヒノキカワモグリガの樹脂による死亡例は少ない（山崎・倉永，1988）．したがって，ヒノキカワモグリガは健全な樹木を餌資源として利用していながらも，樹木の抵抗力によって死亡する可能性は低い．

(6) 死亡要因についての考察

ヒノキカワモグリガは1年のうち10カ月近く健全な樹木の樹体内で生活する．樹体内では気象的な変動は緩和され，捕食者や寄生者から隔てられるが，樹体内への穿孔や再穿孔の失敗および樹木の抵抗性などによる死亡が起こりやすいと思われる．ところが，ヒノキカワモグリガでは捕食者や寄生者による死亡率が高く，逆に樹木の抵抗性による死亡率が低い（表2）（佐藤，1997）．ヒノキカワモグリガは樹木の抵抗力に打ち勝っている穿孔性昆虫なのである．

ではどうしてヒノキカワモグリガは樹木の抵抗力に打ち勝つことができるのであろうか．本種の生活史から2つの理由が推察できる．1つには，ヒノキカワモグリガの穿孔様式にある．生活史の部分でも述べたが，ヒノキカワモグリガ幼虫は樹皮下に穿孔して摂食した後，そこを去って樹皮上を移動し，他の場所で樹皮下に穿孔する．このように穿孔場所を頻繁に変えることは最適な栄養摂取を行うためとも考えられるが，穿孔

[*1] 傷害樹脂道：スギやヒノキはマツと異なって内樹皮に常在性の樹脂道を持たないが，物理的傷害を受けるとその防御反応として内樹皮に傷害樹脂道を形成する．そしてそこから滲出する樹脂によって樹体を守ろうとする（4章参照）．

表2　ヒノキカワモグリガにおける発育段階ごとの死亡要因とその影響度（佐藤，1997を改変）

死亡要因	ヒノキカワモグリガの発育段階				
	卵	幼虫 （枝部食入）	幼虫 （幹部食入）	蛹	成虫
気象	×	×	×	×	×
孵化および食入の失敗	◎	◎	△	×	×
捕食	○	◎	○	○	○
寄生	△	○	○	△	×
植物の抵抗性	×	△	△	×	×

◎：影響大，○：影響中，△：影響小，×：影響なし．

場所に樹脂が充満する前に移動するからであると考えられている（山崎・倉永，1988）．樹脂の流出する摂食箇所での摂食日数は流出しない箇所に比べて有意に短く，また季節的にも樹脂流出の活発な時期には一カ所での摂食日数が短くなり，摂食箇所を移動する理由は寄主が流出させる樹脂を避けるためであると結論付けた（佐藤，2003）．また越冬後の幼虫は毎秒2〜3mmで歩行する．一方，傷害樹脂道は傷害を受けてもすぐに形成されず少なくとも15日以上要する（金指ほか，1988）．したがって，ヒノキカワモグリガ幼虫は樹体内の空隙に滲出した樹脂によって取り囲まれそうになっても，樹皮の表面に容易に脱出することができる．

　2つ目としてヒノキカワモグリガの穿孔時期が重要であると考えられる．スギの傷害樹脂道の形成能力には季節的変動がある．越冬前の幼虫が内樹皮に穿孔する時期（8〜11月）は樹木の分裂活動が不活発になり樹脂が出にくい時期である（佐藤，2003）．一方，越冬後の樹脂の流出は徐々に活発になる．樹幹に針を刺して傷害を与えた場合，スギ内樹皮の第1年輪（前年度に形成された年輪）と第2年輪（2年前に形成された年輪）に樹脂道が形成される（金指ほか，1988）．そこで，2001年と2002年にスギ54本および50本を用いて越冬後のヒノキカワモグリガの樹皮下穿入開始後に10日おきに4回にわたって内樹皮を針で刺した．それから15日後に第1年輪と第2年輪の傷害樹脂道出現率を調査したところ，その平均出現率は春以降の代謝の高まりとともに高くなり，抵抗力が高まることが示された．したがって，越冬後のヒノキカワモグリガは，スギの抵抗力が高くない時期に内樹皮での摂食を終えて蛹化すると考えら

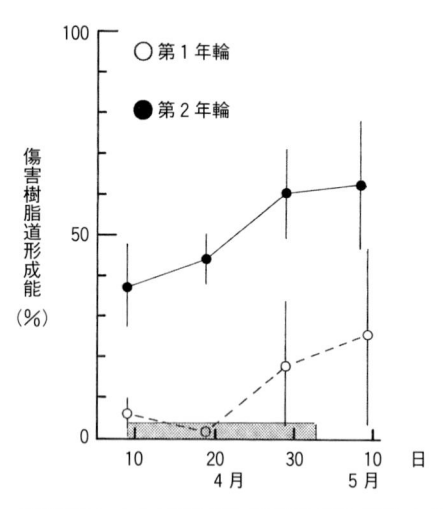

図4 越冬後のヒノキカワモグリガの穿孔時期（■）とスギの傷害樹脂道形成能の時間的変化．傷害樹脂道形成能は針を刺した後の傷害樹脂道出現率（平均値±標準誤差）によって示す．

れる（図4）．

　スギカミキリ幼虫は健全なスギやヒノキに穿孔する．その幼虫は，樹脂によって高率に死亡する（岡田・藤下，1968）．しかし，ヒノキカワモグリガでは行動的に抵抗力を避けたり，寄主植物の抵抗力の低い時期と生活史を同調させたりした．そのため穿孔場所を移動する途中に捕食者や寄生者と出会って死亡率が高まったものと考えられる．

4．ヒノキカワモグリガの生活史形質に及ぼす樹種の影響

　昆虫が複数の植物種を餌にする場合，植物種に依存して昆虫の生長，発育，生存が異なる可能性がある．ヒノキカワモグリガも複数の樹種を餌資源とする．ヒノキカワモグリガの被害は当初スギ林からのみ報告されていたが，調査が進むにつれてヒノキ林においても相当な被害が起きていることがわかり，スギ林に隣接したヒノキ林ではヒノキカワモグリガ幼虫の食入痕数が多い（佐藤・山崎，1998）．ヒノキカワモグリガによる樹木の利用様式は両樹種で同じでも，生長，発育，生存は異なるかもしれない．スギとヒノキを比較した場合，スギのほうが内樹皮のフェノール量とタンニン量が多く（鮫島・善本，1981），傷害から樹脂道形

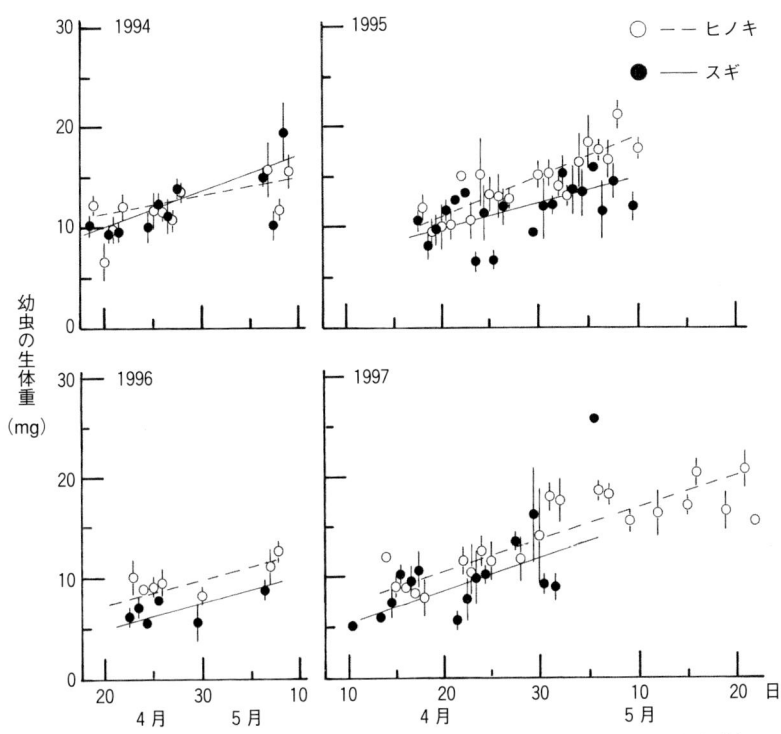

図5 スギとヒノキから採集したヒノキカワモグリガ幼虫の生体重（平均値±標準偏差）の時間的変化．図中の数字は年を示す．図中に回帰直線を示す．

成までに要する日数は短い傾向がある（金指ほか，1988：山中，1984）．成虫の産卵時の寄主選好の程度や越冬前までの生長，発育，生存が2樹種間で異なるかもしれないが，ここでは越冬後のヒノキカワモグリガの生長，発育，生存をスギとヒノキの間で比較し，2樹種の好適さを考察する．

（1）越冬後の幼虫の活動期間および幼虫の大きさ

岡山県内の隣接したスギ林とヒノキ林で，新しい排出糞の調査によって1994～1997年に越冬後の幼虫の活動期間を比較した．その結果，摂食の開始時期と蛹化までの活動期間は1997年を除く3年間にほとんど差はなかった．しかしながら，ヒノキから採集した幼虫の生体重はスギからの幼虫よりも大きい傾向が見られた（図5）．

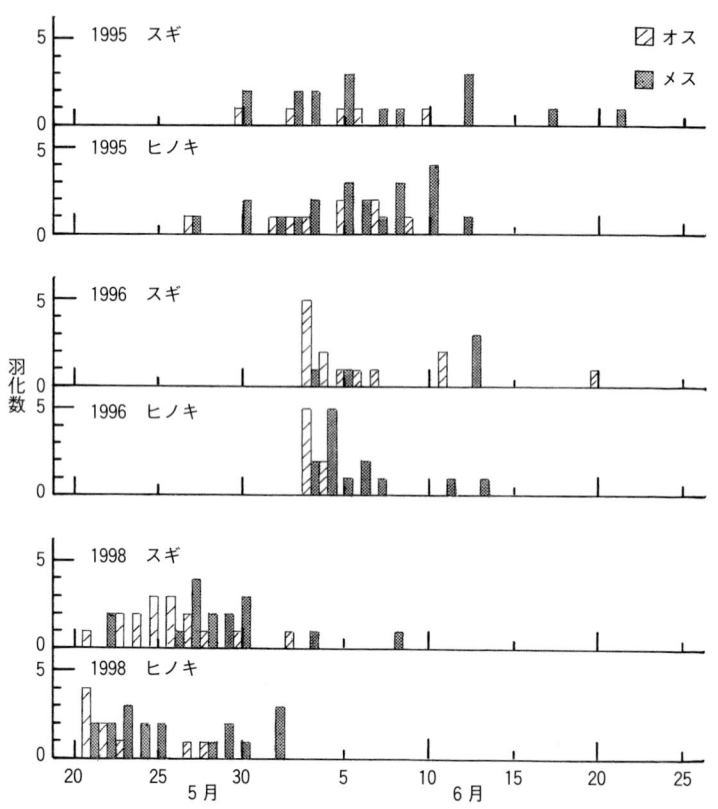

図6 スギとヒノキから採集したヒノキカワモグリガ幼虫の羽化消長.図中の数字は年を示す.

（2）羽化時期，羽化率および成虫の大きさ

　越冬後にスギ林とヒノキ林から採集した幼虫を，室内でスギまたはヒノキの太枝を用いて飼育した．羽化開始時期はスギ林から採集した個体とヒノキ林から採集した個体の間でほとんど差はなかったが，羽化期間はスギ林から採集した幼虫が長かった（図6）．羽化に及ぼす樹種の影響を明らかにするために，幼虫を採集した樹種と採集後に餌として与える樹種について4通りの組み合わせで飼育を行った（図7）．まず採集した樹種と同じ樹種で飼育した場合，6年間のうち3年間では羽化率は両樹種間でほとんど差がなかったが，残りの3年間ではスギでより低い傾向を示した．次に，スギから採集した後にヒノキで飼育すると羽化率は上昇し，ヒノキから採集した後にスギで飼育すると羽化率は低下し

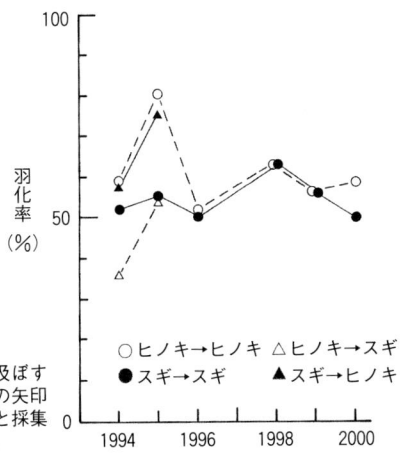

図7 ヒノキカワモグリガの羽化率に及ぼすスギとヒノキの影響の差．図中の矢印は越冬後に幼虫を採集した樹種と採集後に餌として与えた樹種を示す．

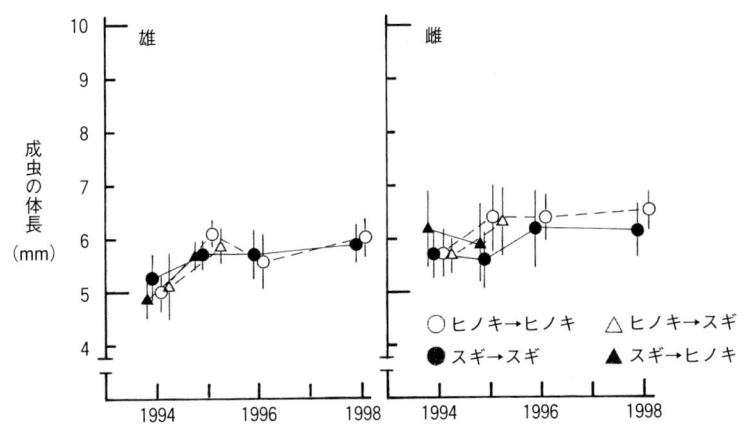

○ヒノキ→ヒノキ　△ヒノキ→スギ
● スギ→スギ　　▲スギ→ヒノキ

図8 スギとヒノキから採集したヒノキカワモグリガ幼虫の羽化後の体長（平均値±標準偏差）．図中の矢印は越冬後に幼虫を採集した樹種と採集後に餌として与えた樹種を示す．

た．1994年と1995年の飼育した樹種間での羽化率は，2年間ともヒノキで飼育した場合に統計的に有意に高かった．羽化成虫の体長は，雄では採集した樹種間および飼育した樹種間においてほとんど差が見られなかった．一方，雌では採集した樹種と同じ樹種で飼育した場合4年間ともヒノキで大きく，4年間平均では統計的に有意であった．またヒノキから採集した場合，雌成虫の体長は飼育した樹種間でほとんど差がなかったが，スギから採集した場合ヒノキで飼育すると体長は大きい傾向を示

6章　ヒノキカワモグリガの生活——79

した（図8）.

（3）樹種間における相違についての考察

　ヒノキカワモグリガの越冬後から成虫までの期間に，スギを食べた場合とヒノキを食べた場合で幼虫の生活史形質に面白い相違が見られた．越冬後の幼虫の活動時期は樹種間でほとんど相違がないことから，幼虫の活動には気温が大きく影響を及ぼすと考えられる．一方，ヒノキから採集した幼虫の生体重は大きく，羽化雌成虫の体長も大きいことから，スギとヒノキの間で栄養的な相違，スギにおける摂食阻害または栄養吸収の阻害があったことが示された．スギカミキリ成虫の体長においても，ヒノキから脱出した個体がスギから脱出した個体より大きく（井上，1985），このような差は樹種間の特徴と考えられる．さらに，スギにおける栄養不足，摂食阻害または栄養吸収の阻害が低い羽化率および長い羽化期間をもたらしたと推察される．

　鮫島・善本（1981）は，防御物質として働くスギおよびヒノキの内樹皮のフェノール量とタンニン量を調べ，両物質ともスギのほうが高いことを報告している．このことから，スギを餌とした場合摂食阻害または栄養吸収の阻害が起こりやすい．また，傷害から傷害樹脂道形成までの日数もスギのほうが短いため（金指ほか，1988：山中，1984），スギでは1カ所での摂食日数が短くなる．このことは，栄養摂取の不足をもたらし，さらには摂食箇所の移動における捕食の危険性を高める．

　佐藤・山崎（1998）はスギ・ヒノキ混交林においてヒノキの樹幹におけるヒノキカワモグリガの食入痕数がスギのそれよりも多いことを報告している．この結果は，ヒノキ林において生存幼虫数が多いためであると考えられるが，今後寄主選択や発育段階ごとの生長，発育，生存の調査を行うことで，生活史に及ぼす樹種の影響がより明らかになる．

5．おわりに

　わが国のスギとヒノキの造林面積は500万 ha を超えている．このことは，ヒノキカワモグリガにとって膨大な餌資源が蓄えられていることを意味する．現在これらの樹種の植林面積は少なくなったが，伐採が進まないので，餌資源量は今後激減することはないであろう．ヒノキカワ

モグリガは100年生以上のスギやヒノキでも餌として利用する（山根ほか，1989）．したがって，本種の高い生存率を考えると，ヒノキカワモグリガの個体数は減少することはないと思われる．

参考文献

井上牧雄（1985）スギ，ヒノキの生立木と断幹木に接種したスギカミキリ幼虫の生存率，平均体重，及び，食害痕形態の比較．第36回日林関西支講 36: 232-235.

一色周知・六浦 晃（1961）針葉樹を加害する小蛾類．日本林業技術協会．30-31.

金指達郎・横山敏孝・勝田 柾（1988）スギ内樹皮における人為的な傷害樹脂道形成の確認に要する期間と形成年輪．日林誌 70: 505-509.

Kato K. and T. Yamanobe (2003) Parasitoid wasps on *Epinotia granitalis* (Lepidoptera: Tortricidae) larvae. *J For. Res.* 8: 77-81.［ヒノキカワモグリガの寄生蜂］

Mitsuhashi W., M. Shimazu and H. Hashimoto (1992) Control of *Epinotia granitalis* (Lepidoptera: Tortricidae) with *Paecilomyces* spp. on cotton bands wrapped on the trunks of *Cryptomeria japonica*. *Appl. Entmol. Zool.* 27: 295-296.［糸状菌 *Paecilomyces* spp. によるヒノキカワモグリガ防除試験］

宮島淳二・久保園正昭・福山宣高・山下裕史（1993）誘蛾灯によるヒノキカワモグリガ成虫の誘引範囲（予報）．日林九支研論集 46: 159-160.

岡田 剛・藤下章男（1968）スギのハチカミに関する研究．広島林試研報 3: 76-109.

鮫島正浩・善本知孝（1981）針葉樹樹皮のフェロール性抽出成分の特徴について．木材学会誌 27: 491-497.

佐藤重穂（1997）ヒノキカワモグリガの生命表の作成と密度変動．森林総合研究所平成8年度研究成果選集：40-41.

佐藤重穂（2003）ヒノキカワモグリガ幼虫によるスギ樹皮上の摂食箇所の分布と樹脂流出との関係．樹木医学研究 7: 15-19.

佐藤重穂・吉田成章（1990）ヒノキカワモグリガ成虫の行動に関する知見．日林九支研論集 43: 143-144.

佐藤重穂・牧野俊一（1995）ヒノキカワモグリガの幼虫の移動所要時間．日林九支研論集 48: 123-124.

佐藤重穂・山崎三郎（1998）スギ・ヒノキ混交林と隣接林分におけるヒノキカワモグリガの樹種別被害．森林応用研究 7: 173-176.

柴田叡弌（1985）スギドクガ幼虫の発育と摂食量．奈良林試研報 15: 13-18.

山中勝次（1984）針葉樹二次師部の樹脂道．木材学会誌 30: 347-353.

山根明臣・佐々木和男・斉藤俊浩・鈴木 誠・鈴木貞夫（1989）126年生スギ造林木のヒノキカワモグリガ被害．日林論 100: 561-562.

山崎三郎・倉永善太郎（1988）ヒノキカワモグリガの生態と防除．林業科学技術振興所．東京．68 pp.

7章

マツノマダラカミキリの生活

富樫一巳

マツノマダラカミキリ成虫はマツ材線虫病の病原体であるマツノザイセンチュウを媒介する．マツ林の衰弱・枯死したマツをどのように利用しているのか？ 衰弱・枯死したマツの発生がこのカミキリの生活史に及ぼす影響は？

1. はじめに

マツノマダラカミキリ Monochamus alternatus は鞘翅目カミキリムシ科ヒゲナガカミキリ属の昆虫である．本種の幼虫はアカマツ Pinus densiflora やクロマツ P. thunbergii を含む15種の針葉樹を摂食する（小島・中村，1986）．本種は光をめぐる競争に敗れたり，風や降雪によって折れたり，人によって伐られた寄主の幹や枝に産卵する．さらに本種は材線虫病によって枯れ始めたアカマツやクロマツにも産卵する．材線虫病はマツノザイセンチュウ Bursaphelenchus xylophilus によって引き起こされ，マツノマダラカミキリ成虫によって伝播される（説明 Box 1 参照）．もっとも，材線虫病は1900年代の初めに日本に侵入したと考えられている（Mamiya, 1983）．このため，材線虫病の侵入以前と以後で本種の餌資源の発生パターンは大きく異なったと予想される．ここでは，材線虫病侵入以前と以後における幼虫の餌資源の発生パターンと成虫の餌資源の特徴を示した後に，マツノマダラカミキリの生活史を述べ，最後に本種の生活史と餌資源の特徴および材線虫病流行の関係を論議する．なお，本章ではマツノマダラカミキリ成虫は枯れ始めた木（樹脂浸出能力を失った木）に産卵するため，そのような木を幼虫の餌資源とよぶことにする．

2. 幼虫と成虫の餌資源の特徴

材線虫病侵入以前のマツ林で枯死木が時間的空間的にどのように発生するかは不明であった．そこで，広島県の山地アカマツ林で調査を行った．方法は簡単で，毎月幹に小さな傷を付けてそこから樹脂が侵出するかどうかを記録した．ただし，枯死木の平均的な季節的発生を明らかにするために，調査は6年間行った．調査林ではアカマツの樹高と幹の太さに大きな変異があり，樹高の低い木が枯れた．（軸丸・富樫，未発表）つまり，光の獲得競争に敗れたマツが枯れていた．年当たりの枯死率は5.0%と低いことがわかった．また，4月から11月までの間に枯れ始めたマツは月当たり同じような確率で発生した（図1）．多くのマツが枯れた年について見ると，枯れ始めるマツは空間的にやや集中的に発生した．

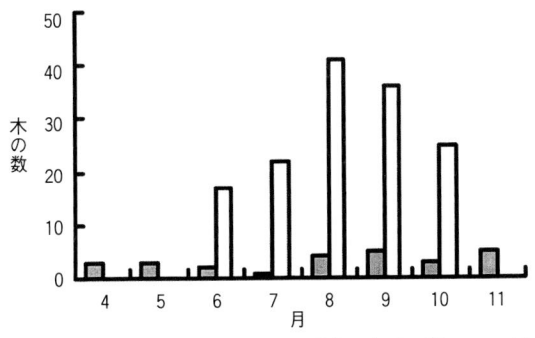

図1．材線虫病侵入以前の30〜40年生アカマツ林分（■）と侵入以後の14〜18年生クロマツ林分における（□）枯れ始める木の季節的分布．調査開始時の健全木数はアカマツ林の場合113本，クロマツ林の場合242本であった．それぞれ6年間と4年間に枯れ始めた木の累積数を示す．ただし，クロマツ林では4月と11月に調査を行わなかった．（軸丸・富樫，未発表；Togashi, 1989aを改変）

　材線虫病侵入以後のマツ林における枯死木数の年次的変化の調査は多い．しかしながら，枯死木の空間分布を同時に調べた例は少ない．材線虫病侵入以後のクロマツ林では毎年枯れが発生するだけでなく，年当たりの枯死率が25％（Togashi, 1989a），茨城県の無防除アカマツ3林分では枯死率が17，37，44％と高かった（岸，1988）．また，マツノマダラカミキリ成虫の発生期間（6〜9月）中に枯れ始める木の割合が多かった（図1）．秋になると材線虫病によって枯れたマツは空間的に集中分布を示し，たとえ枯死木を除去しても，前年に材線虫病によって集中的にマツが枯れた場所で，翌年の6，7月にマツが枯れ始める傾向があった（Togashi, 1991a）（説明Box 2参照）．材線虫病侵入以後に比べてそれ以前は，枯れるマツの量が少なく，発生率の季節的変化が小さく，その発生場所が不確定なことから，幼虫の餌は時間的空間的に予測しにくい資源であったことがわかる．

　成虫の餌はアカマツやクロマツの生きた若い枝の樹皮である．野外で観察すると，成虫は枯れ始めたマツの枝の樹皮も摂食する．生きたマツは長く同じ場所に存在し，材線虫病の侵入以前の林内では枯れ始めたマツに比べて生きたマツの比率が高かった．つまり，成虫の餌は時間的空間的に予測可能な資源であったことがわかる．さらに林の中に生きたマツがなくなれば，成虫は飛翔して生きたマツにたどり着くことができる．実験的にマツ属の31種を与えた場合，成虫はそのすべてを摂食した

(古野・上中，1979)．その中には28種の外国産の種を含んでいた．生きたマツがない場合，成虫はマツ属以外の針葉樹の枝を食べる．カラマツ，ヒマラヤスギ，スギ，サワラを単独で与えると，成虫は摂食を行い，20日間は生存する（山根・秋元，1974）．ヒノキ，ツガ，クロベなどでは摂食によって10日間は生存できる．この食性によって成虫が新しいマツ林に到達する可能性は高まると考えられる．このように，餌資源の性質を幼虫と成虫の間で比較すると，マツノマダラカミキリの生活史形成には成虫における幼虫の餌資源利用が重要であると考えられる．

3．成虫の寿命と分散

マツノマダラカミキリ成虫は枯れたマツから5～7月の間に脱出し（越智・片桐，1974；Togashi and Magira, 1981)，その後平均1.5カ月間生存する（口絵4）．実際，石川県の海岸クロマツ林では，成虫は6月初めから9月末までマツ林に生息していて（Togashi, 1988)，時として産卵が10月にも観察された（富樫，1989b, c)．室温調節をしない室内で飼育すると，成虫は6カ月間生存する場合があった（Togashi and Sekizuka, 1982)．このように，比較的長い脱出時期と長い寿命が成虫の長い発生期間を実現させている．

成虫は雌雄とも木から脱出した直後は性成熟していない．雄が授精能力を示すまでに5日ほど（野淵，1976)，雌が産卵を始めるまでに平均3週間かかるが，その変異は大きい（井戸・武田，1975)．マツノマダラカミキリは変温動物なので，性成熟の速さは気温に関係する．興味深いことに雌の卵巣発育の速さは食べる枝の年齢にも関係し，年齢の若い枝を食べるほど発育は早くなる（勝山ほか，1989)．

成虫の摂食や繁殖活動には飛翔が重要である．そこで，飛翔の特徴を明らかにするために，成虫の個体識別ができるように前胸背板や翅鞘にラッカーで標識を付けて林内に放し，毎週木をゆすってそれらの捕獲を試みた．その結果，性的に未成熟な間に成虫はランダムに飛翔して分散し（Togashi, 1990a)，性成熟後の成虫は枯れ始めたマツとその周囲の健全なマツに集まり（Shibata, 1986；富樫，1989c)，交尾・産卵・摂食を行うことが明らかになった．さらに，性成熟前の成虫は性成熟後の成虫よりも再捕率（捕獲後に放逐された1個体が次の調査で捕獲される確

率)が低かった(Togashi, 1990b).つまり,性成熟前の活動性が性成熟後よりも高いことが示唆された.なぜなら飛翔活動が活発なほど成虫が1つの林に留まる時間は短く,同じ林で捕獲される可能性は低くなるからである.Ito (1982) は宙吊り飛翔法によって性成熟前(5日齢)の成虫が性成熟後の成虫よりも飛翔能力が高いことを示した.なお,成虫は夜行性である(西村, 1973).

　成虫の飛翔能力は通常大きくない.野外でも,性成熟前の成虫は平均的に7～40 m/週しか移動しない(Togashi, 1990a).生涯を通じても平均10.6～12.3 mほどである(Shibata, 1986).しかしながら,成虫が1～2 kmを移動する場合がある(藤岡, 1993).このような長距離分散を行う成虫が材線虫病の発生地域拡大に寄与する(Takasu et al., 2000;山本ほか, 2000).面白いことに,数理モデルを用いた解析によって,長距離分散を行う成虫の割合があまりに高くなると,かえって病気の発生地域は拡大しなくなることが示された(Takasu et al., 2000;山本ほか, 2000).これは成虫が分散した地域で成虫密度が非常に低くなり,その結果材線虫病の発生率が低下し,マツノマダラカミキリの増殖率が1以下になるためであった.

　マツノザイセンチュウは媒介昆虫の気管の中に入る.このため,この線虫は媒介昆虫の生存や飛翔に悪い影響を及ぼすと考えられる.マツノザイセンチュウは媒介昆虫の体内で増殖しない.そこで,媒介昆虫が死ぬまで定期的に離脱線虫を数え,死亡後は死体内の線虫を数えて,成虫の寿命と初期保持数の関係を調べた.実際には木から脱出直後のマツノマダラカミキリ成虫を5日ごとに餌替えを行いながら飼育して,枝と飼育容器から2,3日間かけて線虫を分離した.長命の成虫は6カ月間生存したので,本当に長い調査になった.その結果,マツノザイセンチュウの初期保持数が1万頭以上の場合,マツノマダラカミキリ成虫の平均寿命は短くなることが明らかになった(Togashi and Sekizuka, 1982).飛翔能力に及ぼす保持線虫の影響を調べた研究では,成虫の気門付近の線虫数から体内の初期保持数レベルを推定し,宙吊り飛翔法によって成虫の飛翔距離と飛翔時間を調べている(Akbulut and Linit, 1999).その結果,マツノマダラカミキリと同属の *Monochamus carolinensis* では,初期保持数が1万頭以上の場合,飛翔距離と飛翔時間が減少することが示された.

説明 Box 1

マツ材線虫病の発病機構

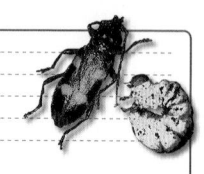

　マツノザイセンチュウは媒介昆虫の摂食痕から枝に伝播される．線虫は皮層の樹脂道内を移動する．樹脂道はエピセリウム細胞で囲まれた管である．芽の中で作られた皮層内に樹脂道が形成されるが，形成層から作られる二次師部に樹脂道はない．皮層が外樹皮になると樹脂道は失われるので，樹脂道は若い枝の内樹皮だけに存在することになる．樹脂道は材の軸方向と放射方向にも形成される．線虫は放射方向の樹脂道を利用して皮層から材に移動し，材内の樹脂道の中を広がる．

　線虫が皮層樹脂道や皮層組織の中を移動すると，エピセリウム細胞などの破壊，周囲の細胞の細胞壁の肥厚と傷害周皮の形成が起こり，柔細胞の死と電解質の漏出が起こる．線虫は増殖することによって傷害周皮の内側から外側に出る．木部では線虫が到達する前に材内の柔細胞の脂質滴の消失，続いて仮導管内の気体の出現による水分通道阻害，柔細胞の変性が起こる．マツは材内の仮導管を通して根から吸収した水を葉まで送っている．根から葉まで続く水柱が切れない場合，100 mの高さまで水を引き上げることができる．材線虫病にかかると，仮導管内に気体が発生して水柱が切れる（キャビテーション）．その結果，葉が水不足になって萎凋症状が起こる．キャビテーションは発病初期から見られ，材内でのその発生域は広がるが，形成層に接する材内の仮導管にそれが起こらない限りマツは生きている．

　感染後にマツは呼吸量とエチレン発生量が2回増加する．1回目は材の柔細胞の変性に対応する．2回目は，木部の水ポテンシャルの低下より数日早く起こり，同時に形成層の死も起こる．この後線虫数は爆発的に増加する．

　光合成の低下はマツの抵抗性の低下をもたらし，その結果，材線虫病の病徴進展を早くする．材内の水ポテンシャルの低下も病徴進展を早くするが，これは光合成が低下した結果であると考えられている．

　マツ材内に存在する細菌やマツノザイセンチュウによって持ち込まれた細菌（*Bacillus* spp., *Pseudomonas* spp.）が線虫の死体を利用して増殖し，マツに対する毒素を生産する結果，材線虫病の病徴が引き起こされるという説がある．*Bacillus* の生産するフェニル酢酸はマツへの毒性が確認されている．

（富樫一巳）

さらに，このカミキリの実験によって，未交尾の雌は交尾した雌よりも飛翔距離と飛翔時間が長いことが示された（Akbulut and Linit, 1999）．

4．成虫の産卵

性成熟した成虫は枯れ始めたアカマツやクロマツに集まる．この時そのような木の幹や枝から揮発性のモノテルペンとエタノールが発生し，それらに成虫が反応して誘引される（池田，1981）．成虫が枯れ始めたマツを発見する能力は高い．あるクロマツ林では，4年間に141本のマツが6月から10月までの間に枯れ始めて，そのうちの77%の木がマツノマダラカミキリに産卵された（Togashi, 1990c）．

産卵可能な幹や枝に雌成虫が飛来すると，小腮鬚と下唇鬚を使って樹皮を触診しながら歩き回り，産卵に適した場所を噛んで傷を付ける．傷を付けた後で，雌は体の向きを180度変え，尾端から産卵管の一部を出して，「トントン」とたたくようにして傷を探す．傷を見つけると，雌は尾端を傷に付けて産卵管を樹皮下に挿入して産卵する．産卵した後，傷の中にゼリー状の物質（約$1 \times 1 \times 1$ mm）を残し，体を左右に激しく振って尾端の剛毛を傷（産卵痕）にこすりつける（Anbutsu and Togashi, 2000）．雌は普通1つの産卵痕に1卵を産むが，産まないことも多く，産卵割合（産卵数/産卵痕数）は0.5前後である（Togashi and Magira, 1981）（写真1，2）．雌が産卵行動を途中で止めた場合，産卵痕内には卵もゼリー状物質もない（Anbutsu and Togashi, 2000）．

雌成虫は枯れ始めたマツに産卵を始める．そのようなマツの幹の樹皮上を見ると，産卵痕ははじめ集中分布を示すが，やがて一様分布[*1]に近づく．雌成虫は産卵場所の卵密度に応じて産卵するかどうかを決めているように見える．このことを明らかにするために，すでに産卵されているアカマツ小丸太と産卵されていない小丸太を雌成虫に同時に与えると，雌は産卵されていない小丸太を選んで産卵した（Anbutsu and Togashi, 1996）．この場合，小丸太内に卵しかない場合よりも生きた幼虫がいる場合に強い産卵抑制が見られた．雌のこのような産卵抑制

[*1] 一様分布，集中分布：空間上に個体がランダムに分布している場合を基準にする．空間を大きさの同じ区画に区切ったとき，区画あたりの個体数のばらつきが大きい場合を集中分布，小さい場合を一様分布という．

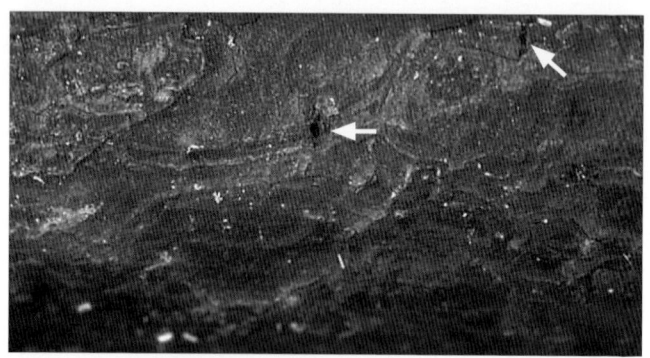

写真1　マツノマダラカミキリの産卵痕（矢印）．

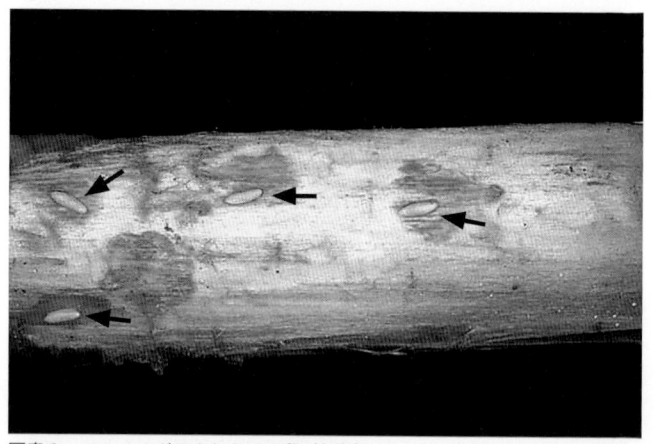

写真2　マツノマダラカミキリの卵（矢印）．

は，幼虫のフラス*² を小丸太に付けるだけで再現できた（Anbutsu and Togashi, 2002）．

　産卵行動を観察すると，雌が産卵痕に気付いた場合，小腮鬚や下唇鬚の先端を産卵痕の中に入れて触診する．雌が卵を含む産卵痕を触診した場合，86%の雌がそれから離れるのに対して，卵を含まない産卵痕を触診した場合，64%の雌がその傷を利用して産卵する（Anbutsu and

---

*2　フラス：幼虫の摂食に伴って生じる固形の排出物．マツノマダラカミキリの場合，フラスは糞と木屑の混合物である．

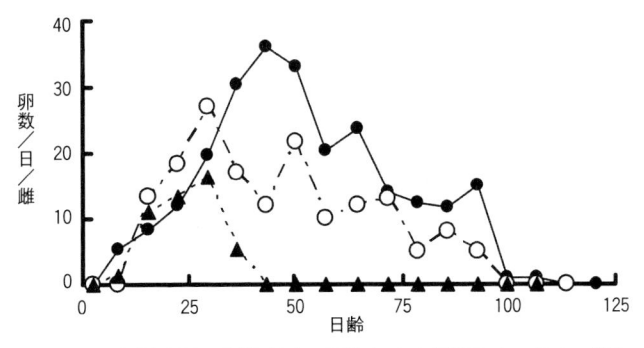

図2 初期(●),中期(○),後期(▲)に脱出したマツノマダラカミキリ成虫の産卵曲線.(Togashi and Magira, 1981を改変)

Togashi, 2000).産卵痕内の卵の有無とゼリー状物質の有無は相関する.そこで,アカマツの小丸太に人工的に産卵痕を作り,その傷の中に新鮮なゼリー状物質を入れて雌に与えると,雌は卵を含む産卵痕に対するのと同じ反応を示した(Anbutsu and Togashi, 2001).現在のところ,この物質は雌の受精嚢腺から分泌されると考えられている.

雌成虫の増殖能力は産卵数によって測ることができる.マツノマダラカミキリの雌成虫は生涯に一度だけ産卵するのではなく,毎日少しずつ産卵する.このため,齢xに対してその期間の産卵数(m_x)をプロットし,それらを結んだ曲線よって産卵の特徴を表すことができる.この曲線を産卵曲線とよぶ.産卵曲線とx軸で囲まれた面積(Σm_x)が雌の潜在的な平均産卵数を表し,生存率(l_x)を考慮した場合は実現される平均産卵数(生涯産卵数)($\Sigma l_x m_x$)を表すことになる.30頭の雌成虫の齢別産卵数を平均化して,本種の産卵曲線を作成すると,一山型の産卵曲線を示す(Togashi and Magira, 1981).石川県における平均的な生涯産卵数は86.2であったが(Togashi and Magira, 1981),奈良県では32.9と推定されており(Shibata, 1987),生涯産卵数に地域的な変異があるのかもしれない.雌成虫の脱出時期を初期,中期,後期に分けたとき,平均生涯産卵数はそれぞれ157.3,78.0,23.5というように減少する(図2).この原因は,脱出時期が遅くなるほど,平均寿命が短くなるとともに不妊雌の割合が高くなるためであった(Togashi and Magira, 1981).

昆虫の生涯産卵数は雌の体サイズに比例することが多い(Honěk,

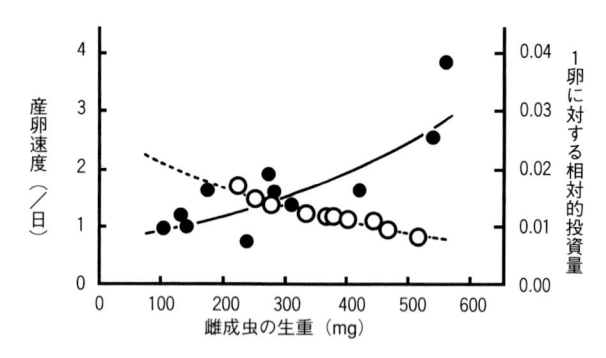

図3 マツノマダラカミキリ雌成虫の体重，産卵速度（●）および1卵に対する相対的な資源投資量（○）の関係．実線と破線の曲線はそれぞれの傾向線である．相対的な資源投資量は「1卵の平均乾重（mg）/雌の乾重（mg）」によって算出された．(Togashi, 1997 ; Togashi et al., 1997)

1993)．成虫になって餌を食べない昆虫では全卵の発育を蛹の間に完了している．このため，体サイズと生涯産卵数の間に正の相関が見られる．これに対して，成虫になってから餌を食べて卵を発育させる昆虫では，体サイズに依存した卵巣小管数の増加や卵巣小管当たりの高い卵生産能力によって体サイズと生涯産卵数の間に正の相関が生じる(Togashi and Itabashi, 2005)．マツノマダラカミキリ成虫の体重には100 mgから700 mgまでのような大きな変異がある．もっともその遺伝率は低い（0.037～0.080）（富樫，未発表）．雌を個体別に飼育すると，その生涯産卵数には0から343というように大きな変異があり，生涯産卵数は脱出直後の雌成虫の体重（体サイズの指標）と正の相関があった(Togashi, 1997)．個体別に産卵曲線を調べると，日当たりの産卵数（産卵速度）はそれほど変化しない（越智，1969；Togashi, 1997）．つまり，生涯産卵数は産卵速度と産卵期間の積によって表すことができ，産卵速度と産卵期間は生涯産卵数の変動の38.2％と44.0％をそれぞれ説明した(Togashi, 1997)．産卵期間と体サイズの間には相関はないが，産卵速度と体サイズの間には正の相関があった（図3）(Togashi, 1997)．経路解析（path analysis）によれば，体サイズの増加は産卵期間を通してよりも産卵速度を通して生涯産卵数の増加に24倍も大きく寄与することが示された(Togashi, 1997)．雌は平均22.5の卵巣小管を持つが，卵巣小管数と体サイズの間には相関はなかった(Togashi, 1997)．このことから，

産卵速度の増加は卵巣小管当たりの卵生産能力の増加によって説明された.

　雌の体サイズはそれが産む子の形質に関係し，子の生存率に影響するかもしれない．雌の体サイズとそれが産む卵のサイズには正の相関があった（Togashi et al., 1997）．卵に対する雌の相対的な資源投資量を「1卵の平均乾重/雌の乾重」によって表すと，卵に対する相対的投資量は雌の体サイズが増加するにつれて減少した（図3）（Togashi et al., 1997）．つまり，大きい雌に比べて小さい雌は体サイズに比較して相対的に大きな卵を産むことが示された．大きい雌は小さい雌より頭部の大きい1齢幼虫を生産するが（越智，1975），これは卵サイズを通して起こっていると考えられる．後述するように，幼虫が出会うと殺し合いが起こる．そのとき大きな幼虫が勝つ．大きな雌の子は生存率が高いかもしれない.

　野外でアカマツやクロマツが枯れ始めると，雌成虫がその幹や枝に産卵を始める．地上2 mまでの幹に10 cm×10 cmの枠を上下方向に10個作って産卵痕数の増加を調べると，6，7月にクロマツが枯れ始めた場合，産卵開始から1～2カ月後に産卵が終わったが，8，9月にクロマツが枯れ始めた場合，産卵開始から1～4週後に産卵は終わることが多かった（富樫，1989c）．木当たりの産卵痕数は，6，7月に枯れ始めたクロマツの場合に最も多く，その後季節が進むにつれて減少する（富樫，1989c）．産卵時期が終わってから産卵痕の空間分布を調べると，産卵痕は枯れたアカマツ間では集中分布を，各アカマツを50 cmの丸太に切った場合の丸太間でも集中分布を示す（Shibata, 1984）が，丸太内では一様分布を示す（小林，1975；Shibata, 1984）．一方で，産卵痕密度と地上高には一定の関係がなく，産卵痕密度が高い幹の部分では$1.7/cm^2$に達する場合があった（富樫，1989c）.

　興味深いことに，マツノマダラカミキリでは未交尾の雌成虫が産卵する（Zhang and Linit, 1998）．未交尾の雌成虫の産卵速度は交尾雌のそれよりも小さいが，平均寿命が長いために，その平均生涯産卵数は326に達する．ちなみに交尾雌の平均生涯産卵数は581であった（Zhang and Linit, 1998）.

説明 Box 2

林内と地域における
マツ材線虫病の発生拡大機構

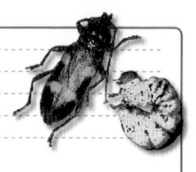

　材線虫病はマツノザイセンチュウによって引き起こされ，マツノマダラカミキリ成虫によって主に媒介される．カミキリ成虫が枯れたマツから脱出したとき，その気管の中にマツノザイセンチュウがいる．成虫1頭の初期保持線虫数は0〜20万頭まで大きくばらつく．初期保持線虫数が1万頭を超えると，カミキリ成虫の寿命は短くなり，飛翔能力は低下するが，1頭でも1本のマツを発病させるのに必要な線虫数を伝播することができる．成虫は健全木の枝の樹皮を摂食し，その傷から線虫は樹体内に侵入する．

　脱出直後のカミキリ成虫は性成熟をしていない．それらはランダム分散を行いながら林内に広がる．このため成虫脱出時期にはその脱出木近くの健全木に多数の成虫がいることが起こる．線虫伝播数は少なくても，多数の成虫がいることによって発病に必要な線虫数が周囲の健全木に伝播される．性成熟する前の成虫はランダムに木を選んで摂食を行う．この時，初期線虫保持数が1万頭以上のカミキリ成虫は1頭でも線虫伝播によって1本のマツを発病させることができる．この発病木の発生はカミキリ成虫の発生期（6月〜9月）前半に起こる．性成熟した成虫は材線虫病の発病木（樹脂滲出能力の停止したマツ）に誘引され，交尾と産卵を行う．成虫は発病木の周囲の健全木で摂食を行うので，成虫密度が高くなる．この結果，発病木周囲で新たな発病木が出現し，秋には発病木の集中分布を示すようになる．発病木の発生位置には前年の影響がある．たとえ前年の発病木を枝ごと林内から除去しても，発生率の高いところでは翌年のカミキリ成虫の発生期前半に発病木の発生率が高くなる．この原因として，前年に伝播された線虫が枯れ枝で越冬し，翌春に全身に広がり発病させる場合と癒合した根を通って発病木から健全木に線虫が移動する場合が強く示唆されている．

　地域内のマツ林に材線虫病が発生すると，発生地の最前線は年平均6kmで広がる．カミキリ成虫の増殖と長距離分散のデータを含む数理モデルによって，無防除の場合2〜8km/年で広がることが示された．材線虫病発生地の拡大には人間による被害材の移動も大きく関係する．

（富樫一巳）

写真3　マツノマダラカミキリの幼虫.

5．幼虫と蛹

　卵は1週間ほどで孵化する．幼虫は内樹皮を食べて成長する（写真3）．3齢または4齢（終齢）になると，材に孔を穿ち，危険が迫るとその中に逃げ込む．冬季には1齢から4齢までの幼虫が木の中に見られ，各発育段階に応じてその後の発育をする（富樫，1989b）．越冬前までに十分に成長した幼虫は休眠に入るが，かなりの幼虫が休眠に入らずに越冬する（富樫，1989b）．休眠に入ると，発育に好適な温度条件に幼虫をおいても発育は進まない．マツノマダラカミキリの場合，休眠に入った幼虫は体色が黄白色から黄色になり，腸内に食下物を有しない．冬季の低温が幼虫休眠を打破する．安定した休眠発育[*3]には全暗条件が必要である（Togashi, 1995）．野外では休眠は2月中旬に打破されている（Togashi, 1991b）．これに対して，休眠に入る前の3齢または4齢の幼虫は低温によって越冬後に休眠を回避して発育し，成虫になると推論され（富樫，1989d），それは4齢幼虫を用いて実験的に証明された

[*3]　休眠発育：内分泌による発育停止を休眠という．休眠に入った場合，その覚醒に必要な過程を休眠発育という．

写真4　材内蛹室の中のマツノマダラカミキリの蛹.

(Togashi, 1995)．1，2齢で越冬した幼虫はその後発育して休眠に入り，2回目の冬の低温によって休眠が打破されて成虫になる（富樫，1989b, c, d)．つまり，これらの個体は2年かけて発育を完了する．秋に枯れ始めたマツは翌春になっても内樹皮が白色から淡褐色を呈して新鮮なことがあり，幼虫の発育にとって十分な栄養を持っている．このため，2年の生活史が成立すると考えられる．

　夏や秋に材線虫病の被害林に入ると，かなり大きな音が枯れた木から聞こえて驚くことがある．これはマツノマダラカミキリの幼虫が発する音である．幼虫は孵化後間もない時期から「ギィ」という音を2秒間隔で発し始め，幼虫の摂食期が終わる頃に発音をしなくなる（泉・岡本，1990；泉ほか，1990)．本種がどのようにして音を発生するのか，また発音にはどのような機能があるのかについてはまだ明らかにされていない．同属の *Monochamus sutor* の幼虫の場合，大顎で樹皮を引っ掻いて音を出し，この音によって幼虫が周囲の餌を他個体から守っていると考えられている（Victorsson and Wikars, 1996)．

　幼虫は材内に作った孔の中で蛹になることが多い（材内蛹室)．この時，細長くかじった木屑を孔の入口に密に詰めて栓をする．枝の付け根

など外樹皮の厚い場所では，幼虫が材にくぼみを作ってその中で蛹になることもある（樹皮下蛹室）．樹皮下蛹室を形成する幼虫の割合は，樹皮が厚くなるほど（富樫，1980），また冷涼な地域よりも温暖な地域ほど高くなる（岸ほか，1982）．

マツノマダラカミキリはマツ属の異なる種に産卵する．樹種によって材の硬さが異なるので，幼虫が作る材内蛹室の大きさは加害した樹種によって異なる可能性がある．同属の *M. carolinensis* 幼虫は，材の硬いヨーロッパアカマツ *P. sylvestris* よりも軟らかい *P. strobus* の中では，より深くて長い蛹室を作る（Togashi *et al.*, 2005）．

マツノマダラカミキリは5月から7月までの間に蛹になる（写真4）．25℃における蛹期間は約2週間である．羽化直後の成虫は白く柔らかい．成虫が羽化してから木から脱出するまでに1週間ほどかかる．この間に皮膚が硬くなる．成虫は直径9mmほどの丸い孔をあけて木から脱出する．

6．枯死木から脱出するまでの生存率と天敵

樹体内におけるマツノマダラカミキリの生存率はきわめて高い．野外で枯れたクロマツの樹皮を定期的に剥いで材を割り，発育ステージ別の生存個体と死亡個体を数え，死亡要因を記録した．そして，得られたデータに基づいて生命表を作成した（表1）．その結果，卵から成虫として脱出するまでの生存率は4年間の平均で0.249であった（Togashi, 1990c）．この生存率は7月に枯れ始めた木において最も高く（0.348），6月に枯れ始めた木において最も低かった（0.147）．生命表の変動主要因分析（key factor analysis）によって，生存率の変動は蛹室内の3，4齢幼虫期の死亡によって決定されることが示された（Togashi, 1990c）．

死亡要因を特定することは難しい．高知県では，あるクロマツで51％の卵がヒメアリ *Monomorium nipponense* によって捕食された（越智・片桐，1979）．また，樹脂が卵の全体または一部を取り囲んで殺す場合があったが，その死亡率は0.2％と低かった（Togashi, 1990c）（表1）．幼虫期には同種他個体との殺し合い，キタコマユバチ *Atanycolus initiator* などの寄生，オオコクヌスト *Trogossita japonica* や鳥による捕食，蛹化失敗による死亡が見られた（Togashi, 1990c, d）．蛹期や樹体内

表1 材線虫病によって枯れたクロマツ樹体内のマツノマダラカミキリの生命表（1980～1984年）（Togashi, 1990c）

発育ステージ (x)	死亡要因 (d_xF)	6月発病木 生存率 (l_x)	6月発病木 死亡率 (d_x)	7月発病木 生存率 (l_x)	7月発病木 死亡率 (d_x)	8月発病木 生存率 (l_x)	8月発病木 死亡率 (d_x)	9月発病木 生存率 (l_x)	9月発病木 死亡率 (d_x)	全体 生存率 (l_x)	全体 死亡率 (d_x)
卵	樹脂	1000.0	14.4	1000.0	28.0	1000.0	33.1	1000.0	11.1	1000.0	21.8
	不明		230.2		162.8		231.4		277.8		224.4
	計		244.6		196.3		264.5		288.9		246.2
1, 2齢幼虫	鳥の捕食	755.4	0.0	803.7	0.0	735.5	9.7	711.1	0.0	753.8	2.6
	不明		107.9		16.9		116.1		145.9		86.9
	計		107.9		16.9		125.8		145.9		89.4
3, 4齢幼虫 (蛹室形成前)	噛み合い	647.5	19.2	786.8	7.7	609.7	15.1	565.2	0.0	664.4	13.6
	キタコマユバチ		12.8		15.4		0.0		0.0		9.1
	昆虫の捕食		6.4		0.0		15.1		0.0		6.8
	鳥の捕食		6.4		7.7		7.5		0.0		6.8
	不明		128.2		123.4		112.9		141.3		122.4
	計		173.1		154.3		150.5		141.3		158.7
3, 4齢幼虫 (材内蛹室内)	蛹化失敗	474.4	8.4	632.5	4.6	459.2	3.7	423.9	0.0	505.7	4.4
	噛み合い		0.0		0.0		1.9		0.0		0.7
	昆虫の捕食		25.2		34.5		24.3		14.1		26.2
	不明		138.5		57.5		69.1		84.8		78.0
	計		172.1		96.6		98.9		98.9		109.3
蛹 (材内蛹室内)	昆虫の捕食	302.3	0.0	535.9	0.0	360.2	23.1	325.0	8.8	396.4	2.3
	不明		31.0		15.3		2.9		26.4		22.1
	計		31.0		15.3		25.9		35.1		24.4
成虫 (材内蛹室内)	羽化失敗	271.3	0.0	520.6	0.0	334.3	2.9	289.9	17.6	372.0	4.6
	昆虫の捕食		7.8		0.0		0.0		0.0		1.2
	不明		116.3		168.4		100.9		61.5		117.4
	計		124.0		172.3		103.8		79.1		123.2
成虫（飛翔）		147.3		348.4		230.6		210.8		248.7	

生存率と死亡率は‰によって表す。

の成虫期には昆虫による捕食が起こり，成虫が節の中心に脱出孔を掘ったために脱出できずに死んだ場合があった．天敵昆虫としてはこれまでに革翅目3種（ヒゲジロハサミムシ *Carcinophora marginalis* など），脈翅目1種（ラクダムシ *Inocellia japonica*），鞘翅目8種（オオコクヌスト *Trogossita japonica* など），膜翅目14種（キタコマユバチ *Atanycolus initiator* など），双翅目2種（ヤドリバエ科の1種 *Billaea* sp. など）が知られている（富樫，1989c）．また，*Beauveria bassiana* や *Serratia* spp. のような微生物によっても死亡が起こる（片桐・島津，1980）．

　樹体内のマツノマダラカミキリ密度が高いほど種内競争によって死亡率が高くなり，また天敵による死亡率も高くなることが予想される．マツノマダラカミキリの天敵の体サイズには大きな変異がある．例えば，病原微生物はキツツキ類，寄生蜂，カッコウムシよりも小さい．そこで，目の大きさの異なる金網を用いて，野外に網室を作った．1つは，鳥は通過できないが天敵昆虫は通過できる網室であり，もう1つは，病原微生物は通過できるが天敵昆虫は通過できない網室である．これらの網室にマツノマダラカミキリの産卵直後のアカマツ丸太を入れて，1年後に脱出した成虫を数えた．丸太内の卵数は産卵痕数×産卵割合によって推定したが，樹皮の単位面積当たりの卵数には大きな違いがあった．この研究の結果，種内競争は密度依存的な死亡を引き起こすのに対して，昆虫などの天敵は密度に非依存的な死亡を引き起こすことが示された（Togashi, 1986）．これらの天敵はマツノマダラカミキリだけでなく同所的にいるゾウムシ類やキクイムシ類なども餌にするので，この結果は当然なのかもしれない．このような過程によって，樹皮の単位面積当たりの卵密度が高くなるにつれて，木から脱出する成虫密度は増加するが，その増加率は低下し，最終的には一定数の成虫が脱出する（森本・岩崎，1974；Togashi, 1986）．つまり，本種の種内競争はコンテスト型[*4]であることが説明できた．

　マツノマダラカミキリの幼虫同士の殺し合いは重要な種内競争の過

[*4] コンテスト型：種内競争が起こる前の初期密度に対して，それが起こった後の密度をプロットした場合，その関係が一山型になる場合をスクランブル（共倒れ）型，初期密度が高くなると競争後の密度が一定になる場合をコンテスト型という．

程である．殺し合いは大顎を使って行われる．2頭の孵化幼虫を2.5 cm離して丸太に接種すると2週後の死亡率は34%になったが，10 cm離して接種すると8%と低くなった（Anbutsu and Togashi, 1997）．また，孵化幼虫を接種してから2週後に(それらの大部分が2齢に達してから)，孵化直後の幼虫を2.5cmまたは10 cm離して接種すると，その2週後には2番目に接種した幼虫だけが殺されており，その死亡率は発育の進んだ幼虫の6または3倍になった（Anbutsu and Togashi, 1997）．幼虫の体の大きさが勝敗を左右する．

7．生活史と幼虫の餌資源の関係

　材線虫病が日本に侵入する以前，マツノマダラカミキリは林内で時間的空間的に発生予測の難しい資源を利用して産卵を行っていた．成虫の発生期間が長いことは少量発生した幼虫の餌資源の有効な利用を可能にしたであろう．加えて，成虫には長距離を飛翔する能力があり，このことも時間的空間的に予測しにくい餌資源の有効利用を可能にしたであろう．

　マツノマダラカミキリ幼虫の餌資源は枯れ始めたアカマツやクロマツであり，その幹は昆虫の加害に対する抵抗力を失いつつある．このため，アカマツの場合，カミキリムシ，キクイムシ，ゾウムシ類がすぐに産卵を行い，それらの幼虫は内樹皮の摂食を始める（Yoshikawa *et al*., 1986）．内樹皮を利用する昆虫の中では，*Monochamus*属の幼虫が最も体サイズが大きくなるので，他種の生存や発育に影響を与えても，それらから影響を受けにくい（Coulson *et al*., 1976）．このことは，樹体内のマツノマダラカミキリは同種や同属の他個体から大きな影響を受けることを示唆する．実際，同属のカラフトヒゲナガカミキリ *Monochamus saltuarius* もアカマツやクロマツを利用するが，その発生時期はマツノマダラカミキリより早い（越智，1969）．このため，2種間の競争はかなり避けられていると考えられる．別の見方をすると，同じ属の昆虫がシーズンを通し，同一の餌資源を分割して利用していることになる．

　内樹皮は樹幹内で栄養価の高い部位である．1個体の木の内樹皮は有限であり，マツノマダラカミキリの幼虫は木の間を移動できない．このため，雌成虫が多数の卵を産み付けると，種内競争によって1雌当たり

の子孫数が減少する．卵密度とその空間分布を調節する機構が発達していることおよび幼虫の発音は，有限な資源の有効な利用に関係するであろう．

　樹木の幹や枝の中は外樹皮によって保護されている．マツノマダラカミキリは産卵時期に応じて1年または2年を要して発育を完了する．幼虫が外界に露出していないことが発育期間の可変性を可能にしているようである．なぜなら，樹皮やフラスを除去して材を露出しておくと，アリが材内の孔にいる幼虫を捕食するのが観察されるからである．そして，このような発育期間の変異は変動環境下における個体数の変動を安定化するので（Takahashi, 1977），幼虫の餌資源がきわめて少ない年があっても，本種の存続を可能にしたと考えられる．

　材線虫病は1900年代初めに日本に侵入したといわれている．その結果，マツノマダラカミキリ幼虫の餌資源は大量にかつ時間的空間的に集中して発生するように変化した．一方，マツノマダラカミキリは材線虫病侵入以前の「時間的空間的に発生を予測しにくい餌資源を有効に利用する性質」を侵入以後も維持しており，成虫の高い資源発見能力と樹体内における高い生存率を示す．大量の資源の時間的空間的な集中発生とマツノマダラカミキリの高い資源発見能力と生存率が，材線虫病の持続的な流行に大きく寄与していると考えられる．

引用文献

Akbulut, S. and M. J. Linit (1999) Flight performance of *Monochamus carolinensis* (Coleoptera: Cerambycidae) with reference to nematode phoresis and beetle characteristics. *Environmental Entomology* 28: 1014-1020.［線虫運搬と関連した*Monochamus carolinensis*の飛翔能力と特徴］

Anbutsu, H. and K. Togashi (1996) Deterred oviposition of *Monochamus alternatus* (Coleoptera: Cerambycidae) on *Pinus densiflora* bolts from oviposition scars containing eggs or larvae. *Applied Entomology and Zoology* 31: 481-488.［卵や幼虫を含む産卵痕が存在するアカマツ丸太に対するマツノマダラカミキリの産卵抑制］

Anbutsu, H. and K. Togashi (1997) Effects of spatio-temporal intervals between newly-hatched larvae on larval survival and development in *Monochamus alternatus* (Coleoptera: Cerambycidae). *Researches on Population Ecology* 39: 181-189.［マツノマダラカミキリにおける幼虫の生存と発育に及ぼす孵化幼虫の時間的空間的

間隔の効果]

Anbutsu, H. and K. Togashi (2000) Deterred oviposition response of *Monochamus alternatus* (Coleoptera: Cerambycidae) to oviposition scars occupied by eggs. *Agricultural and Forest Entomology* 2: 217-223. [卵を含む産卵痕に対するマツノマダラカミキリの産卵抑制反応]

Anbutsu, H. and K. Togashi (2001) Oviposition deterrent by female reproductive gland secretion in Japanese pine sawyer, *Monochamus alternatus*. *Journal of Chemical Ecology* 27: 1151-1161. [マツノマダラカミキリにおける雌生殖腺分泌物による産卵抑制]

Anbutsu, H. and K. Togashi (2002) Oviposition deterrence associated with larval frass of the Japanese pine sawyer, *Monochamus alternatus* (Coleoptera: Cerambycidae). *Journal of Insect Physiology* 48: 459-465. [マツノマダラカミキリ幼虫のフラスに関連した産卵抑制]

Coulson, R.N., A.M. Mayyasi, J.L. Foltz and F.P. Hain (1976) Interspecific competition between *Monochamus titilator* and *Dendroctonus frontalis*. *Environmental Entomology* 5: 235-247. [*Monochamus titilator* と *Dendroctonus frontalis* の種間競争]

藤岡 浩 (1993) 秋田県におけるマツノマダラカミキリの生息可能範囲の解明. 秋田県林業技術センター研究報告 2: 40-56.

古野東洲・上中幸治 (1979) 外国産マツ属の虫害に関する研究第6報マツノマダラカミキリ成虫の後食について. 京都大学農学部附属演習林報告 51: 12-22.

Honěk, A. (1993) Intraspecific variation in body size and fecundity in insects: a general relationship. *Oikos* 66: 483-492. [昆虫における体サイズと産卵数の種内変異：一般的関係]

井戸規雄・武田丈夫 (1975) マツノマダラカミキリ成虫飼育による産卵と生存期間に関する2・3の知見. 86回日本林学会大会講演集 337-338.

池田俊弥 (1981) マツノマダラカミキリの寄主選択と誘引物質. 植物防疫 35: 395-400.

Ito, K. (1982) The tethered flight of the Japanese pine sawyer, *Monochamus alternatus* Hope (Coleoptera: Cerambycidae). *Journal of Japanese Forestry Society* 64: 395-397. [宙吊り飛翔法によるマツノマダラカミキリの飛翔能力]

泉 進・岡本秀俊 (1990) マツノマダラカミキリ *Monochamus alternatus* Hope 幼虫の発音と成長. 日本林学会誌 72: 181-187.

泉 進・市川俊秀・岡本秀俊 (1990) マツノマダラカミキリ *Monochamus alternatus* Hope 幼虫の発生音の性質. 日本応用動物昆虫学会誌 34: 15-19.

片桐一正・島津光明 (1980) マツノマダラカミキリの天敵微生物. 森林防疫 29: 28-33.

勝山直樹・桜井宏紀・田畑勝洋・武田 享 (1989) マツノマダラカミキリの卵巣発育に及ぼす後食枝の年生の影響. 岐阜大学農学部研究報告 54: 81-89.

岸　洋一 (1988) マツ材線虫病―松くい虫―精説. トーマス・カンパニー, 東京.

岸　洋一・早坂義雄・横溝康志・武田丈夫 (1982) マツノマダラカミキリ蛹室の深さの変異. 日本林学会誌 64: 239-241.

小林富士雄 (1975) 森林昆虫の密度および分布の調査法に関する研究 (第1報) マツの穿孔虫類の樹体内分布. 林業試験場研究報告 274: 85-124.

小島圭三・中村慎吾 (1986) 日本産カミキリムシ食樹総目録. 比婆科学教育振興会, 広島. 336 pp.

Mamiya, Y. (1983) Pathology of the pine wilt disease caused by *Bursaphelenchus xylophilus*. *Annual Review of Phytopathology* 21: 201-220.〔マツノザイセンチュウによる材線虫病の病理学〕

森本　桂・岩崎　厚 (1974) マツノマダラカミキリに関する研究 (XI) ―羽化率に対する密度効果―. 85回日本林学会大会講演集 229-230.

西村正史 (1973) マツノマダラカミキリ成虫の行動の連続観察. 日本林学会誌 55: 100-104

野淵　輝 (1976) マツノマダラカミキリの受精と産卵. 87回日本林学会大会発表論文集 247-248.

越智鬼志夫 (1969) マツ類を加害するカミキリムシ類の生態 (II) *Monochamus* 属2種成虫の羽化と産卵習性などについて. 日本林学会誌 51: 188-192.

越智鬼志夫 (1975) マツノマダラカミキリの生態学的研究 (III) ―1齢幼虫の大きさ―. 86回日本林学会大会講演集 323-324.

越智鬼志夫・片桐一正 (1974) マツノマダラカミキリの生態学的研究 (II) 野外個体群における成虫の大きさ等について. 日本林学会誌 56: 399-403.

越智鬼志夫・片桐一正 (1979) 松枯損木内でのマツノマダラカミキリの個体数変動とその要因. 林業試験場研究報告 303: 125-152.

Shibata, E (1984) Spatial distribution pattern of the Japanese pine sawyer, *Monochamus alternatus* Hope (Coleoptera: Cerambycidae), on dead pine trees. *Applied Entomology and Zoology* 19: 361-366.〔枯死したマツでのマツノマダラカミキリの空間分布.〕

Shibata, E (1986) Dispersal movement of the adult Japanese pine sawyer, *Monochamus alternatus* Hope (Coleoptera: Cerambycidae) in a young pine forest. *Applied Entomology and Zoology* 21: 184-186.〔若いアカマツ林でのマツノマダラカミキリ成虫の動き〕

Shibata, E (1987) Oviposition schedules, survivorship curves, and mortality factors within trees of two cerambycid beetles (Coleoptera: Cerambycidae), the Japanese pine sawyer, *Monochamus alternatus* Hope, and Sugi bark borer, *Semanotus japonicus* Lacordaire. *Researches on Population Ecology* 29: 347-367.〔2種のカミキリムシ (マツノマダラカミキリとスギカミキリ) の産卵スケジュールおよび樹体内の生存曲線と死亡要因〕

Takahashi, F. (1977) Generation carryover of a fraction of population members as an animal adaptation to unstable environmental conditions. *Researches on Population Ecology* 18: 235-242. ［動物個体群における世代遅れな発育による不安定な環境条件への適応］

Takasu, F., N. Yamamoto, K. Kawasaki, K. Togashi, Y. Kishi and N. Shigesada (2000) Modeling the expansion of an introduced tree disease. *Biological Invasions* 2: 141-150. ［樹木の侵入病の発生域拡大の数理的モデル］

富樫一巳（1980）石川県におけるマツノマダラカミキリの越冬状況．石川県林業試験場研究報告 10: 39-50.

Togashi, K. (1986) Effects of the initial density and natural enemies on the survival rate of the Japanese pine sawyer, *Monochamus alternatus* Hope (Coleoptera: Cerambycidae), in pine logs. *Applied Entomology and Zoology* 21: 244-251. ［マツ丸太におけるマツノマダラカミキリ成虫の脱出率に及ぼす初期密度と天敵の影響］

Togashi, K. (1988) Population density of *Monochamus alternatus* adults (Coleoptera: Cerambycidae) and incidence of pine wilt disease caused by *Bursaphelenchus xylophilus* (Nematoda: Aphelenchoididae). *Researches on Population Ecology* 30: 177-192. ［マツノマダラカミキリ成虫の個体群密度と材線虫病の発生率］

Togashi, K. (1989a) Temporal pattern of the occurrence of weakened *Pinus thunbergii* trees and causes for mortality. *Journal of Japanese Forestry Society* 71: 323-328. ［クロマツ林における衰弱木の時間的発生パターンとそれらの枯死要因］

富樫一巳（1989b）衰弱時期の異なるクロマツ枯死木におけるマツノマダラカミキリの発育．日本林学会誌 71: 383-386.

富樫一巳（1989c）マツノマダラカミキリの個体群動態とマツ材線虫病の伝播に関する研究．石川県林業試験場研究報告 20: 1-142.

富樫一巳（1989d）異なる時期に産卵されたマツノマダラカミキリの発育．日本応用動物昆虫学会誌 33: 1-8.

Togashi, K. (1990a) A field experiment on dispersal of newly emerged adults of *Monochamus alternatus* (Coleoptera: Cerambycidae). *Researches on Population Ecology* 32: 1-13. ［脱出直後のマツノマダラカミキリ成虫の分散に関する野外実験］

Togashi, K. (1990b) Change in the activity of adult *Monochamus alternatus* Hope (Coleoptera: Cerambycidae) in relation to age. *Applied Entomology and Zoology* 25: 153-159. ［日齢と関連したマツノマダラカミキリ成虫の活動性の変化］

Togashi, K. (1990c) Life table for *Monochamus alternatus* (Coleoptera: Cerambycidae) within dead trees of *Pinus thunbergii*. *Japanese Journal of Entomology* 58: 217-230. ［クロマツ枯死木内のマツノマダラカミキリの生命表］

Togashi, K. (1990d) Effects of aerial application of insecticide on the survival rate of *Monochamus alternatus* (Coleoptera: Cerambycidae) within *Pinus densiflora* logs. *Applied Entomology and Zoology* 25: 187-197. ［アカマツ丸太内のマツノマダラカミキリの生存率に対する殺虫剤の空中散布の影響］

Togashi, K. (1991a) Spatial pattern of pine wilt disease caused by *Bursaphelenchus xylophilus* (Nematoda: Aphelenchoididae) within a *Pinus thunbergii* stand. *Researches on Population Ecology* 33: 245-256.［クロマツ林における材線虫病罹病木の空間分布］

Togashi, K. (1991b) Larval diapause termination of *Monochamus alternatus* Hope (Coleoptera: Cerambycidae) under natural conditions. *Applied Entomology and Zoology* 26: 381-386.［野外におけるマツノマダラカミキリ幼虫の休眠覚醒］

Togashi, K. (1995) Interacting effects of temperature and photoperiod on diapause in larvae of *Monochamus alternatus* (Coleoptera: Cerambycidae). *Japanese Journal of Entomology* 63: 243-252.［マツノマダラカミキリ幼虫の休眠に及ぼす温度と光周期の効果］

Togashi, K. (1997) Lifetime fecundity and body size of *Monochamus alternatus* (Coleoptera: Cerambycidae) at a constant temperature. *Japanese Journal of Entomology* 65: 458-470.［恒温下におけるマツノマダラカミキリの生涯産卵数と体サイズ］

Togashi, K., Y. Akita, I. Nakane, Y. Shibata and I. Nakai (1997) Relatively larger eggs produced by smaller females of *Monochamus alternatus* (Coleoptera: Cerambycidae). *Applied Entomology and Zoology* 32: 264-266.［小さなマツノマダラカミキリ雌成虫による相対的に大きな卵の生産］

Togashi, K., J.E. Appleby and R.B. Malek (2005) Host tree effect on the pupal chamber size of *Monochamus carolinensis* (Coleoptera: Cerambycidae). *Applied Entomology and Zoology* 40: 467-474.［*Monochamus carolinensis* の蛹室の大きさに及ぼす寄主樹木の影響］

Togashi, K. and M. Itabashi (2005) Maternal size dependency of ovariole number in *Dastarcus helophoroides* (Coleoptera: Colydiidae). *Journal of Forest Research* 10: 373-376.［サビマダラオオホソカタムシ雌成虫の卵巣小管数の体サイズ依存性］

Togashi, K. and H. Magira (1981) Age-specific survival rate and fecundity of the adult Japanese pine sawyer, *Monochamus alternatus* Hope (Coleoptera: Cerambycidae), at different emergence times. *Applied Entomology and Zoology* 16: 351-361.［脱出時期の異なるマツノマダラカミキリ成虫の齢別生存率と産卵数］

Togashi, K. and H. Sekizuka (1982) Influence of the pine wood nematode, *Bursaphelenchus lignicolus* (Nematoda: Aphelenchoididae), on longevity of its vector, *Monochamus alternatus* (Coleoptera: Cerambycidae). *Applied Entomology and Zoology* 17: 160-165.［媒介者マツノマダラカミキリの寿命に及ぼすマツノザイセンチュウの影響］

Victorsson, J. and L.-O. Wikars (1996) Sound production and cannibalism in larvae of the pine-sawyer beetle *Monochamus sutor* L. (Coleoptera: Cerambycidae). *Entomologisk Tidskrift* 117: 29-33.［*Monochamus sutor* 幼虫の発音と共食い］

山本奈美子・高須夫悟・川崎廣吉・富樫一巳・岸　洋一・重定南奈子（2000）マツ枯れシステムのダイナミクスと大域的伝播の数理解析．日本生態学会誌 50:

269-276.

山根明臣・秋元　徹 (1974) マツノマダラカミキリ成虫の摂食行動の実験的観察. 85回日本林学会大会講演集 246-247.

Yoshikawa, K., H. Takeda, K. Soné and E. Shibata (1986) A study of the subcortical insect community in pine trees I. Oviposition and emergence periods of each species. *Applied Entomology and Zoology* 21: 258-268.［マツ類穿孔性昆虫の群集に関する研究 I. 各種の産卵期と羽化期］

Zhang, X. and M.J. Linit (1998) Comparison of oviposition and longevity of *Monochamus alternatus* and *M. carolinensis* (Coleoptera: Cerambycidae) under laboratory conditions. *Environmental Entomology* 27: 885-891.［実験室におけるマツノマダラカミキリと *Monochamus carolinensis* の産卵と寿命の比較］

8章

枯死材をめぐる
オオゾウムシの生活

中村克典

長い口吻を持つゾウムシの仲間は鞘翅目の中でも巨大なグループである．オオゾウムシ成虫は大きな堅牢な体を持ち，木材に大きな穴をあける．林業上の大害虫でありながらその生活史は不明なところが多く，謎に包まれている．

1．オオゾウムシとその仲間

　オオゾウムシ *Sipalinus gigas* の成虫は体長が1〜3cmにもなり，きわめて堅牢な体を持つ（口絵5a）．この虫は，貯木場などに発生して木材に大孔をあけるので古くから林業上の大害虫として知られてきた．このようによく知られた害虫でありながら，オオゾウムシの生活は多くの謎に包まれている．

　ゾウムシ上科はゾウムシ科，キクイムシ科など15科からなり，鞘翅目の中でも巨大なグループである（平嶋ほか，1989）．これらのうち，長い口吻を持ち，普通に「ゾウムシ」と呼び慣わされるものには，ゾウムシ科の他に，ヒゲナガゾウムシ科，ミツギリゾウムシ科，オトシブミ科，オサゾウムシ科などがある．ゾウムシ類には多くの穿孔性昆虫が含まれる．例えば，シラホシゾウムシ類 *Shirahoshizo* spp.，マツキボシゾウムシ *Pissodes nitidus*，クロキボシゾウムシ *P. obscurus*，マツアナアキゾウムシ *Hylobitelus haroldi* の幼虫はマツ類の衰弱木ないしは新しい枯死木の樹皮下に棲み，内樹皮を食べて育つ．クスアナアキゾウムシ *Dyscerus orientalis* はクスノキやシキミなどの若齢木の根際部の内樹皮を摂食する．ゾウムシ科キクイゾウムシ亜科やヒゲナガゾウムシ科の一部の種は枯死木の材に穿入することが知られている．

　オオゾウムシが属するオサゾウムシ科には，貯蔵穀物害虫として知られるコクゾウムシ *Sitophilus zeamais* なども含まれるが，多くの種はサトウキビやヤシ類，あるいはバショウ類などの単子葉植物の主に生きた組織を摂食する．近年，南西日本各地でヤシ類の害虫として取り沙汰されているヤシオオオサゾウムシ *Rhynchophorus ferrugineus* は，生きたヤシの樹幹頂部の新葉展開部を食害し，枯死させる（佐藤・伊禮，2003）．一方，コクゾウムシ類にはタケ類の枯死部に付くものがあり，またキクイサビゾウムシ類の多くの種は枯死木から見つかる（森本，1984）．これらの種は，オオゾウムシと同様，死んだ植物の組織を利用するものであろう．これらの種の幼虫にとって餌は栄養的には不利と考えられるが，オオゾウムシの体は極端に大きい．

　オオゾウムシの加害樹種は多く，寄主植物としてマツ類，スギ，ヒノキ，サワラ，モミなどの針葉樹の他に，クリ，カシワ，ナラ類，カシ類，

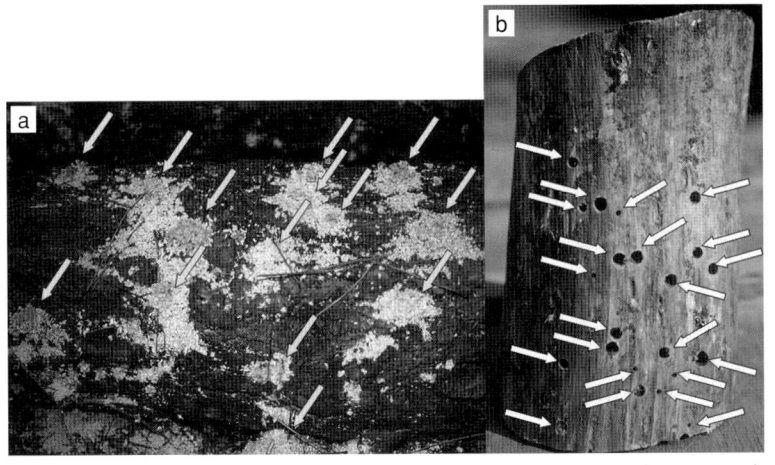

写真1　クロマツ丸太の樹皮表面上のオオゾウムシ幼虫のフラス（a）と材の表面に現れた穿入孔（b）．

ブナ，ニレ，サクラ，ヤナギ類などが記録され，北海道ではトドマツ，エゾマツの衰弱・枯死木にも加害する．これらのうち，筆者の経験した範囲内ではマツ類（アカマツ，クロマツ，リュウキュウマツ）枯死木への加害が最も普通である．古い文献（日高，1932）ではオオゾウムシに「くりのおうぞうむし」という別名が付されており，条件によっては広葉樹をよく加害するものと想像されるが，筆者はオオゾウムシによる広葉樹の加害を確認していない．以下の観察や実験結果は，アカマツ・クロマツ・リュウキュウマツの枯死木や伐倒丸太で得られたものである．

2．坑道の中のオオゾウムシ

オオゾウムシの産卵行動についてはよくわかっていない．日高（1932）は「（口吻で？）樹皮に小さき孔を穿ちその孔底に一粒ずつ産卵す」と述べているが，産卵孔のようなものは作らず外樹皮の隙間に卵を産みつけていくのではないかと推測する論者もある．孵化した幼虫が排出するフラス（木くず状の虫糞：写真1a）は外部に開口した小孔からではなく外樹皮の隙間からもれ出るような形になっているので，オオゾウムシの卵は外樹皮の隙間（あるいはそこに作られた産卵孔）に生みつけられるものと筆者は考えている．オオゾウムシ成虫に飼育下で産卵さ

せることは難しいため,産卵行動の詳細や産卵痕の形状,好適な産卵条件,産卵スケジュールなどは明らかになっていない.

　オオゾウムシの幼虫の存在は,枯れ木や切り株の樹皮表面に排出される大量のフラス(写真1a)によって容易に知ることができる.幼虫が排出するトノコ状のフラスは,摂食されている材の色に応じて明黄色から茶色まで色調を変え,また水分が多い場合にはクリーム状に見えることもあるが,形状と量の多さから他種昆虫によるものとの識別は容易である.なお,成虫として脱出が近い穴からは細長い木くず状のフラスが排出される.

　過湿な材でオオゾウムシが多く発生することはよく知られている.アカマツ・クロマツの枯死立木の幹では地際近くのみが加害される場合が多く,地上1.5 mを超えるとほとんど加害は見られなくなる.また,切り株にはしばしばオオゾウムシが高い密度で穿入している.これらは材の含水量を反映したものだろう.

　枯れ木や切り株から大量にフラスが排出されていても,その排出口は樹皮表面からではなかなかわからない.樹皮を剥ぐと材の表面にはオオゾウムシの坑道(孔道)が現れ(写真2b),これに接した樹皮の内側はすり鉢状にくぼみ,一番深いところに小さな排出口がある.この排出口の外側は外樹皮に覆われていて外側からは見えないようになっている場合が多い.このように,オオゾウムシの幼虫は外界に体をさらすことなく生活してる.

　オオゾウムシの卵は長径2.5 mm,短径1 mm程度の長円形をしている.孵化直後の幼虫は確認していないが,筆者の調べた範囲で最小の幼虫は6月から7月に産卵された丸太を8月に調査した際に発見された頭幅(頭蓋の最大幅)1.16 mmの個体で,直径1.78 mmの坑道に生息していた.老熟すると幼虫は体長2 cm程度,頭幅3〜5 mmになる.

　幼虫の体は茶色の頭部と乳白色で肉質の胴部(胸部+腹部)からなる(口絵5b).胴部は後端が急激に細くなり,尾端に6本の突起がある.胸脚はない.胴部の最大幅は坑道の直径より大きいため,坑道内で幼虫は内壁に密着した状態になっている(写真2a).幼虫の前進能力は高く,握った手の中の幼虫は指の隙間に頭部をねじ込み,蠕動運動で通り抜ける.また,坑道内の幼虫の頭部は材の表面側を向いている場合も最奥部

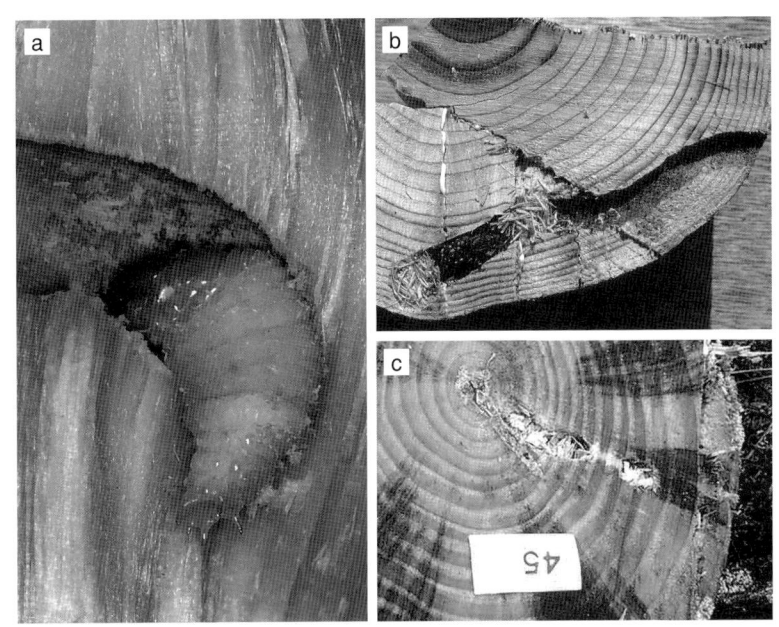

写真2　オオゾウムシ幼虫とその坑道.
a：坑道内のオオゾウムシ幼虫．b：辺材に掘り進められた坑道．最奥部の蛹室に成虫がいる．c：中心部までまっすぐ掘り進められた坑道．

側を向いている場合もあるので，幼虫は坑道内でUターンできると考えられる．

　オオゾウムシ幼虫の坑道は，はじめ直径2〜3 mmで，長さは1 cm未満しかない．この時点から，坑道は材の中心に向かって掘られている．幼虫は材を食べながら坑道を掘り進め，同時に坑道の直径を大きくする．その過程で坑道内の位置により直径が大きく異なることはない（写真2b）．このことから，幼虫は坑道内を行き来しながら均等に食べ広げていると考えられる．フラスが坑道内に溜まることはない．材の表面近くにやってきた幼虫により随時排出されるのであろう．

　オオゾウムシの坑道について，日高（1932）は「始め木の中心に向かい円孔を穿ち，心材の付近に至りて年輪に沿って迂回穿孔する」と述べている．この記述は，オオゾウムシが心材の特性（例えば，低い栄養価や堅さなど）に反応することを示唆する．しかし，筆者の観察では，オオゾウムシの坑道は一貫して辺材に掘り進められることもあれば（写真

写真3　オオゾウムシ成虫の脱出孔.
　　　a：リュウキュウマツの枯死立木の樹幹の脱出孔．この木では地上約1.5 mの部位まで脱出孔が見られた．b：テーダマツ伐倒木上の脱出孔．

2b)，中心近くを通って直線的に掘り進められることもあり（写真2c)，「心材近くで迂回する」ことが一般的ではない印象を受けた．ただし，ここで対象とした寄主樹木はアカマツ・クロマツのみであり，また辺材と心材を厳密に区分する作業は行わなかったので，オオゾウムシが心材を避けるかどうかについてはまだ検討の余地がある．なお，坑道は蛇行したり，途中で分岐したり（ただし，分岐する坑道の一方は利用されなくなったようで，坑道の直径が小さいままであった)，材内で別の個体の坑道に連結して終わっている場合もあった．あるいは，丸太を貫通した状態の坑道内で幼虫が生息していたこともあった．オオゾウムシ幼虫の坑道は，加害する材の条件や他個体の存在などの生物的な条件に反応してさまざまに形状が変化するものと考えられる．

　十分に成長すると幼虫は坑道内をフラスで仕切って蛹室を作り，その中で頭部を材の表面側に向けて蛹化（口絵5c)，さらに羽化する．蛹室は坑道の最奥部に作られる場合もあるが，坑道の中央部に前後を仕切って作られる場合も多い．この頃までに，坑道は直径5〜10 mm，長さ10

～20 cmに達する．羽化した成虫は坑道の末端を覆っていた外樹皮を円形にくり抜いて（脱出孔：写真3），外界へ出る．

3．オオゾウムシの生活史

(1) よくわかっていない生活史

オオゾウムシの生活史について，日高（1932）は「経過は未だ明らかならざるも」と前置きした上で，越冬した成虫が4月から7月に衰弱木や伐倒木に産卵し，それらに由来する幼虫が1回越冬して，翌年の8月から9月に蛹化し，10月に成虫となって木から脱出し，さらに成虫として越冬して翌年繁殖を行う，と述べた．

これに対して，Furuta（1972）は東京都八王子市のクロマツ林でのオオゾウムシ成虫および幼虫の分布様式の調査に関連して，産卵された年の秋までに羽化し，木から脱出したオオゾウムシ新成虫があったことを記している（翌年以降の脱出成虫の有無については記述がない）．この観察例は産卵の翌年に成虫が羽化して木から脱出するという日高（1932）の記述と矛盾する．また，茨城県内のスギ丸太の穿入害虫調査から，岸（1986）はオオゾウムシの産卵期を5月から9月までとしたが，これは日高（1932）が示した時期より遅くて，長い．

このように，オオゾウムシの生活史については，産卵から成虫になるまでの期間や産卵期間という，基本的な点についてすら研究者間で見解が一致していない．特に，産卵時期を明確にすることは，木材に対するオオゾウムシの穿孔被害回避という応用的な見地から重要である．

野外における成虫の活動時期は産卵時期と深い関わりがあると思われる．黒ビール（またはビール）を誘引餌としたピットフォール・トラップ（pitfall trap）（地表に設置した落とし穴型の昆虫捕獲器）を用いて成虫の活動時期が各地で調べられた．その結果，成虫の捕獲された時期は，大分県では4月下旬から10月上旬のまでの間で捕獲のピークは6～7月（室，1996），岐阜県では6月中旬以前から9月上旬以降までで，そのピークは6～7月（野平・小川，1990），北海道では5月下旬以前から9月下旬以降までで，そのピークは8～9月（鹿戸ほか，2003）であった．オオゾウムシの産卵は7月（日高，1932）あるいは9月（岸，1986）以降にはないとされているが，成虫の活動は9月から10月まで続いており，

被害回避の観点から，この時期に産卵がないことを確実に明らかにしておく必要がある．

（2）産卵時期

　大分県久住町のアカマツ林（標高約800 m）で多数のオオゾウムシが生息していることを確認した．そこで，オオゾウムシの産卵時期を特定するために，3月から10月まで，アカマツまたはクロマツの新鮮な丸太10本を林床に1カ月（ただし，3月末に設置した丸太は2週間）ずつ置いてオオゾウムシが産卵できるようにした．さらなる産卵を防ぐために，このように暴露した丸太を網袋に個別に入れ，林内の網室に収容した．丸太を林床に置いてから1カ月後，3カ月後，その年の11月，翌年の5月と11月に丸太を2本ずつ抜き取り，剥皮割材してオオゾウムシの生息状況を調べた（Nakamura et al., 2000）．オオゾウムシの生息は3月30日から4月14日に林床に置いた丸太ですでに認められ，9月14日以降に置いた丸太では確認されなかった（図1）．これとは別に，2月下旬から5月中旬にかけて2週間間隔で新鮮な丸太を林床に置いたところ，オオゾウムシは5月上旬以降に設置された丸太でのみ確認された．これらのことから，この調査地のオオゾウムシの産卵は4月上旬から5月上旬に始まり，6月から7月にピークとなり，ほぼ8月いっぱいで終息するものと推定された．

　推定された産卵期間は，日高（1932）が示した期間（4月から7月まで）より長く，むしろ茨城県での調査例（5月から9月まで）（岸，1986）に近かった．これは，調査地が九州の中でも冷涼な地域であったことによるものだろう．いずれにせよ，オオゾウムシの産卵は，春から夏までの長い期間に起こり，初夏に活発になることが確認された．秋以降に産卵がないことは，これまでの報告と同様であった．

　産卵の開始時期は，大分県でのオオゾウムシ成虫の活動開始時期（室，1996）とほぼ同じであり，成虫は越冬明け直後から産卵を行うと考えられた．また，室（1996）によると，ピットフォール・トラップで捕獲されたオオゾウムシ雌成虫の平均蔵卵数は5月から9月までの間ほぼ一定であったが，8月までに捕獲された雌で見られた大きな卵（長径1.5 mm以上）は9月に捕獲された雌ではみられなかった．このことは，オ

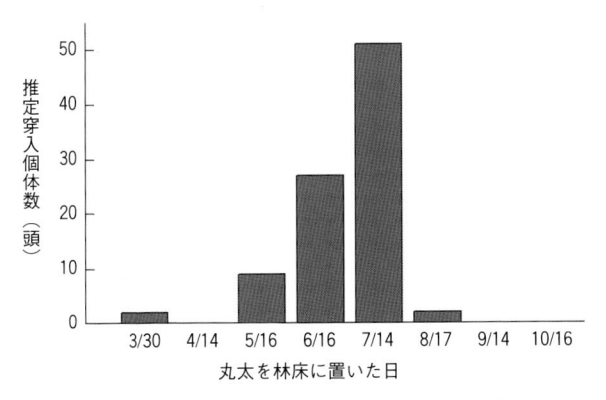

図1 異なる時期にアカマツ林の林床に置かれたアカマツまたはクロマツ丸太に穿入したオオゾウムシの推定個体数（1995年）．3月30日に設置した丸太は2週間，4月14日以降に設置した丸太は1カ月間林床に置いて野外のオオゾウムシに産卵させた後，以後の産卵を防ぐ林内網室に収容し，翌年11月まで5回に分けて回収・調査した．丸太内で発見された坑道において，オオゾウムシまたはその死体が確認されなかった場合，直径3mm未満の坑道はキクイムシ類のそれと区別ができないため計数から除いた．直径3mm以上の坑道については，それにオオゾウムシが生息していたものと見なした．5回の調査で丸太から見つかったオオゾウムシ生存ないし死亡個体数と直径3mm以上のオオゾウムシのいなかった坑道数の合計をもって推定穿入個体数とした．

オオゾウムシが9月以降に産卵しないという実験結果と一致する．夏以降にオオゾウムシは卵巣内の卵の成熟を抑制しているのかもしれない．

（3）産卵時期とその後の発育

　前述のように，異なった月に産卵された丸太をいくつかの時期に調査することによって，産卵時期と発育の関係が明らかになった（Nakamura et al., 2000）（図2）．設置時期によりオオゾウムシのいない丸太があったため，産卵時期ごとにすべての発育段階を確認できたわけではなかったが，興味深い結果が得られた．

　4月に産卵された丸太では当年の11月に幼虫と成虫が，翌年の5月には成虫が確認できた．ただし，この成虫は前年11月に丸太から脱出し，網袋の中で越冬したものかもしれない．6月に産卵された丸太では9月に幼虫と蛹が，翌年の11月には幼虫と成虫が見られた．7月に産卵された丸太では翌年5月まで幼虫のみが見られたが，2年目の11月には蛹が確認された．これらのことから，6月以前に産卵されたオオゾウムシは

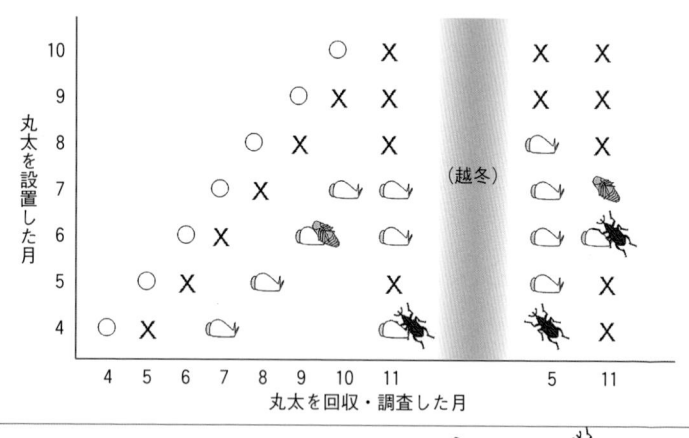

図2 異なる時期にアカマツ林の林床に置かれたアカマツまたはクロマツ丸太内でのオオゾウムシの発育．丸太を1カ月間林床に置いて野外のオオゾウムシに産卵させた後，そこから脱出する成虫をトラップするための網袋に個別に入れ，以後の産卵を防ぐ林内網室に収容した．時期を分けて丸太を回収して材内のオオゾウムシと網袋内の脱出成虫を調査した．

そのシーズン中に発育を完了することができることが判明した．しかし，多くの個体は産卵された年の11月や翌年の5月でも幼虫であり，幼虫で越冬したことがわかる．産卵された年の翌年の11月でも少数の幼虫，蛹，成虫が材内で生存していた．このことは，オオゾウムシは産卵された翌年の秋に羽化することがあり，また幼虫で二度越冬する可能性を示している．産卵時期が7月以降になると年内の蛹化は見られなかったので，産卵時期が遅くなれば年内に成虫まで発育できなくなるようである．しかし，産卵時期が早ければ早く発育を完了するというわけでもないようである．

　上の実験では丸太内で見つかったオオゾウムシの数が少なく，発育の変異が定量的にはわからなかった．そこで，調査地でのオオゾウムシの産卵の最盛期である6月から7月に多数の丸太を林床において成虫に産卵させ，より多くの虫の発育を調べた（Nakamura and Lang, 2002）．丸太は林床に置いた1カ月後に脱出成虫捕獲用の網袋に入れた上，以降の産卵を防ぐために林内の網室に収容した．産卵された年の11月には多数の幼虫に加えて1頭ずつの蛹と成虫が丸太の中にいたが，脱出した成

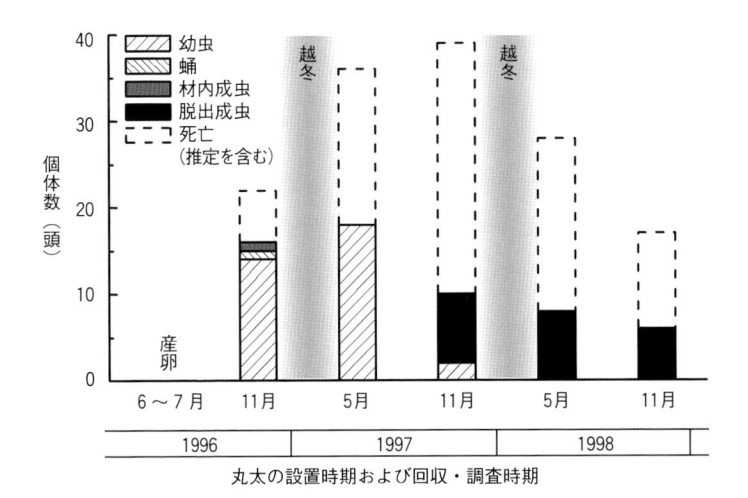

図3 オオゾウムシの発育の変異．1996年の6〜7月にアカマツ林の林床にアカマツ丸太を置いて野外のオオゾウムシに産卵させた．その後の産卵を避けて林内に丸太を置き，産卵の翌々年の11月まで随時調査を行った．丸太内で発見された坑道において，オオゾウムシまたはその死体が確認されなかった場合，直径3mm未満の坑道はキクイムシ類のそれと区別ができないため計数から除いた．直径3mm以上の坑道についてはオオゾウムシによって作られたものと判断し，その数を死亡数に含めた．1998年5月および11月回収丸太の脱出成虫は，1998年3月以前に丸太から脱出していたものである．

虫は確認できなかった（図3）．このことは，オオゾウムシは幼虫で越冬するだけでなく，蛹と成虫でも越冬する可能性を示している．しかし，産卵の翌年の5月の調査では脱出成虫は見つからず，材内からは幼虫のみが確認された．産卵の翌年の11月には8頭の脱出成虫と，2頭の幼虫が丸太の中で見つかったが，その次の年の5月には丸太の中で生存している個体が見つからなかった．このため，幼虫で2回越冬するかどうかを確かめることができなかった．なお，産卵の翌々年の脱出成虫はその年の3月に網袋内で見つかったものであり，前年（産卵の翌年）の秋に丸太から脱出していたものと考えられる．

　この実験では，確認された成虫の大半は産卵の翌年の秋に脱出していた．したがって，この調査地におけるオオゾウムシ成虫の脱出は産卵の当年より翌年に多いと考えられた．しかしながら，沖縄県や鹿児島県の材線虫病の被害林では，夏に枯死したクロマツ・リュウキュウマツで，その年の秋にオオゾウムシの脱出孔が見られる場合がよくある．このことは，これらの地域でオオゾウムシが産卵当年の秋に成虫として脱出す

ることが少なくないことを示している．上の実験で産卵の翌年に脱出する成虫が多かったのは，調査地が九州の中でも寒冷な地域であったことを反映しているのかもしれない．あるいは，実験に使った丸太は枯死立木に比べてオオゾウムシの餌としての質が劣り，成長が遅くなったのかもしれない．

　6月から7月に産卵された個体の成長を明らかにするために，幼虫の頭幅と幼虫の坑道の直径を調べた（Nakamura and Lang, 2002）．頭幅も坑道サイズも産卵の2カ月後より4カ月後に大きくなっていたが，それ以降は変化しなかった．つまり，オオゾウムシは産卵の4カ月後には幼虫としての成長は完了すると考えられた．十分成長した幼虫が産卵された年に羽化して丸太から脱出したり，その翌年の秋まで幼虫でいたりする機構はまったく不明である．

　オオゾウムシの発育や脱出時期は単純に説明できるようなものではないようである．

（4）材内での死亡要因

　坑道は，その中にオオゾウムシ（死体を含む）がいなくても，オオゾウムシが生息していた証である．したがって，ある調査時に見られた「すべての坑道数」に占める「生存虫のいた坑道の数」の割合は，坑道を作るまでに成長した幼虫の生残率に相当すると考えることができる．

　6月から7月に産卵されたオオゾウムシの丸太内での生残率は産卵された年の冬までは高く70％以上であったが，その翌年の春には50％程度となり，秋までに約5％に低下した（図3）．2回越冬した後では丸太内に生きた個体は見られず，生残率はゼロとなった．このように，丸太内でのオオゾウムシの生残率は産卵された年は高いが，産卵から1年以上経つと急激に低下した（Nakamura and Lang, 2002）．

　生存個体のいない坑道では，幼虫の頭蓋（またはその一部）や体がバラバラにされた成虫を見つけることがあった（写真4a）．このような坑道は生存個体の確認されなかった坑道の約3割に達した．これらの個体は捕食者に食べられたと考えられ，実際，調査中にオゾウムシの坑道から捕食者のオオコクヌスト *Trogossita japonica* の幼虫（写真4b）が発見されたことがあった．坑道内でオオコクヌスト幼虫とそれが摂食した

写真4　捕食を受けたオオゾウムシ幼虫の死体（a）とオオゾウムシの坑道にいたオオコクヌスト幼虫（b）．

（写真a内ラベル：破損した頭蓋／フラスの付着した胴部）

とみられるオオゾウムシ幼虫の死体が一緒に見つかることもあった．この実験ではオオゾウムシ産卵後の丸太は金網で二重に外界から隔離されていたため，オオコクヌストのような捕食者が自由に丸太に産卵できるのは隔離前の1ヵ月間に限られていた．このように隔離されていなければ，捕食者によるオオゾウムシの死亡はさらに多くなっていただろう．オオコクヌストのような捕食性天敵は坑道内のオオゾウムシの重要な死亡要因と考えられる．

　他に，数は多くなかったが，幼虫の胴部の表皮だけが残る死体や黒い蛹の死体が見つかった．また，坑道が白いカビに埋め尽くされ，その中で幼虫が死んでいる場合もあった．坑道内では病気による死亡も起こっているようであった．

4．粗食を大食いで補う？

　オオゾウムシ幼虫は材を食べる．材は一般に栄養価に乏しく，消化も困難である．このような食物によってどうしてあのように大きな成虫になることができるのであろうか？

　貧栄養な材を利用する昆虫の中には，菌類を利用して栄養価の改善を

8章　枯死材をめぐるオオゾウムシの生活——119

はかるものがある．オオゾウムシのいる材は十分に湿っていることから，坑道内に糸状菌が発生し，幼虫はそれを利用している可能性が考えられる．しかし，幼虫の坑道の内壁は材が露出しており，養菌性キクイムシ類の坑道のように糸状菌で変色しているようなことはない（写真2a, b）．材を変色させない糸状菌が関係している可能性は否定できないが，とりあえず糸状菌がオオゾウムシに不可欠な食餌源になっていると考える積極的な証拠はない．

腐朽した材には多くの種の昆虫が生息している．リグニン等の消化しにくい高分子が腐朽菌によって分解され，昆虫にとって利用しやすい餌資源となっているからであろう．腐朽の進行により窒素含有率が上がり，餌としての利用価値が高まるという効果も期待できる（荒谷，2002）．しかし，オオゾウムシは枯死直後あるいは伐倒直後の木に産卵する場合が多い．新しいマツ枯死木の匂い成分をまねた誘引剤にマツノマダラカミキリ *Monochamus alternatus* とともにオオゾウムシがよく誘引される．オオゾウムシ成虫は新しい枯死木を積極的に選択していると考えられる．このようなオオゾウムシが腐朽による材の餌資源としての質的向上の効果を享受しているとは思えない．

家屋害虫として知られるヤマトシロアリ *Reticulitermes speratus* やイエシロアリ *Coptotermes formosanus* は腸内の原生動物と共同してセルロースを消化する（山岡，2000）．オオゾウムシを含めて，材穿孔性のゾウムシの材の消化に体内共生微生物が関係しているかどうかは不明である．この点は，これらの虫の生活を理解する上で重要であろう．

鎌田（2005）は穿孔性昆虫の貧栄養な餌資源への適応の1つとして「ひたすら耐える戦略」を挙げた．餌資源の栄養価の改善をはかることなく，ただ時間をかけて条件の悪い餌を食べ続け，生活史を全うするという生き方である．共生微生物の存在が確認されていない段階では，オオゾウムシと餌資源との関係をこの文脈で捉えるのが適切であろう．しかし，オオゾウムシの幼虫期間は数カ月からせいぜい1年あまりで，栄養的に有利な内樹皮を摂食する他の穿孔性昆虫などと比べても遜色ない．また，オオゾウムシは材の乾燥には弱いらしく，例えば旺盛にフラスを排出している丸太を乾燥した網室に数カ月置くと脱出成虫はまったく発生しなくなる．この点，乾燥した材の中で幼虫期間をのばして耐えるト

ラカミキリ類とは異なる．むしろオオゾウムシは，貧栄養な材のうちで含水量の高い部分を選び，大量に摂食することで，その餌資源の栄養価の低さ，消化の悪さを補っているのかもしれない．幼虫の摂食量という観点からオオゾウムシと他の穿孔性昆虫が比較されたことはなく，この仮説はまだ発想の域を出ない．しかし，個々のオオゾウムシの坑道から排出される大量のフラスは，この仮説に期待を抱かせる．

5．新しい枯死材という資源にたどり着くために

　オオゾウムシ幼虫の食べる新しい枯死材は貧栄養で消化しにくい．しかし，栄養条件が悪いため内樹皮や腐朽の進んだ材を食べる昆虫に比べ競争者が少ない．実際，オオゾウムシが坑道を掘り進めている丸太や切り株を調査して，シロアリ類以外にオオゾウムシと競合できるほどに材を摂食している穿孔性昆虫を見つけることはない．オオゾウムシは，湿潤な新しい枯死材という資源をほぼ独占的に利用している．

　マツ材線虫病の流行によって，オオゾウムシの増殖に好適な枯死木が大量に発生するようになった．しかし，これは侵入病害によってもたらされた例外的な状況であって，本来衰弱・枯死木という資源は予測可能性に乏しく，量的にも多いものではなかったはずである．そのような資源を利用する上で，針葉樹から広葉樹まで広い樹種を利用できることはオオゾウムシの存続に有利な特性であっただろう．また，オオゾウムシは成虫の寿命が長く，産卵期間が春から夏までの長い期間にわたる．このことは，まれに発生する餌資源を確実に利用する上で有効であろう．オオゾウムシの発育期間は，産卵された年に成虫となる個体と翌年成虫になる個体が混在する，変異の大きなものであった．幼虫期間が長くなることは，オオコクヌストによる捕食や，材の乾燥による死亡の可能性を高め，個体にとって不利である．しかし，成虫の発生時期を時間的に分散させることは，オオゾウムシのある世代が翌年発生するとも翌々年発生するともわからない枯死木にたどり着く上で有利に働くであろう．

　広食性で，産卵期間が長く，発育期間の変異が大きいというオオゾウムシの生態は，新しい枯死材という資源を利用するために洗練されてきたものなのかもしれない．

参考文献

荒谷邦雄（2002）腐朽材の特性がクワガタムシ類の資源利用パターンと適応度に与える影響．日本生態学会誌 52: 89-98.

Furuta, K. (1972) The change of the distribution pattern of the large weevil, *Hyposipalus gigas* Fabricius (Coleoptera: Rhynchophoridae) within a single generation – a preliminary note. *Res. Popul. Ecol.* 13: 216-221.［世代内におけるオオゾウムシの分布様式の変化］

日高義實（1932）おほぞうむし（くりのおうぞうむし）．管内ニ於ケル造林試験乃調査ノ概要（熊本営林局編）．熊本営林局，熊本．pp. 141-145.

平嶋義宏・森本 桂・多田内修（1989）昆虫分類学．川島書店，東京．597 pp.

鎌田直人（2005）昆虫たちの森．東海大学出版会，秦野．329 pp.

岸 洋一（1986）スギ丸太害虫の加害時期と予防法．日林関東支論 38: 177-178.

森本 桂（1984）オサゾウムシ科．原色日本甲虫図鑑Ⅳ（林 匡夫・森本 桂・木元新作編）．保育社，大阪，pp. 345-348.

室 雅道（1996）ビールトラップによるオオゾウムシ捕獲調査．日林九支研論集 49: 123-124.

Nakamura, K. and X. Lang (2002) Development and survivorship of the Japanese giant weevil, *Sipalinus gigas* (Fabricius) (Coleoptera: Rhynchophoridae), in cut pine bolts. *Appl. Entomol. Zool.* 37(1): 111-115.［マツ丸太内におけるオオゾウムシの発育と生残］

Nakamura, K., S. Makino and S. Sato (2000) Occurrence and development of the Japanese giant weevil, *Sipalinus gigas* (Fabricius) (Coleoptera: Rhynchophoridae), in cut pine bolts set in a forest stand at different times. *Appl. Entomol. Zool.* 35(4): 345-349.［時期を違えて林内に設置されたマツ丸太におけるオオゾウムシの発生と発育］

野平照雄・小川 知（1990）ベイトトラップに集ったゾウムシ類：マツ林での場合．日林中支論 38: 165-166.

佐藤嘉一・伊禮英毅（2003）九州・沖縄に侵入してきたヤシ類害虫．森林科学 38: 46-51.

鹿戸輝雄・泉征三郎・堀部 敏・棟方清志・日浦祐子・鳥居宏臣（2003）オオゾウムシの捕獲調査について．森林保護 290: 11-13.

山岡郁雄（2000）微生物利用による昆虫の栄養摂取：シロアリと原生動物．森林微生物生態学（二井一禎・肘井直樹編）．朝倉書店，東京．pp. 102-113.

9章
穿孔性昆虫を利用する寄生バチ

浦野忠久

樹幹の中で生活する穿孔性昆虫には寄生バチがいる．寄生バチは見えない樹幹内の穿孔性昆虫をどのように発見し，それを利用するのか？

1. 樹の中の虫に寄生するハチ

(1) 寄生バチの起源は樹幹の中

　樹幹内に生息する穿孔性昆虫の天敵には寄生バチがいる．本章ではそのような寄生バチの生態について紹介する．通常寄生バチは，他の昆虫（寄主）に卵を産み付け，孵化した幼虫が寄主から栄養を摂取して発育する．すべての寄生バチは最終的に寄主を殺してしまうため，捕食寄生者とよばれる．また幼虫が寄主体の外側（体表面）に寄生するか，体内に寄生するかによって外部寄生性と内部寄生性に分けられる．外部寄生の場合は卵や幼虫の脱落を防ぐために，産卵に先立って母親が寄主に毒液を注入し，麻痺させることが多い．一方内部寄生の場合は寄主体内に産み込まれたハチ卵が孵化し，幼虫がある程度の大きさになるまでは寄主を生かしておく場合が多い．内部寄生性の寄生バチの寄主は食葉性昆虫など外界に露出し，捕食を受けやすい環境に生息することが多く，外部寄生性の寄生バチの寄主は外界から隔離された植物組織内などの比較的安定した環境に生息する場合が多い．穿孔性昆虫は植物体内（樹木の樹皮下）に生息しており，それを寄主とする寄生バチも大半は外部寄生である．

　寄生バチの歴史は，「原始的なキバチ」が材内に同居する他の昆虫に外部寄生したことから始まったらしい（前藤，1993）．これには異論もあるが，現存する寄生バチの中で原始的なグループがタマムシやカミキリムシ，キバチなどの穿孔性昆虫の幼虫に外部寄生していることがその根拠とされる．その後内部寄生性の獲得や穿孔性昆虫以外の昆虫への寄主転換によって，あらゆる昆虫を寄主として利用することができるようになった．

(2) マツの穿孔性昆虫の寄生バチの生活

　材線虫病で枯れたアカマツ，クロマツの樹皮下には，マツノマダラカミキリ（7章）だけでなく，数多くの穿孔性昆虫が生息している．これらのほとんどは鞘翅目のカミキリムシ，ゾウムシ，キクイムシの各科によって占められる．本章で取り上げるのは，これらの幼虫に寄生するコマユバチ科の寄生バチである．その中でもキタコマユバチ *Atanycolus*

写真1　A：キタコマユバチの成虫（左：雌，右：雄），B：卵，C：シラホシゾウ属幼虫を摂食する幼虫，D：繭.

genalis（= *initiator*）（写真1A）は日本国内で最も普通に見られる．この章では，本種を中心として寄生バチの寄主探索，寄主の利用様式，樹幹内における他種との関係について明らかにする．

　キタコマユバチ成虫は体長3.3～11.0 mmで，卵から蛹まで樹幹内で過ごし，成虫は樹幹の外で自由生活を送る．この点は寄主の穿孔性昆虫の生活とほぼ同じである．寄主は穿孔性のカミキリムシ科とゾウムシ科の幼虫である．成虫は4月から11月にかけてマツ林内で見ることができる．27℃の定温条件で雄の場合産卵から羽化までに約15日，雌の場合約17日かかる（Urano and Hijii, 1991a）．寄主となる穿孔性昆虫は多種にわたるため，1年を通して寄主が存在することになる．このことと成虫の活動期間（4～11月）と合わせて考えると，野外で年5，6世代は経過しているものと考えられる．越冬は老熟幼虫の段階で繭の中で行う．

　母親が樹幹上にとまり，樹皮の表面から樹皮下へ産卵管を挿入して寄主に産卵する（口絵6，寄主探索行動については次節参照）．卵（写真1B）は乳白色で細長く，卵の本体の長さは約1.5 mmである．卵の先端に長さ1 mmほどの細い柄部を有する．柄部はいわゆる「ブタのしっ

ぽ」のような丸まった形になることが多い．卵は寄主の体表面あるいは寄主から数cm以内の位置に見られる．産卵数は寄主1頭に1卵（単寄生）であるが，まれに2卵以上を産む場合がある．産み付けられた卵数にかかわらず，成熟幼虫まで発育するのは1頭のみである．卵は通常2日で孵化する．

孵化幼虫（1齢幼虫）は体長1.0～1.3 mmで脚を持たないが，体をくねらせて活発に動き回る．卵が寄主から離れている場合は，孵化幼虫が寄主体まで移動して寄生すると考えられる．実験的に樹皮を剥いで卵と寄主を取り出し，寄主の上に卵をのせても，孵化幼虫は寄主に食いつくことなく，寄主から離れてプラスチック容器の壁面を動き回って餓死することが多い．そこで寄主幼虫の周囲のフラス（寄主の糞と寄主のかじり取った木屑の混合物）を寄主の横に少量置いたところ，寄主から離れる孵化幼虫の数は大幅に減った．フラスの化学的成分が寄主の近くに留めたり，それを認識する手掛かりになっていると考えられる．

幼虫が寄主を食べ始めると（写真1C），寄主の体表面の上をほとんど移動することなく，寄主の内部組織を吸い取って成長し，寄主はどんどん小さくなって，最後にはキチン質の頭蓋と表皮だけが残る．この間に，幼虫は5齢を経過する．幼虫の発育期間は3日前後である．

摂食を終えた幼虫は口器から糸を吐いて繭を作り，その中で蛹になる（写真1D）．成虫の羽化後も数カ月間は樹皮下に繭は残存する．また，死んだ寄主の頭部は繭の近くに残されていることが多いため，成虫の羽化後でも寄主の種とその体サイズを推定することが可能である．蛹期間は5～9日である．

2．穿孔性昆虫の寄生バチの寄主探索行動

(1) 寄生が成功するまでの4段階

寄生バチが寄主を発見してから寄生するまでの行動およびその手掛かりとなる刺激に関して，食葉性昆虫の寄生バチで詳しい研究が行われてきた．それによるとハチが寄主探索から寄生に成功するまでの過程は，次の4段階に分けることができる（Doutt, 1959）．

　①寄主の生息場所の発見
　②寄主の発見

③寄主の認容
④寄主としての適合性

①は多くの場合寄主の餌である植物を特定する段階であり，視覚によりその植物の色や形などの物理的手掛かりを得る場合と，寄主に食べられることによって植物が放出する揮発性物質を手掛かりとする場合がある．②の段階では，ハチは寄主の生息場所において，寄主そのものまたはその存在を示す脱皮殻や糞などからの匂い刺激および寄主の存在に関わる視覚，音，振動などの物理的手掛かりによって寄主を発見する．③は発見した寄主が産卵に適しているかどうかを確認する段階である．すなわちその個体の体サイズや動きを確かめたり，他のハチによってすでに寄生されているかどうかを確認する．④は産み付けられた卵が寄主体内で寄生に成功するまでの段階で，内部寄生バチの場合は，寄主体内で卵が寄主の生体防御を免れて初めて寄生に成功したということができる．穿孔性昆虫の寄生バチの多くは外部寄生性なので，この段階は存在しない．

「①寄主の生息場所の発見」の段階では比較的距離の離れた場所まで届くような刺激が有効となる．キタコマユバチのような樹皮下穿孔性昆虫の寄生バチの場合，寄主の生息する枯死木を探索する段階に当たる．北米では，樹皮下穿孔性キクイムシ *Ips confusus* 成虫の寄生バチ *Tomicobia tibialis* は寄主の集合フェロモンに誘引され (Bedard, 1965)，キクイムシ *Dendroctonus frontalis* の幼虫の寄生バチ *Heydenia unica* はキクイムシの食害によってマツから放出される揮発性物質α-ピネンに強く誘引される (Camors and Payne, 1972)．α-ピネンとエタノールを取り付けた誘引トラップは，日本のマツ林でマツノマダラカミキリやその他の穿孔性昆虫およびその捕食性天敵オオコクヌストやカッコウムシを強く誘引する．ところが，このトラップによってキタコマユバチはほとんど捕獲できない (林野庁, 1981)．ここで注意しなければならないのは，穿孔虫類がマツそのものを餌とするのに対して，キタコマユバチなどの寄生バチはある程度成長した穿孔虫類の幼虫や蛹を餌にしており，両者の産卵時期の間に時間差があるということである．Kudon and Berisford (1981) は，キクイムシ *D. frontalis* の3，4齢幼虫に寄生する数種類の寄生バチが，α-ピネンやキクイムシの集合フェロモンに誘引

されずに，寄主の穿入した樹幹を通過した空気に反応することを実験的に示した．α-ピネンや集合フェロモンは，寄主による穿入以前や穿入初期に発生するので，ある程度発育した寄主幼虫に産卵する寄生バチにとって，それらの物質は利用可能な寄主の存在を示す手掛かりとはならないと考えられる．「寄主の穿入した樹幹」に由来する刺激は不明であるが，寄主のフラスが関係すると考えられる．

　食葉性昆虫の寄生バチでは視覚によって「②寄主の発見」を行うことが多いと予測される．穿孔性昆虫の寄生バチでも，キクイムシ成虫の寄生バチ *T. tibialis* は視覚を用いている可能性が高い．キタコマユバチは樹幹の表面から樹皮下の寄主幼虫に産卵管を差し込んで寄生する（口絵6）．そのような寄生バチでは，樹皮のために視覚によって寄主を発見することはできない．樹皮下に挿入した産卵管だけが寄主体に触れる．したがってキタコマユバチの雌成虫が樹皮下の寄主をどのようにして発見するのかが問題となる．

　キタコマユバチの寄主探索および産卵行動を観察するため，透明なプラスチックケースの底にゾウムシ幼虫1頭を置き，その上に10 cm四方に切ったアカマツ枯死木の樹皮を固定し，雌バチ1頭を放して行動を観察した．こうすると，樹皮上の雌バチの寄主探索行動だけでなく，ケースの底から樹皮下の産卵管の動きや産卵を観察することができる．その結果，キタコマユバチの樹幹上における寄主探索行動は以下の4段階に分けることができた．これらは Doutt の段階分けの②および③をさらに細かく分けたものに相当する．

(a) 広範囲な探索（口絵6 a）

　雌成虫は触角の先端で樹皮表面をたたきながら移動する．ケース内では探索範囲が狭いためか，この段階に要する時間は短く，雌は広範囲な探索をほとんど行わずにすぐに集中的な探索を開始する場合が見られた．

(b) 集中的な探索

　狭い範囲で体の向きを頻繁に変えながら，雌は触角を樹皮にこすりつける．樹皮の亀裂やゾウムシの幼虫が作る脱出準備孔に対して，特に集中的な探索を行う．このとき雌バチは寄主の真上かごく近い所にいることが多い．

(c) 産卵管挿入（口絵6 b～e）

　寄主の存在を確認すると，雌バチは産卵管を樹皮下に挿入する．このとき産卵管で樹皮を穿孔するというよりは，樹皮の亀裂および脱出準備孔を利用して，そこから産卵管を差し込む．樹皮の亀裂を利用する場合，産卵管が支障なく樹皮下に到達するような亀裂はあまり多くはないようである．雌が樹幹表面上で産卵管をほぼすべて差し込んでいるように見えても，ケースの裏側から産卵管は見えないことが多い．このような場合，雌は再度産卵管の挿入を試みていた．キタコマユバチの産卵管の長さは体長の約1.3倍ほどであるため，樹皮表面に産卵管を突き立てるためには倒立のような姿勢をとらなければならない．したがってこの行動にはかなりのエネルギーを要するものと思われる．ところがせっかく寄主の近くから産卵管を樹皮下に挿入できたとしても，産卵管の先端が寄主からずれた方向に行ってしまったり，挿入の間に寄主が移動して届かなくなる場合が多く観察された．その場合，一度産卵管を抜いて挿入し直すか，あるいはそのままの姿勢で寄主の側から近づいてくるのを待つ．後者の場合，数時間にわたって雌は静止していることがあった．

(d) 寄主に対する麻酔と産卵

　キタコマユバチの雌は産卵に先立って寄主に毒液を注入して麻酔する．ケースの底から観察していても，麻酔がいつ行われるのかはっきりしない．産卵管の先端が寄主に触れることが最低1回はあるので，この時に毒液を注入していると考えられる．寄主に毒液を注入したあと，産卵が行われる．卵は柄部から先に現れ，1～2分で卵全体が出現する．産卵の間雌バチはかなり激しく産卵管を振り動かす．卵の直径は最大0.2 mmほどであるが，産卵管の直径は外径で0.04 mmしかない．したがって卵は産卵管内を通過する間にかなり細長く変形する．卵の柄部は雌バチの卵巣小管内では真っすぐな形であるが，産卵後の柄部は「ブタのしっぽ」のように丸まっている（写真1 B）．これは産卵管内でかかる力によるのではないかと推測される．

(2) 樹皮下の寄主の発見

　樹皮下穿孔性昆虫の寄生バチは，樹皮表面から産卵管を樹皮下に挿入して産卵を行うため，寄主を視覚的に確認できない．これらのハチに樹

皮下から取り出した寄主を直接与えても，寄生することはできない．では樹皮表面上で寄主探索を行うとき，寄生バチは何を手掛かりに樹皮下の寄主の存在を認識するのであろうか．これに関して，古くからキクイムシの寄生バチを材料に実験が行われ，3つの説が提出されている．

①振動説

もっとも古い説では，雌バチが樹皮下の寄主の動きあるいは摂食行動による振動（音）を感知するという．Deleon (1935) がコマユバチ科の *Coeloides brunneri* の行動観察からこの説を提出した．Ryan and Rudinsky (1962) は，樹幹から剥ぎ取った樹皮の上に *C. brunneri* 雌成虫を放して，樹皮の裏側を針でこすったところ，産卵管を樹皮に突き立てたと報告した．しかし Richerson and Borden (1972) はこの実験を追試し，ハチが何の反応も示さないことを示した．また，-50℃で寄主を殺した丸太でも産卵が行われたこと，そして高感度マイクでは寄主幼虫が樹皮を噛むときの音を検出できなかったことから，振動説を否定した．Mills *et al.* (1991) は，新しい丸太に寄主（キクイムシ）幼虫を接種してコマユバチ科の *Coeloides bostrychorum* と *Dendrosoter middendorffi* の雌成虫に与えたところ，寄主は樹皮下を摂食しているにもかかわらず，48時間にわたってまったく産卵行動を起こさなかった．このことから，彼らは振動は寄主の存在を示す刺激にならないと述べている．しかしながら穿孔性昆虫以外の昆虫を寄主とする寄生バチには，寄主の発する振動が産卵行動の解発因であると考えられる種が多く存在する（Meyhöfer and Casas, 1999）．

②代謝熱説

Richerson and Borden (1972) は，*C. brunneri* における振動に代えて寄主の代謝熱を挙げた．彼らはサーミスタ温度計で樹幹表面温度を計測し，ハチが産卵管を挿入した位置とそこから4方向に触角の長さだけ離れた位置との間に有意な温度差があることを明らかにした．そして，樹皮下の寄主が孔道内で動くことによって代謝熱が発生し，それが樹皮表面に伝わり「ホットスポット」を形成すると推測した．この説を検証するために，新しい丸太を縦方向に割り，割材面から形成層に達する穴をあけて，樹皮下に寄主幼虫とほぼ同じ大きさの電熱線コイルを埋め込み，樹皮表面を周囲4方向より1～3℃高くして雌バチに与えたとこ

ろ，コイルの真上で産卵管を突き立てる行動が観察された．これに対して Mills *et al.* (1991) は *C. bostrychorum* の産卵管挿入位置とその周囲との間に有意な温度差を認めることはできなかった．彼らはキクイムシ穿入丸太の表面をスキャナで測定し，温度分布は樹皮の凹凸とほぼ一致して，いわゆる「ホットスポット」は存在しないことを示した．このことから，*C. bostrychorum* においては寄主発見の手掛かりとなる刺激は代謝熱ではないと結論付けた．

③化学的刺激説

Mills *et al.* (1991) は *C. bostrychorum* の寄主発見が寄主の振動や代謝熱によらないことを確認してから，次のような実験を行った．まず寄主幼虫が摂食している丸太から寄主を取り出し，樹皮を元に戻して雌バチに与えたところ，最低24時間ハチは寄主探索と産卵管挿入を行った．したがって寄主穿入丸太には寄主が存在しなくてもハチの産卵行動を解発する刺激が残ると考えられた．次に寄主幼虫の摂食丸太をパラフィルムで包んでからハチに与えると，最初の24時間は探索行動を行わなかったが，その後は行動を開始した．このことから，寄主の手掛かりとなる刺激がフィルムの介在によってしばらくの間感知されなかったと推察された．また，前述のように寄主幼虫を接種した新しい丸太に対する探索と産卵行動がその48時間後に始まったことから，刺激は寄主が樹皮下を食い進むとともに発生するものであることが示唆された．以上の結果から，*C. bostrychorum* の産卵行動の解発因は揮発性の物質であり，それはフラス，寄主の口器からの分泌物およびクチクラに由来する物質，あるいは共生微生物または樹皮に由来することが推定された．その他の穿孔性昆虫の寄生バチでは，ヒメバチ科の *Rhyssa persuasoria* がノクチリオキバチ *Sirex noctilio* の孔道内のフラスおよび共生菌（*Amylostereum* 属菌，10章）を手掛かりに材内の寄主を発見することが知られている（Madden, 1968）．

上記3種類の手掛かりは互いに相容れないものではなく，ハチの種によっては複数の手掛かりを用いている可能性がある．キタコマユバチの場合，キクイムシの寄生バチの場合と同様に，寄主とハチとの間に樹皮があるため，ハチは樹皮を介して伝わってくる刺激を寄主発見の手掛かりとしていると考えられる．そこでこれまでに提出された3つの説がキ

タコマユバチにあてはまるかどうかを検討してみた．

　まず温度に関しては，ゾウムシ幼虫の摂食するアカマツ丸太の表面温度を測ると，Mills *et al.* (1991) の結果と同じく，温度分布は樹皮の凹凸とほぼ一致しており，樹皮の亀裂の深いところほど表面温度は高かった．またその下にゾウムシ幼虫のいる樹皮表面の温度が周囲より高くなる傾向はなかった．したがって②の代謝熱はキタコマユバチの寄主探索に関与していないと考えられる．

　次に③の化学的刺激について考えてみると，樹皮下の物質のうちフラスが穿孔性昆虫の幼虫の存在を最も明確に示すと思われる．しかしながら，フラスは樹皮下の寄主幼虫の孔道内にほぼまんべんなく充填されていることが多く，寄主幼虫が高密度にいる場合は樹皮下がフラスだらけになることもある．この状態で寄主のいる位置を特定できるのであろうか．寄主が排出したばかりのフラスのみが匂い刺激を発しているならば，それは寄主の位置の指標になり得るが，実際には，摂食を終えてフラスを排出しないゾウムシ成熟幼虫なども寄生を受ける．したがってフラスは樹幹上の寄生バチに探索行動を誘起する刺激にはなっても，別の刺激によって寄主の位置を知る可能性が高い．そこで実験的にフラスを除去して，正常な寄主探索が行われるかどうかを調べてみた．

　フラスのない状態を作るにはどうすればよいか．枯れたマツから樹皮を採り，その裏側のフラスを洗い流しても，匂いが完全に除去されたかどうかわからない．そこで樹皮に近い素材で入手が簡単なコルク板（厚さ3 mm）を使うことにした．前述のようにプラスチックケースの底に寄主を置きマツの樹皮またはコルク板を固定した．雌バチ1頭に1日当たり寄主1頭を与えて30日間実験を行った．実験期間を前後15日ずつに分け，前後期ともに樹皮またはコルク板，前期は樹皮で後期はコルク板に変更，前期はコルク板で後期は樹皮という4通りの実験を行った．

　前後期とも樹皮を用いた場合，前期には75％の雌が産卵を行い，後期にはすべての雌が産卵を行った（図1）．前期に樹皮を後期にコルク板を用いると，産卵した雌の割合は前期に40％，後期に約35％であった．前後期ともコルク板の場合，産卵雌の割合は0％から約30％に増加した．コルク板から樹皮に変更すると，産卵雌の割合は20％から65％に高まった．次に，寄主を遮蔽する樹皮またはコルク板上で雌バチが寄主探索や

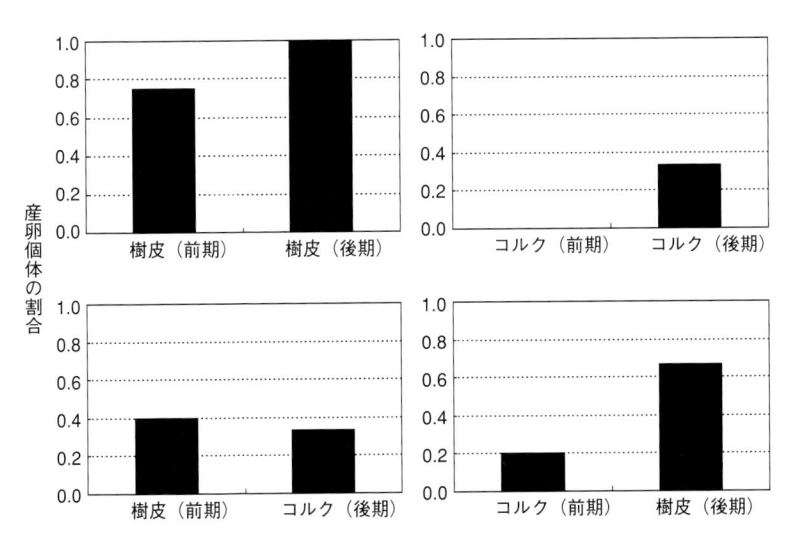

図1 アカマツ樹皮またはコルク板によって寄主幼虫を遮蔽した場合のキタコマユバチの産卵．遮蔽物の下には寄主幼虫のみを置いた．実験期間（30日）を前後期に分けた．

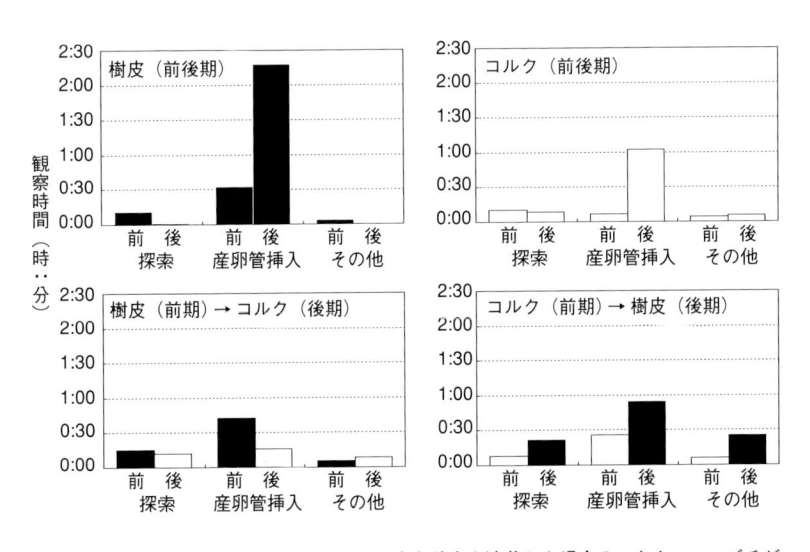

図2 アカマツ樹皮またはコルク板によって寄主幼虫を遮蔽した場合の，キタコマユバチが寄主探索，産卵管挿入およびその他の行動に要した時間．実験期間（30日）を前後期に分け，それぞれ8時間の観察において見られた各行動の合計時間の，1雌当たり平均値．「その他」には遮蔽物上での静止と身繕いが含まれる．

9章 穿孔性昆虫を利用する寄生バチ —— 133

産卵管挿入などを行った時間を計った（図2）．雌が寄主探索にかける時間は全体的に短い傾向があったが，産卵管挿入にかける時間の前後期における変化は，図1の産卵雌の割合の変化とほぼ一致した．また樹皮に比べてコルク板の上に雌バチがいる時間は全体的に短い傾向があった．

　キタコマユバチはコルク板の下の寄主幼虫に産卵できることが明らかになった．もっとも産卵雌の割合はコルク板より樹皮を用いた場合に高くなった．ハチの産卵管挿入にかける時間はコルク板より樹皮上で長かった．これに対してコルク板上でのハチの滞在時間が短いことから，コルク板の上にはハチを定位させたり探索行動を解発させる刺激が欠けており，そのような刺激が樹皮下のフラスから発せられているのであろうと結論しかかったところで，1つ問題点があることに気づいた．この実験ではコルク板の使用によってフラスからの刺激を取り除いたつもりだったが，よく考えてみると，コルク板の使用によって除かれた刺激はフラスからの匂い刺激だけでなく，樹皮表面の色や形などの視覚刺激および触覚刺激も失われた．これらが寄主探索で重要な働きをする可能性がある．したがってフラスの働きを明らかにするためには，フラスのみを取り除いた樹皮を作って比較する必要があるだろう．

　では，コルク板上で産卵に成功した雌は，何を手掛かりに寄主を発見したのであろうか．寄主の動きに伴って発生する振動あるいは寄主体そのものに由来する匂い刺激が考えられる．コルク板上での産卵から，キタコマユバチの寄主探索には複数の刺激が関わっている可能性が高い．すなわち雌バチはフラスからの刺激によって近くに寄主がいることを感知して探索行動を開始し，寄主そのものに由来する振動などの刺激によって寄主の存在位置を確認し，産卵に至るのではないかと考えられる．

3．マツ樹幹内での寄生バチの種間関係

（1）マツ樹皮下における寄生バチ群集

　マツの樹皮下穿孔性昆虫にキタコマユバチだけが寄生するわけではない．東海から近畿地方においては，キタコマユバチ以外に4種類の寄生バチが比較的多く見られる．この中でハットリキクイコマユバチ *Ecphylus hattorii* はキイロコキクイムシ *Cryphalus fulvus* に，サタゾウムシコマユバチ *Eubazus satai* はクロキボシゾウムシ *Pissodes obscurus* に

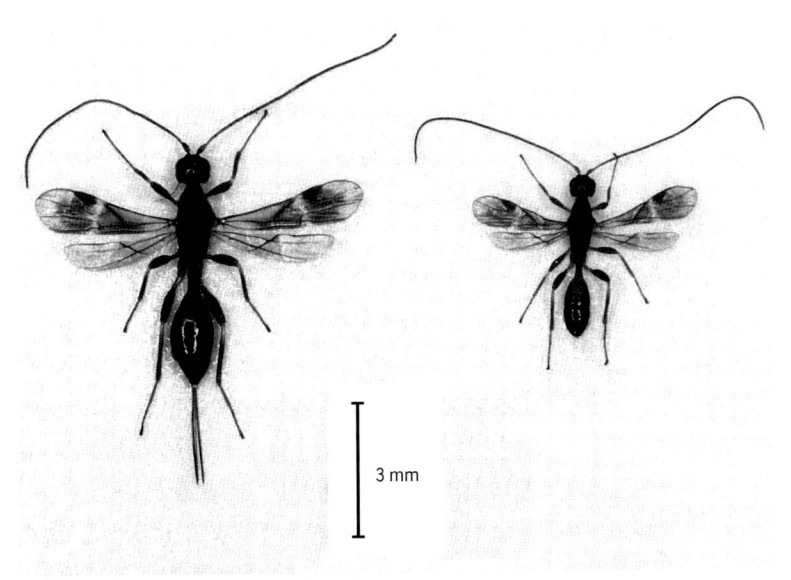

写真2　Spathius generosus 成虫（左：雌, 右：雄）.

表1　2種寄生バチ成虫の体サイズの比較

		キタコマユバチ			Spathius generosus		
	性	平均値±SD	最小－最大	個体数	平均値±SD	最小－最大	個体数
体長(mm)	♂	5.5±1.5	3.3-8.6	60	3.4±0.7	2.2-4.7	43
	♀	8.2±1.7	4.6-11.0	31	4.3±0.9	2.3-5.6	83
頭幅(mm)	♂	0.99±0.18	0.70-1.40	35	0.62±0.05	0.45-0.78	27
	♀	1.24±0.20	0.93-1.65	44	0.75±0.09	0.50-0.93	81
生重(mg)	♂	6.99±5.30	0.70-30.00	108	0.89±0.45	0.14-1.97	31
	♀	13.89±5.37	2.98-29.40	45	1.89±0.78	0.30-3.89	75
産卵管長(mm)	♀	11.0±0.3	7.4-14.9	44	3.0±0.1	1.5-4.3	95

ほぼ特異的に寄生する．コマユバチ科の Spathius generosus とキクイモンコガネコバチ Rhopalicus tutela はキタコマユバチと同じく寄主範囲が広い．特に S. generosus（写真2）はキタコマユバチと同じ樹幹内でしばしば共存している．ここでは, コマユバチ科のキタコマユバチと S. generosus について, どんな要因が同一樹幹内での両種の共存を可能にしているかについて考えたい．

　2種の寄生バチを比較すると, キタコマユバチ成虫の体サイズは S.

generosus より明らかに大きい（表1）．特に体重では雌雄とも約7倍，雌の産卵管長では3倍以上の差があった．*S. generosus* は外部単寄生であり，室内飼育個体の生活史および樹幹上での産卵行動はキタコマユバチとほとんど同じであった．また同一種内で雌雄の体サイズを比べると，2種とも雄より雌が大きく，雌の生重は雄の2倍あった．

（2） 2種の寄生バチの寄主選好性

2種のハチが樹幹内のどんな穿孔性昆虫に寄生するかを調べた．異なる季節に枯れたマツの樹幹を数本ずつ伐採して短く切り，ガラス円筒の中に入れて2種寄生バチを別々に放した．その後樹皮を剥いで寄主の種ごとに寄生を受けた個体の割合（寄生率）と体重を調べた．樹幹内ではシラホシゾウ属3種の幼虫（*Shirahoshizo* spp.）が最も多かった（表2）．この3種は幼虫では区別できないため，一括して扱った．シラホシゾウ属幼虫は樹幹を採取した季節にかかわらず生息していたため，合計個体数が多かった．このため多くのシラホシゾウ属幼虫が2種の寄生バチに寄生されたが，キタコマユバチの寄生率はシラホシゾウ属幼虫よりも体サイズの大きいクロコブゾウムシやヒゲナガモモブトカミキリで高く，*S. generosus* の寄生率は体サイズの小さいキクイムシ類で高かった．寄主の種が同一でも寄生された個体の平均体重が2種寄生バチの間で異なることに注意してほしい．またキタコマユバチはキクイムシの幼虫にまったく寄生しなかった．

2種の寄生バチはともに単寄生であり，1頭の幼虫は1頭の寄主からしか栄養を摂取できない．2種の寄生バチでは寄主が大きいほどそれから羽化したハチ成虫も大きくなる（図3）．この関係をもう少し詳しく見ると，キタコマユバチでは，相対的に体サイズの小さなシラホシゾウ属が寄主である場合，体サイズの直線関係はハチの雌雄間でほぼ同じであるのに対して，クロコブゾウムシが寄主の場合は回帰直線の傾きがハチの雌雄間で異なっている（図3）．また体重が20 mg以下の寄主からは雄しか羽化していない．一方 *S. generosus* では小さなマツノキクイムシに寄生したときでも体サイズの回帰直線の傾きはハチの雌雄間で差が生じており，大きなシラホシゾウ属に寄生すると，ハチの雌雄とも頭打ちの曲線になった．2種の寄生バチはともに雄より雌の体サイズが平

表2 樹皮下の寄主群集と2種寄生バチによる寄生率，被寄生寄主の生重および寄生バチの性比

寄主	キタコマユバチ供試丸太				Spathius generosus 供試丸太			
	樹皮下個体数	被寄生数（寄生率[%]）	寄主生重(mg)（平均±SD）	性比（雄率）	樹皮下個体数	被寄生数（寄生率[%]）	寄主生重(mg)（平均±SD）	性比（雄率）
ゾウムシ科								
シラホシゾウ属	1648	284 (17)	28.51±14.71	0.72	1406	241 (17)	18.43±10.84	0.40
クロコブゾウムシ	199	88 (41)	66.54±34.67	0.56	126	14 (11)	26.21±21.71	0.17
クロキボシゾウムシ	270	2 (1)	47.12±12.37	−	154	47 (31)	8.73±9.06	0.13
カミキリムシ科								
ヒゲナガモモブトカミキリ	41	27 (66)	74.18±50.45	0.59	26	5 (19)	22.84±14.14	0.67
サビカミキリ	127	12 (9)	13.19±11.80	0.92	69	15 (22)	9.39±4.65	0.25
キクイムシ科								
マツノキクイムシ	438	0 (0)			562	163 (29)	6.65±2.89	0.36
マツノツノキクイムシ	119	0 (0)			164	42 (26)	1.96±0.72	0.90

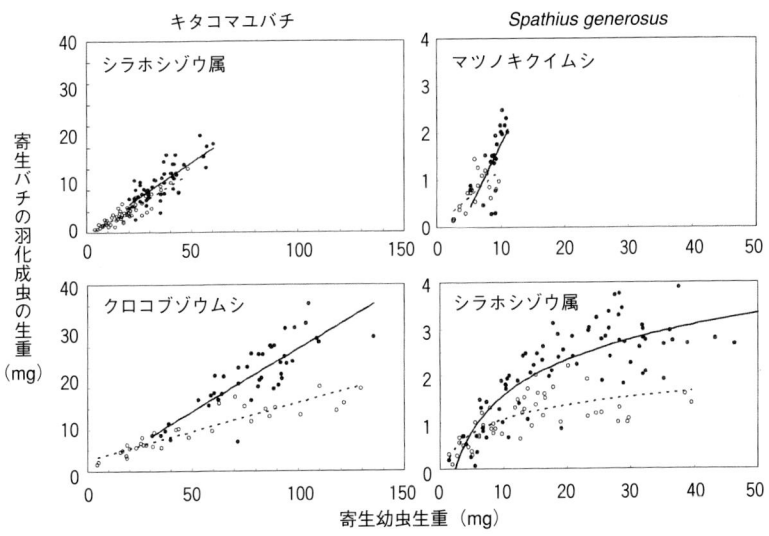

図3 寄生時の寄主の体重とそれから羽化した寄生バチの体重の関係．2種の寄生バチとそれらが利用する3種と1属の寄主についての関係を示す（○：雄，●：雌）(Urano and Hijii, 1995を改変)．

均的に大きい（表1）．キタコマユバチとクロコブゾウムシの関係と *S. generosus* とシラホシゾウ属の関係から同じ体重の大きな寄主に寄生したとき，ハチの雄より雌の体サイズが大きくなることがわかる（図3）．さらに，シラホシゾウ属幼虫の体サイズが大きくなるにつれて，それか

ら羽化する *S. generosus* 成虫の体重は頭打ちになり，シラホシゾウ属は *S. generosus* の成長に過剰な栄養を持つことがわかる．逆に寄主生重20 mg以下のシラホシゾウ属幼虫からキタコマユバチの雄だけが羽化したことから，このゾウムシは十分な資源量を持たないと考えられた．また，マツノキクイムシとマツノツノキクイムシがキタコマユバチにまったく寄生されなかったのは（表2），体サイズが小さいために，寄主として適さなかったのであろう．

　先ほど雌のほうがサイズの大きな寄主から羽化する傾向があることを述べたが，多くの単寄生バチでは，体サイズが大きくなることによる繁殖上の利益が雄よりも雌で大きいため，産卵する母親が大きな寄主に雌卵を多く産み付けることが知られている（Quicke, 1997）．キタコマユバチと *S. generosus* について，寄生された寄主の種別の平均体重が大きくなるにつれてそれから羽化した成虫の性比（雄率）が下がる傾向が認められる（表2）．このことから，2種の寄生バチでも寄主サイズに応じた性比配分が行われている可能性が高い．4種の寄主に寄生した場合のキタコマユバチの性比は0.5を上回っており，野外でも雄が多いと推定される（表2）．逆に *S. generosus* の場合は，最小のマツノツノキクイムシと被寄生個体数の少ないヒゲナガモブトカミキリを除いて性比は雌に偏っていた．

　2種の寄生バチは異なるサイズの寄主を利用することにより，共存していることがわかった．寄主として利用する種に注目すると，キタコマユバチはキクイムシ類を利用しないが，*S. generosus* は穿孔性昆虫の全種を利用する．しかも性比はキタコマユバチより *S. generosus* で低く，繁殖上有利なために，マツ林では *S. generosus* がキタコマユバチより優占的ではないかと考えることができる．しかしながら，そうならない「仕組み」が枯死木の樹幹内にある．

（3）2種の寄生バチの樹幹内分布

　2種の寄生バチが次世代を残すためには，樹皮下にいる寄主を探索して産卵管を樹皮下に挿入しなければならない．この行動には多大なエネルギーを要し，樹皮上でのかなりの時間の静止は捕食される危険を伴うであろう．このことは樹皮という遮蔽物の中の寄主を外部から攻撃する

ためのコストである．樹皮の厚さ（樹皮厚）は，樹幹の高さや直径によって著しく変化する．樹皮が厚いと，産卵管の短いハチは産卵管が樹皮下に届かず，寄主に寄生できない．このことが2種の寄生バチの種間関係に大きな影響を及ぼす．

　樹高10 m前後のアカマツの場合，樹幹の樹皮厚は地際から1〜2 mの範囲で非常に大きく，そこから高さ5 mくらいまでの間に急激に減少する．樹皮厚は樹幹の直径や樹齢などによって異なり，直径が大きいほど特に樹幹下部の樹皮厚が大きくなる．

　マツの枯死木を利用する穿孔性昆虫は，種によって穿入する樹幹の高さが異なる．シラホシゾウ属，クロコブゾウムシ，サビカミキリやマツノキクイムシは樹幹下部（厚皮部）に多く穿入し，マツノマダラカミキリ，ヒゲナガモモブトカミキリやクロキボシゾウムシは樹幹中央〜上部（中皮部〜薄皮部）に多い．このような穿孔性昆虫の樹幹内分布は特定の樹皮厚あるいは樹皮の形態に対する成虫の産卵選好によって決定される場合が多いと考えられている．

　それでは2種の寄生バチの樹幹内分布にはどのような傾向があるのだろうか．樹高14 mで胸高直径12 cmの枯れたクロマツの樹幹を長さ1 mごとに切り，各丸太の樹皮厚，樹皮下の穿孔性昆虫，寄生バチの個体数およびそれらの体サイズを調べた（図4左）．この樹幹では，2種の寄生バチの寄主はシラホシゾウ属幼虫のみであり，寄生バチの寄生率はかなり高かった（図4C）．先ほどシラホシゾウ属は樹幹下部に多いと述べたが，他種の密度がきわめて低い場合には，幹の上部まで分布が広がる．特にクロマツはアカマツよりも樹幹中〜上部の樹皮が厚いので，シラホシゾウ属が産卵可能であったと考えられる．この樹幹では全体的に*S. generosus*が優占しており，キタコマユバチは樹幹下部に偏って存在していた（図4B）．幹の最下部（0〜1 m）の丸太でのみキタコマユバチの個体数が多く，2番目の丸太（1〜2 m）になると*S. generosus*の個体数が急増した．*S. generosus*の平均産卵管長は3.0 mmであり（表1），幹の樹皮厚（図4A）は地上0〜1 mの部分と地上1〜2 mの部分の間で4.3 mmから2.6 mmに急激に減少したために，幹の地上1 m以上の部分で*S. generosus*の産卵が可能になったと考えられる．樹幹下部でシラホシゾウ属幼虫から羽化したキタコマユバチ成虫の平均生重は2

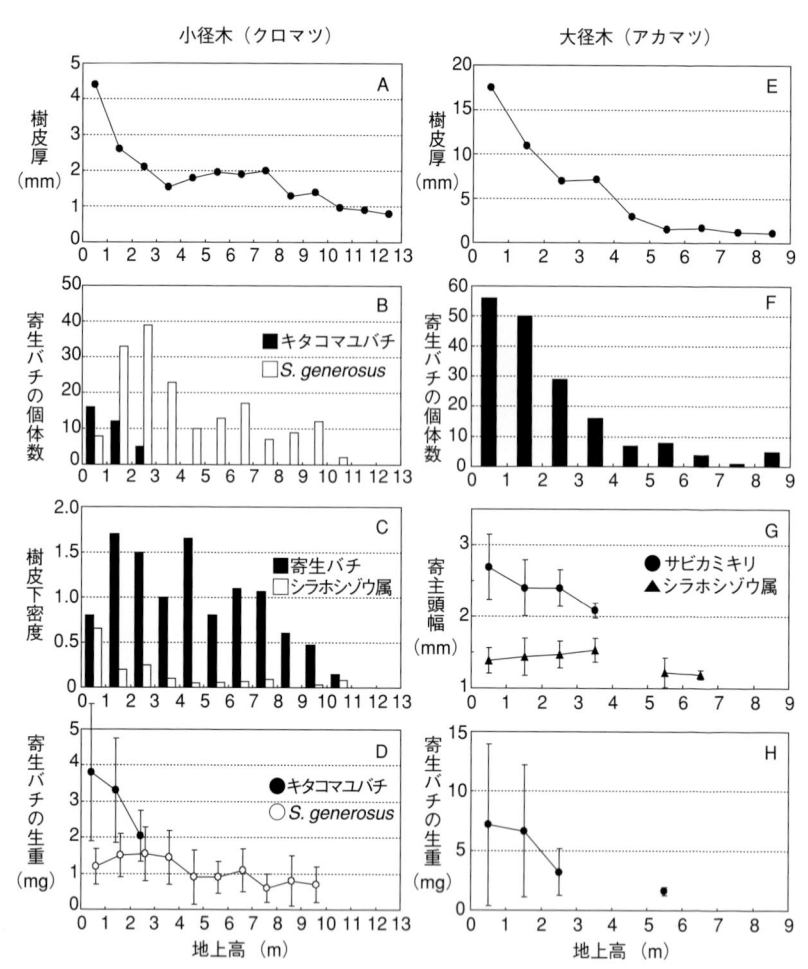

図4 左：クロマツ枯死木（胸高直径12 cm）における（A）樹皮厚，（B）2種の寄生バチの個体数，（C）寄生バチと未寄生の寄主（シラホシゾウ属）密度（100 cm²当たり個体数），（D）ハチの羽化成虫の平均体重の垂直的変化（平均値±SD）．右：アカマツ枯死木（胸高直径27 cm）における（E）樹皮厚，（F）キタコマユバチ個体数，（G）2種類の寄主の平均サイズ（平均値±SD），（H）ハチの羽化成虫の平均体重の垂直的変化（平均値±SD）．（A～D：Urano and Hijii, 1995を改変）

～3 mgであった（図4D）．飼育した場合のキタコマユバチ雄成虫の平均生重は7 mgで，雌は14 mgであることから（表1），この樹幹で寄生された幼虫はキタコマユバチの寄主としてはサイズ不足であったことが明らかである．

樹高が10 mで胸高直径が27 cmのアカマツ枯死木では（図4右），その樹幹にサビカミキリとシラホシゾウ属が多く穿入しており，サビカミキリ幼虫は比較的大きかった（図4 G）．寄生バチはキタコマユバチのみが認められた．幹の最下部の樹皮厚は17 mm（図4 E）であり，キタコマユバチの平均産卵管長（11 mm）を超えていたが，寄生された個体数は多かった（図4 F）．マツの樹皮には凹凸があり，地際部に近づくほどそれが激しくなる．グラフに示した樹皮厚は，長さ1 mの丸太から樹皮を剥がし，ランダムに選んだ5カ所の樹皮の厚さの平均値である．したがって地上1～2 mの幹でも樹皮のかなり薄い部位があり，雌バチはそのような部分で産卵したと考えられる．これはクロマツの幹の最下部における *S. generosus* の寄生（図4 B）にもいえることである．さて幹の地上1～2 mのところでは，その樹皮厚は平均産卵管長とほぼ同じ厚さとなり，地上2 mまでのキタコマユバチ個体数は全体の60％に達した．この樹幹から脱出したキタコマユバチの平均サイズ（図4 H）はクロマツから脱出した個体に比べて大きい．樹幹内にはシラホシゾウ属幼虫もいたが，体サイズの大きいサビカミキリが寄主として選択されたために，サビカミキリのいない地上4 m以上の幹ではキタコマユバチの個体数が極端に少なくなった．

　ここでは，2種の寄生バチのいずれか1種が大きく優占した2本の枯死木を示したが，実際には樹幹全体に両種が共存している場合も認められた．しかしそのような場合でも，下部にキタコマユバチが多く上部に *S. generosus* が多いという傾向は共通していた（Urano and Hijii, 1991b）．これらの結果から，枯死木における2種の寄生バチの樹幹内分布には，寄主サイズと樹皮厚の分布が大きく影響することが明らかになった．図4の例では大径木のほうが樹皮が厚く，そこにサビカミキリのような大型寄主が穿入し，キタコマユバチの寄主となった．したがって寄主サイズと樹皮厚は樹幹サイズ（直径）によって変化すると考えられる．キタコマユバチの樹幹内分布に対しては寄主サイズが主な制限要因として働き，小型寄主の多い小径木では *S. generosus* が優占する．一方 *S. generosus* の分布は樹皮厚の影響を強く受けており，全般的に樹皮厚の大きな大径木ではキタコマユバチが優占し，*S. generosus* の寄生は樹幹上部に限定されることが多いと考えられる．

4. まとめ

　穿孔性昆虫類は樹体内という外界から隔てられた空間に生息するが，それでもさまざまな天敵が存在する．オオコクヌストやカッコウムシなどの捕食性昆虫が直接樹皮下に侵入して食べるのに対して，寄生バチは樹皮の外側から見えない寄主を巧みに探し出し，産卵管のみを樹皮下に差し込んで寄主を麻酔して産卵する．樹皮は穿孔性昆虫の幼虫を外部から隔離するだけでなく，樹皮の下部（内樹皮）は彼らの食物である．穿孔性昆虫が内樹皮を食べるときに発する振動や食べた結果生じるフラスが寄生バチに自らの存在を知らせる手掛かりとなっている．また樹皮の厚さによって寄生バチの産卵行動が制限され，それが寄生バチ同士の種間関係に影響を及ぼし，樹幹内分布の決定に大きく関係する．また寄主である穿孔虫も樹皮の厚さや形態に対する産卵選好性を持つと考えられている．穿孔性昆虫とその寄生バチの関係を考える場合，両者の間に介在する樹皮の果たす役割は非常に大きいといえるであろう．

参考文献

Bedard, W.D. (1965) The biology of *Tomicobia tibialis* (Hymenoptera: Pteromalidae) parasitizing *Ips confusus* (Coleoptera: Scolytidae) in California. *Contributions from Boyce Thompson Institute* 23: 77-83.［*Ips confusus*（キクイムシ科）に寄生する *Tomicobia tibialis*（コガネコバチ科）のカリフォルニアにおける生態］

Camors, F.B. Jr. and T.L. Payne (1972) Response of *Heydenia unica* (Hymenoptera: Pteromalidae) to *Dendroctonus frontalis* (Coleoptera: Scolytidae) pheromones and a host-tree terpene. *Ann. Ent. Soc. Am.* 65: 31-33.［*Heydenia unica*（コガネコバチ科）の *Dendroctonus frontalis*（キクイムシ科）のフェロモンおよび寄主木のテルペンに対する反応］

DeLeon (1935) The biology of *Coeloides dendroctoni* Cushman (Hymenoptera-Braconidae) an important parasite of the mountain pine beetle (*Dendroctonus monticolae* Hopk.). *Ann. Entomol. Soc. Am.* 28: 411-424.［樹皮下キクイムシ *Dendroctonus monticolae* の重要な寄生バチ *Coeloides dendroctoni* の生態］

Doutt, R.L. (1959) The biology of parasitic Hymenoptera. *Ann. Rew. Ent.* 4: 161-182.［寄生バチの生態］

Kudon, L.H. and C.W. Berisford (1981) An olfactometer for bark beetle parasites. *J. Chemical Ecol.* 7: 359-366.［樹皮下キクイムシの寄生バチのための嗅覚測定器］

Madden, J.L. (1968) Behavioural responses of parasites to the symbiotic fungus associated with *Sirex noctilio*. *Nature* 218: 189-190. ［ノクチリオキバチの共生菌に対する寄生バチの行動反応］

前藤　薫（1993）寄生バチによる多様な寄主利用．昆虫と自然 28: 15-20．

Meyhöfer, R and J. Casas (1999) Vibratory stimuli in host location by parasitic wasps. *J. Insect Physiology* 45: 967-971. ［寄生バチによる寄主探索における振動刺激］

Mills, N.J., K. Krüger and J. Schlup (1991) Short-range host location mechanisms of bark beetle parasitoids. *J. Appl. Ent.* 111: 33-43. ［樹皮下キクイムシの寄生バチにおける近距離の寄主探索機構］

Quicke, D.L.J. (1997) *Parasitic wasps*. Chapman and Hall, London, 470 pp. ［寄生バチ］

林野庁（1984）松の枯損防止技術に関する総合研究．大型プロジェクト研究成果 2, 165 pp.

Richerson, J.V. and J.H. Borden (1972) Host finding by heat perception in *Coeloides brunneri* (Hymenoptera: Braconidae). *Can. Ent.* 104: 1877-1882. ［*Coeloides brunneri*（コマユバチ科）の熱感知による寄主発見］

Ryan, R.B. and J.A. Rudinsky (1962) Biology and habits of the douglasfir beetle parasite, *Coeloides brunneri* Viereck (Hymenoptera: Braconidae), in Western Oregon. *Can. Ent.* 94: 748-763. ［ダグラスファーのキクイムシに寄生する *Coeloides brunneri*（コマユバチ科）の生態と習性］

Urano, T. and N. Hijii (1991a) Biology of the two parasitoid wasps, *Atanycolus initiator* (Fabricius) and *Spathius brevicaudis* Ratzeburg (Hymenoptera: Braconidae), on subcortical beetles in Japanese pine trees. *Appl. Ent. Zool.* 26: 183-193. ［マツ樹皮下穿孔虫の寄生バチ，キタコマユバチと *Spathius brevicaudis* の生活史，形態ならびに寄主選択］

Urano, T. and N. Hijii (1991b) Factors causing the difference in parasitism pattern between two parasitoid wasps, *Atanycolus initiator* (Fabricius) and *Spathius brevicaudis* Ratzeburg (Hymenoptera: Braconidae), on subcortical beetles in Japanese pine trees. *Appl. Ent. Zool.* 26: 425-434. ［マツ樹皮下穿孔虫の寄生バチキタコマユバチと *Spathius brevicaudis* 間の寄生様式の違いをもたらす要因］

Urano, T. and N. Hijii (1995) Resource utilization and sex allocation in response to host size in two ectoparasitoid wasps on subcortical beetles. *Ent. Exp. Appl.* 74: 23-35. ［樹皮下穿孔虫の 2 種寄生バチにおける寄主利用と寄主サイズに応じた性比配分］

説明 Box 3

昆虫の社会性

　昆虫の中には，集団（コロニー）で生活するものがいる．ミツバチ，アシナガバチ，アリ類などが有名である．学術的には，これらは「真社会性」に相当する．Michener (1969) の定義によると，1）同種の複数の成体が子の保育を行う（共同保育），2）2世代以上の成長段階の個体が共存している（世代重複），3）ある成体（繁殖カースト）のみが子を産み，他の個体（不妊カースト）は巣の作製，採餌，給餌，防衛など，コロニーの維持管理にあたる（繁殖的分業），という3つの条件を満たす必要がある．数万種に及ぶ膜翅目（ハチ類）だけでなく，等翅目（シロアリ類）約2400種（全種），半翅目約50種（兵隊を持つアブラムシ類），総翅目数種（オーストラリア産の虫こぶ形成アザミウマ），鞘翅目1種（オーストラリア産のキクイムシ，*Austroplatypus incompertus*）でも確認されている．なお，近年，「真社会性」の新しい定義が検討されており，繁殖的分業が重視されている．

　「真社会性」は，「単独性」から進化したと考えられている．中間段階は，以下の4つに分類されている．「亜社会性」は，コロニーを形成するが，自分自身の子を育てるものである．「共同巣性」では，同世代の個体が共同して巣を作る．しかし，育児は共同しない．「準社会性」では，育児も共同して行う．「半社会性」では，子を産まずに育児に専念する個体が存在する．「真社会性」への進化過程は，2つに大別されている．「亜社会性ルート」は，文字通り，「亜社会性」を経た場合である．不妊カーストが出現する前に，巣の中で親子の成虫が共存したと考えている．一方，「亜社会性」の後，「共同巣性」，「準社会性」，「半社会性」と進化して「真社会性」へ向かった過程も考えられ，これは「側社会ルート」とよばれている．集合生活していた同世代の個体が繁殖的分業を始めた後，異世代との共存が生じたと想定している．

　不妊カーストの起源（利他行動の成因）に関しては，血縁淘汰説（Hamilton, 1963），近親交配説（Hamilton, 1972；Barz, 1974），親による子の操作説（Alexander, 1974）などが提案されている．例えば，血縁淘汰説では，半倍数性から試算される血縁度が，親子（女王とワーカー）間よりも（1/2），姉妹（ワーカーと未来の女王）間で高い（3/4）ことを論拠としている．いわゆる「3/4仮説」として知られている．

（梶村　恒）

10章

キバチ ─共生菌との複雑な関係─

福田秀志

天敵から身を守るためには穿孔性昆虫は樹幹内部深くに生息すればいい．ところがそうした場所は栄養条件が悪く発育に悪影響を及ぼす．キバチは共生菌の利用によってこの困難を乗り切る．

1. キバチとは

(1) 木を食べるハチ

「ハチ」といえば，多くの人はミツバチ，スズメバチ，アシナガバチといった腰にくびれのあるハチ（細腰亜目）を想像するであろう．それに対して，腰にくびれのない「ずん胴」のハチ（広腰亜目）もいて，それらの中には植物の葉を食べる種や木材を食べる種などがいる．本章の主人公は木を食べるハチ，キバチである．

キバチの幼虫は，木の幹の主に辺材部を食べて生活している．森の中に辺材は大量にあるが，葉や実あるいは幹の中でも形成層に比べて栄養がなく，分解しにくい有機物である（Slansky and Scriber, 1985）．食物として不適な辺材部をキバチはどのようにして利用しているのだろうか．本章では，キバチが共生する微生物（キバチの場合は菌類）をどのように利用しながら辺材部を餌としているのかについて，さらに，キバチと共生菌がどのようにして出会い，そのことがキバチの生活に何をもたらしたかについても紹介する．

(2) キバチの種類と生活史

まず，キバチの種類と生態を簡単に紹介しておこう．キバチ科 Siricidae の昆虫のうち，キバチ亜科 Siricinae は針葉樹を加害し，ヒラアシキバチ亜科 Tremecinae は広葉樹を加害する（Smith, 1978）．日本にはキバチ亜科では4属8種（ニトベキバチ *Sirex nitobei*，コルリキバチ *S. juvencus*，ニホンキバチ *Urocerus japonicus*，ナワキバチ *U. yasushii*，ヒゲジロキバチ *U. antennatus*，モミノオオキバチ *U. gigas*，トドマツノキバチ *Xoanon matsumurae*，オナガキバチ *Xeris spectrum*）の生息が確認されている（竹内，1962；金光，1978；富樫，私信）．

キバチ亜科に属する種類の多くは，担子菌アミロステレウム *Amylostereum* を産卵管の付け根にある1対の袋状器官（菌嚢，マイカンギア，mycangia）に貯蔵し（Francke-Grosmann, 1939；福田・前藤，2001），その菌を産卵時にミューカス（mucus）とよばれる粘着物質とともに材内に接種する（図1，写真1）．一方，オナガキバチ属 *Xeris* だけはミューカスは持っているが菌嚢を持たない，すなわち共生菌を

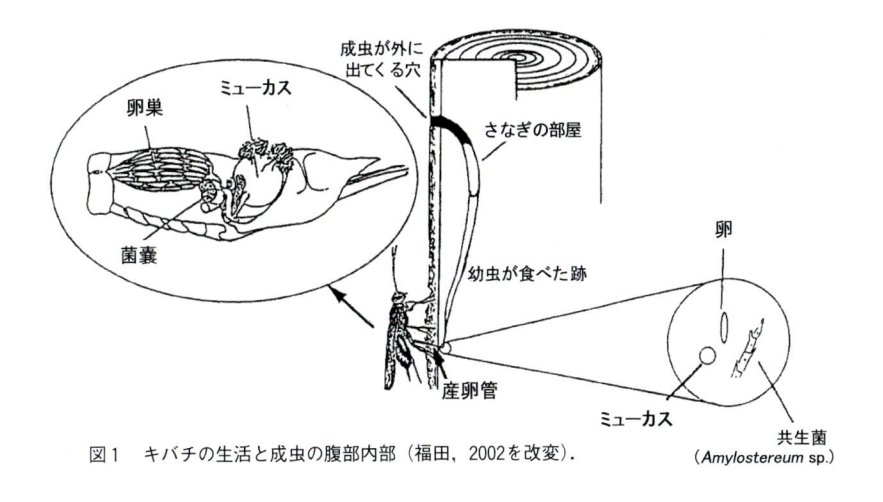

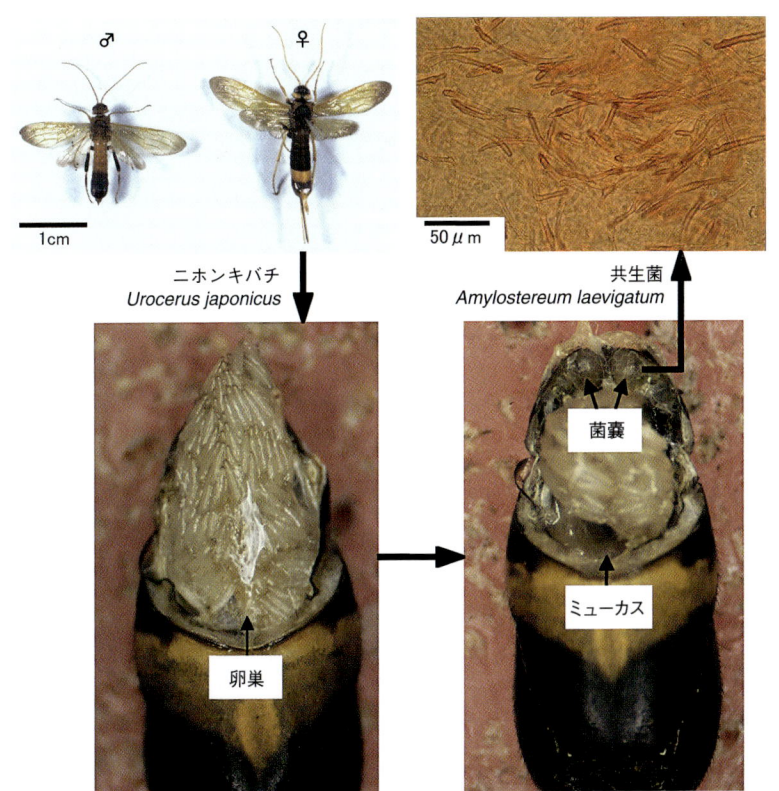

図1　キバチの生活と成虫の腹部内部（福田，2002を改変）.

写真1　ニホンキバチとその腹部内部およびその共生菌（*Amylostereum laevigatum*）（共生菌は山田利博博士撮影）（福田，2002を改変）.

10章　キバチ——147

持たないキバチである．この共生菌の働きは完全にはわかっていない．ある説では，菌が材組織を変化させ，それをキバチ幼虫が餌とする説と（Morgan, 1968 など），この菌の持つ酵素によってキバチ幼虫の消化管内のセルロースやリグニンなどが分解されるという説がある（Kukor and Martin, 1983）．いずれにせよ，キバチ幼虫はこの菌の働きによって材を餌として成長することができる．ミューカスの働きについては，外国産のノクチリオキバチ *S. noctilio* のミューカスは，木を衰弱させるとともに（Spradbery, 1973など），共生菌の菌糸の伸長を促進するが（Talbot *et al.*, 1977），その成分はわかっていない．日本産のニホンキバチのミューカスは，糖類と糖蛋白質（共有結合した糖類側鎖をもつ蛋白質）からなるが（佐野，私信），その機能は不明である．キバチ幼虫は，材の中で蛹になり，羽化後に材と樹皮に穴をあけて材外に脱出する（図1）．

　雌成虫が共生菌 *Amylostereum* を菌嚢内に取り込む方法は以下の通りである．雌幼虫が材内で共生菌の繁殖した材を食べる間に，第1腹節と第2腹節の間の環節間膜の深い陥入部にある器官に菌糸の断片を入れ込む．終齢幼虫から蛹の間その中に菌糸断片を保持する．そして，雌が材内で成虫になった時，幼虫の菌糸貯蔵器官からできた菌嚢内に共生菌が存在する（Stillwell, 1966など）．

2．キバチと林業被害

（1）ノクチリオキバチによるマツの大量枯損

　1940年代から1960年代にかけて，ニュージーランドやオーストラリアで，ノクチリオキバチが各地の林分で5～15年の長期間大発生し，ラジアータマツ *Pinus radiata* を大量に枯らした（Rawling and Wilson, 1949；Gilbert and Miller, 1952 など）．ノクチリオキバチは1900年頃にヨーロッパからニュージーランドに侵入・定着し，その後オーストラリアにも分布域を広げた．しかし，ノクチリオキバチは原産国のヨーロッパではほとんど木を枯らすことがないという．実は，ラジアータマツも1850年頃北アメリカからニュージーランドやオーストラリアに持ち込まれた．ラジアータマツの大量枯死は，ノクチリオキバチに対するラジアータマツの抵抗力の欠如のためだと考えられる．キバチの幼虫は，本来

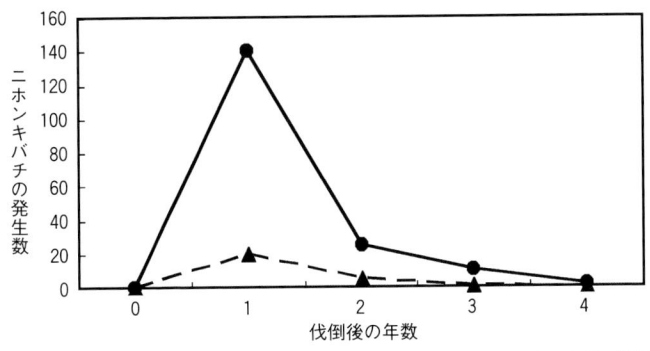

図2 スギの間伐木1m³から発生したニホンキバチ成虫数の年次的変動（佐野，1992を改変）．●：雄，▲：雌．

健全な木の中では生きられず，他の昆虫や病原菌の加害，山火事やスモッグあるいは傷害などによって衰弱した木に加害する二次的昆虫であると考えられている（Madden, 1988など）．

(2) キバチによる材の変色

日本ではスギやヒノキの木口面の「星形」の変色（口絵7b）がキバチの加害によってできることが1980年代に明らかになった（西口ほか，1981など）．その後ニホンキバチが主に間伐木で大量発生し，この被害を引き起こすことがわかった（佐野，1992）．間伐とは，人工林において5～10年の間隔で（最近は林業不振からその間隔がかなり長くなっているが）成長や樹形の悪い木を一斉に伐り倒し，成長のよい優れた木を成長させる施業である．かつてはこの間伐木は建築現場の足場などに利用するために林外に持ち出されたが，最近では間伐材の価格が低いため林内に放置され，キバチの繁殖場所になっている．ニホンキバチは，伐り倒して1年後の木から多くの成虫が発生するが，2，3年後には発生数は少なくなり，4年後にはまったく発生しない（図2）（佐野，1992）．間伐して1年後のスギ・ヒノキ人工林では，誘引トラップに多くのニホンキバチ成虫が捕まるが，2年後以降の捕獲数は大きく減少する（宮田，1999）．このように，ニュージーランドやオーストラリアにおけるノクチリオキバチの大発生とは違い，ニホンキバチの大量発生は間伐木が放置された林でも長続きせず，わずか1年間で終わる．

表1 中部地方の主な針葉樹から発生するキバチの種類（福田，2000を改変）．

	アカマツ	クロマツ	モミ	スギ	ヒノキ
ニトベキバチ	◎	○	○	△	△
ニホンキバチ	△	△	△	◎	◎
オナガキバチ	○	○	◎	◎	◎

◎多く発生する，○発生する，△あまり発生しない．

3．キバチの産卵選択

（1）キバチの樹種選択

ではキバチには，食べる木に好き嫌いがあるのであろうか？ 福田（1997）は，キバチ各種の食樹を明らかにするために，中部地方の代表的な5種類の針葉樹（アカマツ，クロマツ，モミ，スギおよびヒノキ）を選び，各樹種のキバチの加害木を丸太にしてそこから脱出する種を調べた．その結果，ニトベキバチ，ニホンキバチおよびオナガキバチの3属3種のキバチが主に脱出した．キバチの種類と樹種との関係を整理すると，共生菌を持たないオナガキバチはあまり樹種を選り好みしていないのに対して，共生菌を持つキバチは樹種を選択するように思われた（表1）（福田，2000）．

キバチの幼虫は材内で生活し，他の木の材に移動できない．このため，母親は子供の生存・成長にとって条件の良い木を選んで産卵する必要がある．そこで，福田（1997）はニトベキバチとニホンキバチの雌成虫にアカマツまたはスギ丸太を与え，個体ごとの産卵割合（体内の卵のうち実際に産み付けられる卵の割合）を調べた．その結果，ニトベキバチはスギよりアカマツを好んで産卵した．ニホンキバチはアカマツよりスギを好んで産卵した．このように，共生菌を持つキバチには，樹種に対する明らかな産卵選択が確かめられた．

ニトベキバチとニホンキバチの持つ共生菌の種類は互いに異なる．そこで，キバチの産卵選択と共生菌の関係を明らかにするために，福田（2000）は，樹種による共生菌の成長の違いを比較した．まず，菌の培養のための培地（PDA培地）と，アカマツ木部の鋸屑（のこくず）を添加したPDA培地（アカマツ培地）およびスギ木部の鋸屑を入れたPDA培地（スギ培地）を用意して，各菌を接種すると，ニトベキバチ

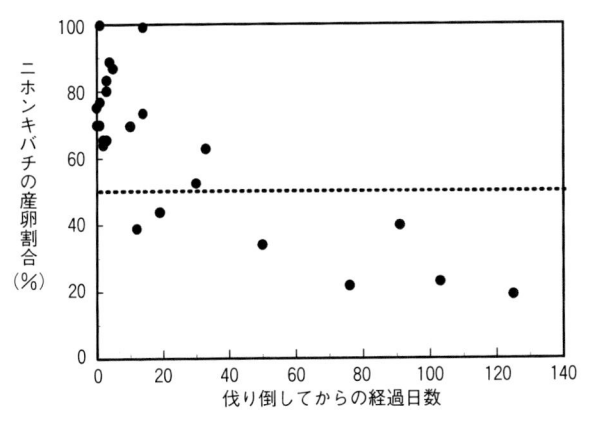

図3 スギを伐り倒してからの経過日数とニホンキバチの産卵割合の関係（福田，1997を改変）．

の共生菌はアカマツ培地では成長が最も速く，スギ培地とPDA培地では成長速度に大きな差はなかった．ニホンキバチの共生菌はスギ培地では成長が最も速く，アカマツ培地では最も遅かった．このように，共生菌を持つキバチ種の樹種選択は，その共生菌の成長によって決まっていると考えられた．

(2) キバチの産卵選択

では，木の状態の違いがキバチの産卵に関係するのであろうか？　間伐木を利用してニホンキバチが大発生している林では，間伐木によって成虫の発生数が大きく異なる（福田，1997）．そこで，間伐木（伐倒木）内の環境条件とニホンキバチの産卵の関係を明らかにするために，伐り倒してからの経過日数が異なる丸太を用意して，丸太の伐倒後の経過日数とニホンキバチの産卵行動との関係について調べた（福田，1997）．その結果，伐倒後の日数が経過するにつれて産卵数が少なくなり，特に伐り倒してから2カ月以上たった丸太にはあまり産卵しなかった（図3）．ニホンキバチは伐倒されてから長い時間たった木に産卵しなくなる．

新鮮な丸太に対するニホンキバチの産卵選択が共生菌の繁殖と関係があるのではないかと考えて，福田（1997）は，伐ったばかりの新鮮なスギ丸太と伐ってから約2カ月経過した古いスギ丸太をニホンキバチに与

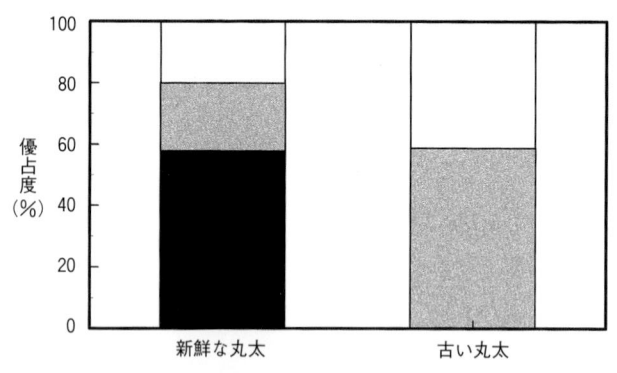

図4 ニホンキバチの産卵丸太から分離された糸状菌の優占度（福田，1997を改変）．優占度は出現したすべての糸状菌種のコロニー数に対する1種のコロニーの割合．■はニホンキバチの共生菌（*Amylostereum laevigatum*），▨は *Trichoderma* spp.，□はその他の菌．

えて産卵させ，その約3カ月後に産卵場所近くの菌類を調べた．その結果，新鮮な丸太から分離された菌の中で共生菌アミロステレウム・ラエビガツム *Amylostereum laevigatum* が60％という高い割合で分離された．これに対して，古い丸太から共生菌はまったく分離されず，菌寄生性のトリコデルマ *Trichoderma* 菌などが高い割合で分離された（図4）．つまり，ニホンキバチが産卵した時に共生菌を材内に接種しても，古い丸太では共生菌の生育が難しい．実際，本州では，伐ってから2カ月以内に産卵された間伐木からニホンキバチの成虫が多く発生し，伐ってから2カ月以上たって産卵された木からの発生はまれである（細田ほか，2005）．

このように，伐り倒してからの時間がたつにつれて，木の中で共生菌以外の糸状菌が繁殖して，共生菌の成長は難しくなる．ニホンキバチは共生菌の生育環境が好適な木を選んで産卵し，幼虫はその中で成長する．つまり，伐倒後2カ月以上経過した間伐木は不適な資源となるために，大発生は間伐後1年で終わることになる．

このような関係は，ニトベキバチでも確認されており（Fukuda and Hijii, 1996a），共生菌を持つキバチに共通した特徴であると思われる．

4．キバチの天敵

（1）寄生バチの巧妙な寄生様式

　キバチ幼虫の生活場所は辺材部であるので，天敵による死亡率は低いと思いがちであるが，実際には，寄生バチや寄生性線虫に高い割合で寄生されている（Fukuda and Hijii, 1996b；福田，1997）．ニトベキバチの場合，ヒラタタマバチ *Ibalia leucospoides* が孵化する直前の卵あるいは孵化したばかりの幼虫に寄生し，オオホシオナガバチ *Megarhyssa praecellence* が老熟幼虫に寄生する．この2種の寄生バチによって，7割近くの個体が死亡している（Fukuda and Hijii, 1996b）．

　寄生バチの寄主探索には共生菌が関係する．ヒラタタマバチはニトベキバチの産卵場所に最近接種された共生菌の匂いによって寄主を探し当てる．そして体内から髪の毛のように細い産卵管を出し，キバチの産卵孔（産卵する時にできた穴）の中に産卵管を差し込み，孵化直前の卵あるいは孵化直後の幼虫の体内に産卵する．そしてしばらくは，キバチ幼虫の体内で体液を吸って発育する（内部寄生）．キバチ幼虫が大きくなると，キバチ幼虫の体外に出て，キバチ幼虫の体液を一気に吸って食べ尽くし急激に大きくなり（外部寄生），蛹そして成虫になって材の外に出てくる（Chrystal, 1930）．一方，オオホシオナガバチは，キバチの老熟幼虫に寄生する．一般的にキバチの産卵期間は長いので，同じ時期でも小さな幼虫から大きな幼虫まで生育している．それなのに，オオホシオナガバチが大きな（齢の進んだ）キバチ幼虫に寄生しているのは，成虫が共生菌の匂いを手掛かりとして産卵するからである．同じ仲間の寄生バチであるシロフオナガバチ *Rhyssa persuasoria* 成虫はキバチ幼虫の成長段階によって微妙に違う共生菌の匂いに反応して産卵する（Spradbery, 1970）．このように，キバチの共生菌は，寄生バチに見えない居場所のみならず発育段階についての情報も与えてしまう．

（2）大害虫をやっつけた小さな天敵

　キバチの天敵には寄生バチの他に「線虫」がいて，やはり共生菌と深いつながりを持つ．例えば，デラデヌス・シリシディコラ *Deladenus siricidicola* はオセアニアにおけるノクチリオキバチの大発生を終わらせ

た（Madden, 1988）．この線虫はニュージーランドで初めて発見されたが（Zondag, 1969），実はキバチと一緒にヨーロッパから侵入していたのである．この線虫は，2つの生活型をもっている．1つはキバチに寄生する生活で（寄生生活），体長1mm程度の感染態の雌成虫が雄成虫と交尾したのちにキバチ幼虫の皮膚から体内に入って血体腔内で成熟して体長2.5cmの大型の寄生態雌成虫になり，血体腔内で多数の幼虫を産出する．雌キバチが成虫になって産卵する頃には幼虫はキバチの生殖器に集まりキバチの卵に入り込み，キバチの産卵によって別に木に移る．別の木に移った線虫の幼虫は材内の共生菌を食べて生活するが（自由生活），キバチ幼虫の体内に入る個体（感染態）が現れる．自由生活の成虫の体長は2mm程度で，寄生生活（寄生態）の成虫よりずいぶん小さい（Bedding, 1972）．

　デラデヌス線虫がノクチリオキバチの大発生を終わらせたのは，寄生生活者をするものの中にキバチの卵を破壊する型（不妊化型）がいたからである（Zondag, 1969）．不妊化型の線虫を大量に培養して，キバチ幼虫のいる木に接種すると，キバチの幼虫が不妊化型線虫に感染し，雌成虫は次世代を残せないが，線虫を木から木へと運ぶことになる．数世代後には，森全体に不妊化型線虫が広がり，ついにはキバチの個体群密度を激減させた．森の一部の木に線虫を導入することによって，森全体の害虫を退治したとても珍しい例である．

　日本からもこの仲間の線虫は確認された（Bedding and Akhurst, 1978；福田，1997）．しかし，その線虫に寄生されたキバチ成虫の体は小さくなるが，不妊化型はとても少なく，キバチの個体群密度を激減させることはないようである（福田，1997）．日本のデラデヌス線虫は森の中で細々と暮らしている．

5．キバチの寄生的共生

（1）共生菌を持たないオナガキバチの繁殖

　オナガキバチは共生菌を持たない．共生菌を持つキバチと違って，オナガキバチは伐って間もない新鮮な丸太にほとんど産卵しない（Fukuda and Hijii, 1997）．Fukuda and Hijii (1997) はオナガキバチの産卵とアミトステレウム菌との関係を明らかにするために次のような4種類のスギ

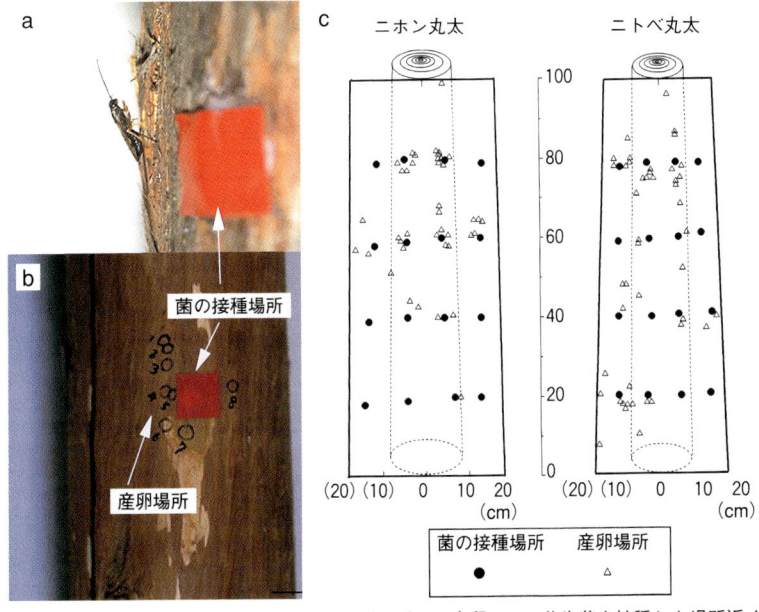

図5 共生菌を接種した丸太におけるオナガキバチの産卵．a：共生菌を接種した場所近くで産卵するオナガキバチ，b：共生菌を接種した場所近くのオナガキバチ産卵痕，c：共生菌の接種場所と産卵場所の関係（福田，2002を改変）．

の丸太，すなわち，1）伐倒後1年以上が経過した古い丸太（古丸太），2）ニホンキバチの共生菌を接種した新鮮丸太（ニホン丸太），3）ニトベキバチの共生菌を接種した新鮮丸太（ニトベ丸太），4）菌を培養するための培地のみを接種した新鮮丸太（培地丸太）を用意し，それらをオナガキバチに与えて産卵させた．その結果，古丸太と培地丸太には新鮮丸太と同じようにほとんど産卵しなかった．これに対して，ニホン丸太およびニトベ丸太にはよく産卵した（Fukuda and Hijii, 1997）（図5）．このようにオナガキバチは他種のキバチの共生菌が蔓延している丸太を選んで産卵することがわかった．つまりオナガキバチは，他種のキバチの共生菌を片利共生的に利用して繁殖しているようである．さらに面白いことに，オナガキバチの一部は共生菌を持つキバチがすでに餌として利用し終わった辺材に産卵することもわかった．オナガキバチの一部は共生菌を持つキバチと異なる時期に寄主木を利用するため，寄生バチの攻撃から逃れることができる．また，オナガキバチの加害樹種の範囲は

広く（表1），分布域も北半球全体であり，ニトベキバチやニホンキバチが日本だけに生息しているのに比べて広い．これはオナガキバチが特定の共生菌を持たず，樹種とは無関係に他種のキバチの共生菌の蔓延した材を利用する生態を獲得したためと考えられる．

（2）共生菌を持つキバチのもう1つの繁殖方法

共生菌を持つニホンキバチは古い伐倒木で繁殖することが難しい．しかし，よく調べてみると，古い伐倒木からも時として多くの成虫が発生する場合がある（稲田・井上，2002）．ニホンキバチが健全な木に産卵してもそこで孵化した幼虫はすぐに死んでしまう（佐野，1992）．しかし，ニホンキバチが大発生している林では，健全なスギやヒノキにもよく産卵（菌接種）する．堀ほか（2001）と佐野ほか（2002）は，健全木に接種された共生菌が伐倒後も材内で繁殖し，そのような伐倒木にニホンキバチが産卵するかどうかを調べた．前年の10月に健全木に共生菌を人工的に接種し，11月に木を伐り倒した．すると，伐倒後7カ月以上たった翌年の産卵時期（6月）まで共生菌が材内で生きていることがわかった．つまり，健全木に接種された共生菌は木の伐倒の約7カ月後にも材内で生きていたのである（堀ほか，2001）．このような伐倒木（共生菌繁殖木）と共生菌を接種しないで伐倒した木（対照木）を別々に，ニホンキバチ雌成虫に供試した．その結果，対照木の産卵数は少なかったが，共生菌繁殖木の産卵数は多かった（佐野ほか，2002）．これらのことから，オナガキバチと同じように自ら共生菌を持つニホンキバチも他人（虫）の共生菌が繁殖している木に産卵することがわかった．対照木から次の世代の成虫は発生しなかったが，共生菌繁殖木から成虫が発生した（佐野ほか，2002）．すなわち，新たに発生した成虫は産卵前に繁殖していた共生菌を利用して繁殖に成功した可能性がある．このように他人（虫）の菌を利用して生きるのはオナガキバチだけではないのかもしれない．共生菌を持つキバチが主に繁殖しているのは，枯死直後の木という自然の森林では少ない資源である．したがって，キバチは共生菌が繁殖する古い伐倒木を利用することによって利用可能な資源の幅を広げていると考えられる．

6. まとめ

(1) キバチとアミロステレウム菌の出会い

　昆虫のような体の小さな生物にとっては，樹木の材は森の中に無尽蔵といえるほど多量に存在する．しかしながら材は栄養価が低く，消化しにくい有機物である．キバチはアミロステレウム菌を使って材を食べることに成功した（Stillwell, 1966）．では，キバチとアミロステレウム菌とはどうやって出会ったのであろう．自らの共生菌だけでなく，材内にすでに繁殖しているアミロステレウム菌を利用したニホンキバチがヒントになる．つまり，たまたまアミロステレウム菌の繁殖する材に産卵した個体は多くの子孫を残したのがはじまりではないかと思われる．そして次にアミロステレウム菌の匂いと産卵選択が結びつき，ついには，その菌を貯めておく器官まで作るようになったと考えられる．アミロステレウム菌の繁殖する材に産卵するニホンキバチの性質は，昔の習性の名残を示していると理解することができる．

(2) 森の中のキバチのニッチ

　このようにして，キバチは森の中に多量にある材を餌として利用することに成功した．しかしながら，共生菌はどんな種類のそしてどんな材内環境の木でも増殖できるわけではなかった．共生菌は種ごとに増殖できる樹種が決まっており健全木の中では1年程度しか生きられず（鈴木ほか，2005），他の菌が繁殖している木では生育できない．このような共生菌の性質によって，キバチは枯死したばかりかあるいは倒れたばかりの木を選んで産卵するようになったと思われる．

　キバチとアミロステレウム菌の関係は，キバチの寄生バチの高い寄生率に寄与することになった．また共生菌を摂食する線虫によってキバチの雌成虫の不妊化が起こるようになった．

　キバチはアミロステレウム菌を利用することにより，競争相手がきわめて少ない餌を利用して生活できるようになったが，その代償として利用できる木の種類や状態は限定されてしまい，寄生バチや寄生線虫による高い死亡率を受けることになった．一方で，このようなアミロステレウム菌との共生のマイナスの側面を取り除いた生態を持つのが，自ら共

生菌を持たず他のキバチに寄生的に生活するオナガキバチであるが，それも単独では生きられない．すなわち，キバチは餌をめぐる競争の少ない「ニッチ」で，細々と暮らす昆虫となったのである．しかし，20世紀に入ると，貿易などにより生物の能力をはるかに超えた移動も頻繁になり，樹木 - キバチ（共生菌）- 天敵のバランスが崩れ，オセアニアにおけるノクチリオキバチの大発生が起こった．また，日本では林業の低迷から，キバチの繁殖に適した倒れたばかりの木（間伐木）が大量に発生し，それを利用してニホンキバチが大発生することとなった．このように現代の人間生活の変化が，キバチの餌量を増加させ，「森林害虫」として脚光を浴びせることになったのである．

参考文献

Bedding, R.A. (1972) Biology of *Deladenus siricidicola* (Neotylenchidae) an entomophagous-mycetophagous nematode parasitic in siricid woodwasps. *Nematologica* 18: 482-493. ［キバチに寄生する昆虫寄生性・菌食性線虫 *Deladenus siricidicola* の生態］

Bedding, R.A. and R.J. Akhurst (1978) Geographical distribution and host preferences of *Deladenus* species (Nematoda: Neotylenchidae) parasitic in siricid woodwasps and associated hymenopterous parasitoids. *Nematologica* 24: 286-294. ［キバチとその寄生バチに寄生する *Deladenus* 属線虫の地理的分布と宿主選好］

Chrystal, R.N. (1930) Studies on *Sirex* parasitoids. *Oxford Forestry Memories* 11: 63pp. ［キバチの寄生バチに関する研究］

福田秀志（1997）キバチ類3種の資源利用様式と繁殖戦略．名古屋大学森林科学研究 16: 23-73.

福田秀志（2000）微生物を組み込んだ昆虫の繁殖戦略―キバチによる木材利用―．森林微生物生態学（二井一禎・肘井直樹編）．朝倉書店，東京．pp. 163-178.

Fukuda, H. and N. Hijii (1996a) Host-tree conditions affecting the oviposition activities of the woodwasp, *Sirex nitobei* Matsumura (Hymenoptera: Siricidae). *J. For. Res.* 1: 177-181.［寄主木の条件がニトベキバチの産卵活性に及ぼす影響］

Fukuda, H. and N. Hijii (1996b) Different parasitism patterens of the two hymenopterous parasitoids (Ichineumonidae and Ibaliidae) depending on the development of *Sirex nitobei* (Hymenoptera: Siricidae). *J. Appl. Ent.* 120: 301-305. ［ニトベキバチの発育に依存した2種の寄生バチの異なる寄生様式］

Fukuda, H. and N. Hijii (1997) Reproductive strategy of a woodwasp with no fungal symbionts, *Xeris spectrum* (Hymenoptera: Siricidae). *Oecologia* 112: 551-556. ［共生菌を持たないオナガキバチの繁殖戦略］

福田秀志・前藤 薫（2001）スギ・ヒノキの材変色被害に関与するキバチ類とその

共生菌―防除技術の構築を目指して―. 日林誌 83: 161-168.

Francke-Grosmann, H. (1939) Uber das Zusammen Leben von Holzwespen (Siricinae) mit Pilzen. *Zeitschrift für Angewandte Entomologie* 25: 647-680.［菌類と共生するキバチ亜科の生態について］

Gilbert, J.M. and L.W. Miller (1952) An outbreak of *Sirex noctilio* in Tasmania. *Aus. J. Biol. Sci.* 22: 905-914.［タスマニアにおけるノクチリオキバチの大発生］

細田浩司・大長光純・稲田哲治・佐野 明・今 純一・加藤 徹・法眼利幸・井上牧雄・周藤成次・杉本博之・竹本雅晴・宮田弘明・吉本喜久雄 (2005) キバチ類によるスギ・ヒノキ材変色被害に対する防除方法の検討. 森林防疫 54: 3-14.

堀 文子・佐野 明・福田秀志・伊藤進一郎 (2001) 間伐処理がニホンキバチ共生菌 (*Amylostereum* 属菌) のスギ材への定着に及ぼす影響. 中部森林研究 49: 95-96.

稲田哲治・井上功盟 (2002) スギ秋期間伐における玉切り処理によるニホンキバチ発生量の抑制効果. 日林誌 84: 16-20.

金光桂二 (1978) 針葉樹に入るキバチ類とその寄生蜂. 昆虫 46: 498-508.

Kukor, J.J. and M.M. Martin (1983) Acquisition of digestive enzymes by siricid woodwasps from their fungal symbiont. *Science* 220: 1161-1163.［キバチの共生菌からの消化酵素の獲得］

Madden, J.L. (1988) *Sirex* in Australasia. In: *Dynamics of Forest Insect Populations – Patterns, Causes, Implications –* (A.A. Berryman ed.), Plenum Press, New York & London. pp. 407-429.［オセアニアのキバチ］

宮田弘明 (1999) 高知県におけるニホンキバチによる材変色被害. 林業と薬剤 147: 1-6.

Morgan, F.D. (1968) Bionomics of Siricidae. Annual Review of Entomology 13: 239-256.［キバチの生活史］

西口陽康・柴田叡弌・山中勝次 (1981) キバチ類による生立木の変色. 第32回日林関西支部演: 257-260.

Rawlings, G.B. and N.M. Wilson (1949) *Sirex noctilio* as a beneficial and destructive insect to *Pinus radiata* forests in New Zealand. *New Zealand Journal of Forest Science* 6: 20-29.［ニュージーランドにおけるラジアータマツ林に対する益虫および害虫としてのノクチリオキバチ］

佐野 明 (1992) ニホンキバチ. 林業と薬剤 122: 1-8.

佐野 明・福田秀志・堀 文子・伊藤進一郎 (2002) なぜ古い伐倒木からニホンキバチは発生するのか？ 第113回日林学術講要: 689.

Slansky, Jr.F. and J.M. Scriber (1985) Food consumption and utilization. In: *Comorehensive insect physiology, biochemistry and pharmacology, vol.4* (G.A. Kerkut and L.I. Gilbert ed.), Pergamon, Oxford. pp. 87-163.［昆虫の食物消化と利用］

Smith, D.R. (1978) Hymenoptera Catalogue. In: *Pars 14* (Nova ed.), Dr Junk W., B.V.- Publishers, The Hague, Holland. pp. 43-128.［膜翅目目録］

Spradbery, J.P. (1970) Host finding by *Rhyssa persuasoria* (L.), an ichneumonid parasite of siricid woodwasps. *Animal Behavior* 18: 103-114．［キバチの寄生バチのヒメバチ科の一種シロフオナガバチによる寄主探索］

Spradbery, J.P. (1973) A comparative study of phytotoxic effects of siricid woodwasps on conifers. *Ann. Appl. Biol.* 75: 309-320．［キバチの針葉樹に対する影響に関する比較研究］

Stillwell, M.A. (1966) Woodwasps (Siricidae) in conifers and associated fungus, *Stereum chailletii* in eastern Canada. *For. Sci.* 12: 121-128．［東カナダの針葉樹のキバチとその共生菌 *Stereum chailletii*］

鈴木利幸・福田秀志・佐野　明・伊藤進一郎 (2005) スギ立木におけるニホンキバチ共生菌の繁殖状況．中部森林研究 53: 85-86．

竹内吉蔵 (1962) 膜翅目キバチ科，日本昆虫分類図説2．北隆館，東京．

Talbot, P.H.B. (1977) The *Sirex-Amylostereum-Pinus* association. *Ann. Rev. Phytopathol.* 15: 41-54．［キバチ・アミロステレウム菌・マツの関係］

Zondag, R. (1969) A nematode infection of *Sirex noctilio* (F.) in New Zealand. *N. Z. J. Sci.* 12: 732-747．［ニュージーランドにおけるノクチリオキバチの線虫感染］

11章
養菌性キクイムシ類の生態
―昆虫が営む樹内農園―

梶村　恒

樹幹内で菌類を育て、これを子孫に与える穿孔性昆虫がいる．「神の食べ物」を意味するアンブロシア菌を培養する養菌性キクイムシである．複雑な穿孔様式と繁殖特性を持つ養菌性キクイムシはどのように樹幹と関わっているのか？

1. はじめに

　紀元前8000〜5000年，人類が農耕生活を始めていたことは確実のようである．その起源は，西アジアであると考えられている．イラクで発見されたジャルモ遺跡は，紀元前6500年と推定されている．そこでは，麦類や豆類が栽培されていたという．しかし，はるか昔，古生代から地球上に生息する昆虫の中には，すでに「農業」を営んでいたと考えられるものがいる（Mueller *et al.*, 2005）．有名なハキリアリは，5000万年前に菌類を育てていた．そして，穿孔性昆虫の中にも，単に植物体に孔を掘るだけではなく，食料を生産する一群が存在する．キクイムシの一部に，その独特の生活様式が認められる．

　この「木食い虫」ではない，キクイムシが最初に発見されたのは，19世紀前半，1836年のことである（中島，1999；梶村，2000）．当時，キクイムシが摂食する物質の正体は不明であり，アンブロシア（ambrosia）と名付けられた．ギリシャ神話において，それは「神の食べ物」を意味する（図1）．「不老不死」の効果を期待させる，実に想像豊かなものである．8年後，その物質は菌類であることが確かめられた．この神秘的な名前は，ambrosia fungi，ambrosia beetleとして残り，21世紀を越えても魅力を失っていない．

　本章では，彼らの知られざる生活の一端を紹介したい．穿孔様式と繁殖特性を概観・整理しながら，樹木を餌や棲み場所としてどのように利用しているのかを解説する．

2. キクイムシ類の基礎知識

　キクイムシとは，どのような昆虫なのか？　まず，その一般常識を確認し，「全体像」を把握しておこう（野淵，1980, 1994；梶村，2002a, b, 2003a）．

（1）形態と分布

　キクイムシ類は，鞘翅目ゾウムシ上科に属し，ナガキクイムシ科 Platypodidae とキクイムシ科 Scolytidae を含む．ゾウムシ類から派生したと考えられている．体長にして0.4〜25 mm（多くは2〜5 mm）とい

図1 ambrosia の由来を示す想像図(画:梶村知子).
キクイムシの坑道で発見された物質には,"神の食べ物"
を意味する言葉が与えられた.

う,小さな甲虫の一群である.体色は,ほとんどの種で黒色から茶色である.しかし,拡大してみると,毛あり,棘あり,実に複雑かつ独特の形態を持つ(口絵8).もう少し大きければ,クワガタムシ類に負けないくらい,「人気者」になったかもしれない.

ちなみに,広辞苑の「きくいむし」を見ると,海水中の木材(杭や木造船)を食害する甲殻類(エビの仲間)としても紹介されているが,これはワラジムシの俗称である.また,日曜大工用品店(ホームセンター)では,「キクイムシ用殺虫剤」が売られているが,これはヒラタキクイムシ(Lyctidae)の間違いである.確かに,姿も一見似ているが,彼らはナガシンクイムシ科やシバンムシ科に近い仲間である.乾燥した木材の害虫として,家庭内でも見かける,「似て非なる」甲虫である.

ナガキクイムシ科は,熱帯を中心に1463種,キクイムシ科は,熱帯から寒帯まで全世界に分布しており,5812種が確認されている(Wood and Bright, 1992).熱帯林での調査が進めば,この数は飛躍的に増えるであろう.日本では,ナガキクイムシ科3属18種とキクイムシ科54属304種が記載されている(Nobuchi, 1985a, b).しかし,キクイムシ科については,シノニム(同物異名)が含まれている可能性があり,51属296種になると見積もられている(後藤秀章,私信).

現在繁殖している種数を把握することは困難である.寄主植物の絶滅

とともに，姿を消したものもいるであろう．むしろ，寄主植物が不明な種が多いのが実情である．以下で述べるような生態の詳細が明らかになっている種は，キクイムシ類全体から見ればごく少数である．

（2）基本的な生活様式

キクイムシ類が植物体に掘る孔も，カミキリムシ類やゾウムシ類などと同様に，坑道（孔道）あるいは食痕とよばれる．多くの穿孔性昆虫では，産み込まれた卵から孵化した幼虫だけが坑道を作る．しかし，キクイムシ類の場合は，かならず最初に成虫が坑道を作り，この中で産卵する．そして，成虫（親）は多くの幼虫（子）の成育が終わるまで坑道内にいるので，巣の中で親子が共存することになる．子が成虫になると，坑道から脱出して分散する．新しい寄主木を探し，親として繁殖する．

育児中，親は坑道の入り口（穿入孔）を自らの体でふさぐ．外敵の侵入を阻止するため，あるいは内部の温度や湿度を調節するためと考えられている（野淵，1980；Kirkendall *et al.*, 1997；中島，1999）．雌雄で子育てをする場合は，主に雄がその役割を果たす．雌のみでも，穿入孔に木屑を詰めたり，蜘蛛の糸のようなものを出して膜を張ったりする（梶村，1995）．

このような生活スタイルは，7000種を超えるキクイムシ類のすべてに共通する．しかし，その他の習性は実に多様である．

（3）棲み場所と食物

穿孔する部位から見ると，多くのキクイムシ類は，樹皮下穿孔性キクイムシ（bark beetles）と養菌性キクイムシ（ambrosia beetles）の2つのグループに分けることができる．樹皮下穿孔性キクイムシは，文字通り，外樹皮の下の内樹皮を摂食する．内樹皮は，軟らかくタンパク質（窒素分）に富んでいるが，樹脂などの防御物質も含む．

これに対して，養菌性キクイムシは，木部の辺材に穿孔する．しかし，この部分を食べるわけではない．彼らの食物は，坑道の中で繁殖する菌類である．アンブロシア菌（ambrosia fungi）と総称され，糸状菌や酵母などを含んでいる．菌を食べる理由は，キクイムシが細胞壁（主にセルロースとリグニン）を分解する消化酵素を持たないためである．つまり，

効率よく栄養を摂取するために，木部を分解した（窒素分を濃縮した）菌を利用している（Haack and Slansky, 1987）．

なお，内樹皮に坑道を形成して，この中でアンブロシア菌を利用している「変わり者」がいる．日本にも分布している，ハンノスジキクイムシである（野淵，1974）．この種は，食性の進化における移行的な段階のものと考えられ，大変貴重な存在である．

このグループ分けは，形態的な分類体系と必ずしもよく対応していない．樹皮下穿孔性はキクイムシ科の約半数の種に，養菌性はナガキクイムシ科のほぼ全種とキクイムシ科の10族（属と科の中間の分類単位）に認められる（Beaver, 1989）．

キクイムシ類の中には，木部そのもの，髄，または種子を食べる種もいる（野淵，1974；Wood and Bright, 1992）．養菌性が最も進化した食性であると考えられていたが，遺伝子解析の結果では，早く分化した一群も存在し，少なくとも7回進化したことが示唆されている（Farrell et al., 2001）．木の中の複数の部位で繁殖することができる種や，発育ステージによって必ず摂食部位を変える種もいる（野淵，1974；Wood and Bright, 1992）．これらも食性進化の「生き証人」であると考えられる．また，少数であるが，根や草本，菌の子実体（キノコ）や虫えいに穿孔するものが存在する．面白いことに，熱帯林では，葉柄が重要な繁殖源になっている（Jordal and Kirkendall, 1998）．

（4）坑道型と配偶様式

キクイムシ類は，さまざまな形態の坑道を作る．養菌性では親が中心になって，樹皮下穿孔性では親子が共同して，「芸術的な彫刻」を完成する（口絵9）．坑道型は種（あるいは属）ごとに異なり，また穿孔する樹種や部位に関係なくほぼ一定である（野淵，1980；Kirkendall, 1993；荒谷ほか，1996；中島，1999）．このため，分類・同定の際に役に立つ場合がある．

坑道型に影響するのは，基本的に繁殖様式，特に家族構成（配偶様式）である（野淵，1980；Kirkendall, 1993；荒谷ほか，1996；中島，1999）．つまり，一夫一妻か一夫多妻か，卵を1つずつ置くかまとめて置くか，などに依存している．逆に，坑道型が同じだと，キクイムシの

表1 生立木に穿孔する養菌性キクイムシとその確認地域（梶村，2002b を改変）．

ナガキクイムシ科	
Austroplatypus confertus	オーストラリア
Austroplatypus incompertus＊	オーストラリア
Chaetastus tuberculatus	ガーナ
Crossotarsus externedentatus（ソトハナガキクイムシ）	フィージー，サモア，フランス領ポリネシア，南アフリカ，ジャワ島
Crytoqenius cribicollis	ガーナ
Dendroplatypus impar＊	マレーシア
Doliopygus aduncus	ナイジェリア
Doliopygus conradti	ガーナ
Doliopygus dubius	ガーナ，ナイジェリア，ニュージーランド
Doliopygus erichsoni	ガーナ，ナイジェリア
Doliopygus serratus	ガーナ
Doliopygus solidus	ガーナ
Doliopygus unispinosus	ガーナ
Notoplatypus elongatus＊	オーストラリア
Periomatus 属の1種	ガーナ
Platypus apicalis	オーストラリア
Platypus caviceps	オーストラリア
Platypus cylindrus	南ヨーロッパ
Platypus gerstaeckeri（フィージーナガキクイムシ）	フィージー
Platypus gracilis	オーストラリア
Platypus hintzi	ガーナ，ナイジェリア
Platypus mutatus＊	南アメリカ
Platypus pseudocupulatus	マレーシア
Platypus quercivorus（カシノナガキクイムシ）	日本
Platypus refertus	ガーナ
Platypus solidus（トガリハネナガキクイムシ）	マレーシア
Platypus subgranosus	オーストラリア
Platypus sulcatus	アルゼンチン
Platypus tuberculosus＊	オーストラリア
Platypus vitiensis	フィージー
Platypus 属の1種	マレーシア
Platypus 属の1種	メキシコ
Trachyostus aterrimus	ガーナ
Trachyostus carinatus	ガーナ，ナイジェリア
Trachyostus ghanaensis＊	ガーナ
Trachyostus schaufussi medius	ナイジェリア
Trachyostus schaufussi schaufussi	ガーナ，ナイジェリア
Trachyostus tomentosus	ガーナ
キクイムシ科	
Anisandrus dispar	ベルギー，チェコ
Corthylus columbianus＊	コロンビア
Corthylus fuscus＊	メキシコ
Euwallacea interjectus（アイノキクイムシ）	日本
Euwallacea validus（トドマツオオキクイムシ）	アメリカ
Trypodendron domesticum	ベルギー
Trypodendron signatum（カシワノキクイムシ）	ベルギー

Xyleborus alluandi	ガーナ
Xyleborus atratus（クワノキクイムシ）	アメリカ
Xyleborus ferrugineus	コスタリカ，ガーナ
Xyleborus formicatus（ナンヨウキクイムシ）	セイロン，台湾
Xyleborus glabratus（ハギキクイムシ）	アメリカ
Xyleborus mascarensis	ガーナ
Xyleborus mortatti	ガーナ
Xyleborus perforans（フィリピンザイノキクイムシ）	ガーナ
Xyleborus semiopacus	ガーナ
Xyleborus sharpae	ガーナ
Xylosandrus compactus（シイノコキクイムシ）	日本，東南アジア，ガーナ，インド，アメリカ
Xylosandrus crassiusculus（サクキクイムシ）	アメリカ
Xylosandrus germanus（ハンノキキクイムシ）	ベルギー，日本，アメリカ，ガーナ

*生立木のみを利用する．

 生態的特性が似ているとも考えられる．養菌性の場合，共生するアンブロシア菌が類似していたり，その接種場所が一致していたりする（中島，1999；梶村，2000）．坑道型は，穿入孔から排出される木屑の形態にも関係しているようである（梶村，2002b）．

 真社会性（説明 Box 3 参照）は，アリ類やハチ類などで知られているが，オーストラリアの *Austroplatypus incompertus* でも発見された（Kent and Simpson, 1992；荒谷ほか，1996）．つまり，子（姉）が分散しないで坑道内に留まり，自らは繁殖せずに他の子（妹や弟）の世話をする．親は「女王」として産卵のみする．しかも，ユーカリ生立木の心材で，少なくとも37年間は営巣するという．社会性の進化には，特殊な性決定様式を持つことが重要だと考えられてきたが，巣の安定性も大きな鍵を握っているようである（Kirkendall *et al.*, 1997）．生立木に穿孔するキクイムシ類は他にも知られており（表 1），社会行動を発達させている可能性がある．全体として，熱帯周辺で多く，大部分はナガキクイムシ科に属している．

3．養菌性の秘密

 養菌性キクイムシの生態を，少し詳しく見てみよう．特に，穿孔や繁殖のパターンと関連付けて，菌類との共生システムを概説する（Beaver, 1989；梶村，1998；中島，1999；梶村，2000）．

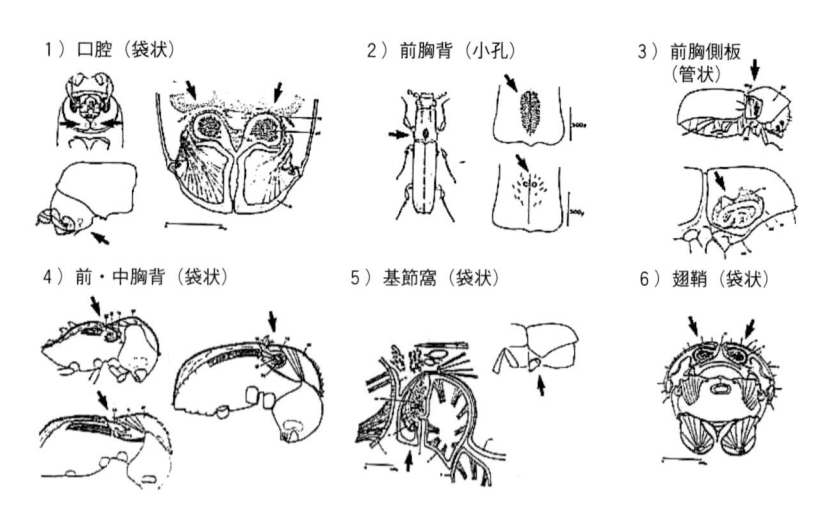

図2　マイカンギア（共生菌の胞子を貯蔵・運搬する器官）の型（梶村，2000を改変）．矢印は，存在部位を示す．

1）口腔（袋状）　2）前胸背（小孔）　3）前胸側板（管状）
4）前・中胸背（袋状）　5）基節窩（袋状）　6）翅鞘（袋状）

（1）菌を養う方法

　キクイムシ自身がアンブロシア菌を用意し，成虫が坑道を形成する際に菌の胞子を植え付ける．ハキリアリやシロアリと同様に，「菌を栽培する（農業を営む）」昆虫と形容できる所以（ゆえん）である（Mueller *et al.*, 2005）．菌を培養してから食べるところが，他の食性グループと異なる点である．

　植え付ける菌はどこから手に入れるのであろうか？　実は，彼らは共生菌の胞子を貯蔵・運搬するための器官を備えている．この器官は，マイカンギア（mycangia，単数形 mycangium）とよばれている（Batra, 1963）．体のさまざまな部位に存在するが，多くの場合，環節間膜が袋状に変形したもので，体内に収納される（図2，写真1）．マイカンギアの構造に関しては，日本においても優れた体系的な研究がある（中島，1999）．しかし，この日本産の種についても，その存在部位がすべて判明しているわけではない．

　アンブロシア菌は，坑道内で蛹（子）が脱皮して成虫になるときにマイカンギア内に取り込まれる（図3）．袋状の環節間膜の場合，反転して坑道内に付着することが観察されている（高木，1967）．この時期のマイカンギア内はほとんど空っぽのようであるが（図3，写真1），人

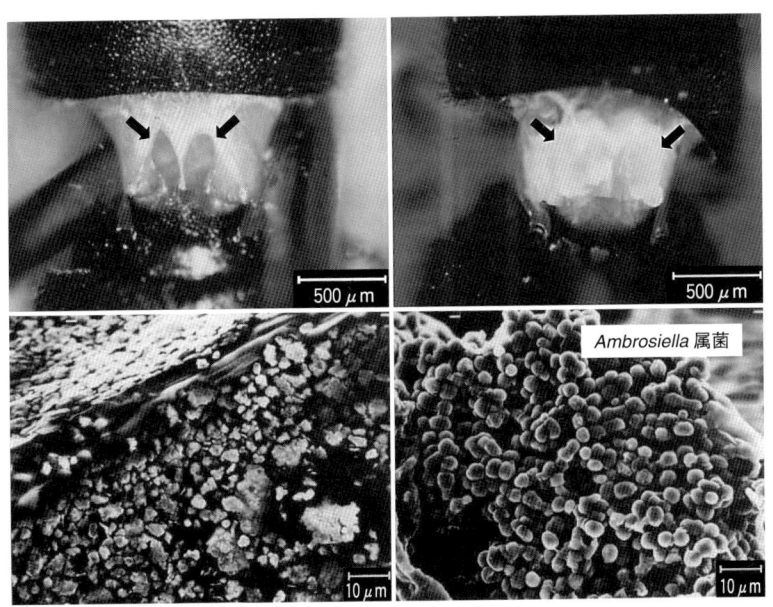

写真1　クスノオオキクイムシのマイカンギア（梶村，2000を改変）．
　　　越冬期（左上），飛翔分散期（右上）．矢印は開口部を示す．下図で内部を拡大した．

①未成熟成虫期　②成熟成虫期　③越冬期　④飛翔分散期

マイカンギアが反転して，坑道に接触する？

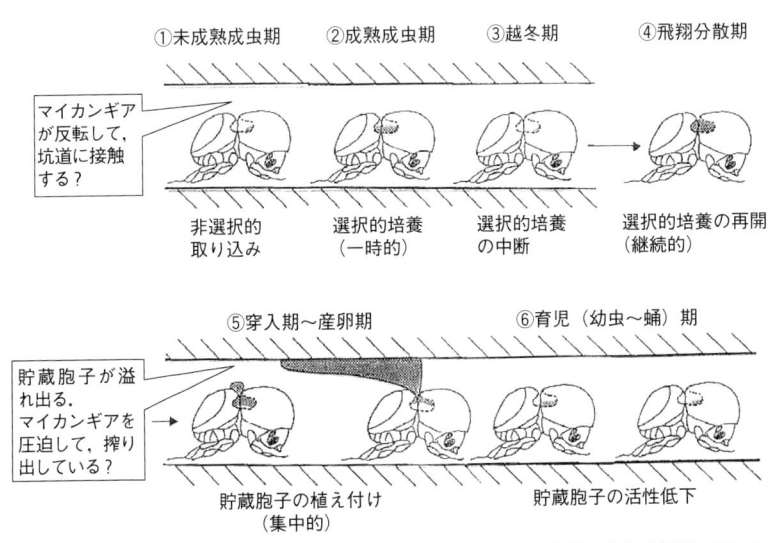

非選択的取り込み　選択的培養（一時的）　選択的培養の中断　選択的培養の再開（継続的）

⑤穿入期～産卵期　⑥育児（幼虫～蛹）期

貯蔵胞子が溢れ出る．マイカンギアを圧迫して，搾り出している？

貯蔵胞子の植え付け（集中的）　　貯蔵胞子の活性低下

図3　クスノオオキクイムシにおいて示唆される共生菌の獲得・維持・放出（梶村，1995を改変）．

11章　養菌性キクイムシ類の生態── 169

工培地上に接種してみるとさまざまな菌類が分離される．ところが，成虫が坑道内から脱出して，新しい寄主木を探す（親として繁殖する）頃には，特定の菌がマイカンギア内で大量に純粋培養されている（図3，写真1）．このようなマイカンギアの機能は，数種のキクイムシでしか確かめられていない（Beaver, 1989；梶村，1998, 2000）．しかし，同様の方法で，彼らは共生するアンブロシア菌を親から子へ「時空を越えて」継承しているに違いない．

なお，樹皮下穿孔性キクイムシの数種では，キクイムシに便乗するダニの研究が進んでいる（Harrington, 2005）．ダニも菌を保持する仕組みを持ち，運搬している．ダニと菌とキクイムシの間における，複雑な生物間相互作用が詳細に調べられている（Klepzig et al., 2001）．養菌性キクイムシにもダニが付着する場合があるが，その役割は不明である．

（2）アンブロシア菌の取り扱い

アンブロシア菌の大多数は，有性世代が判明していない不完全菌類に属する．一部の種についてのみ，子嚢菌類，半子嚢菌類，担子菌類であることが確認されている．しかも，これまでに菌の分離実験が行われたキクイムシは，全体からみると，ほんの一部にすぎない．

キクイムシの種ごとに，成育に不可欠である重要な菌類は決まっている．主要アンブロシア菌（primary ambrosia fungi）と副次的アンブロシア菌（auxiliary ambrosia fungi）に大別されている（Batra, 1966）．キクイムシの坑道内やマイカンギア内から分離した菌が，成育にどの程度重要であるかを評価するためには，人工飼育を行う必要がある（梶村，2003b）．つまり，何も摂食していない幼虫に分離菌を与え，その繁殖力を比較することが必要である．なお，筆者らは，共生菌とキクイムシの組み合わせを換える実験も行っている（梶村，2000）．その結果，他種のキクイムシの主要アンブロシア菌も潜在的に利用可能であるが，繁殖力は微妙に異なるという，大変興味深い知見が得られている．

マイカンギア内から坑道のどの部分にアンブロシア菌を接種するかについても，キクイムシの種ごとにそれは異なる（中島，1999；梶村，2000）．これは，産卵の方法（坑道型）に関係する．そして，マイカンギア内と同様に，キクイムシの発育とともに坑道内で菌相が移り変わる

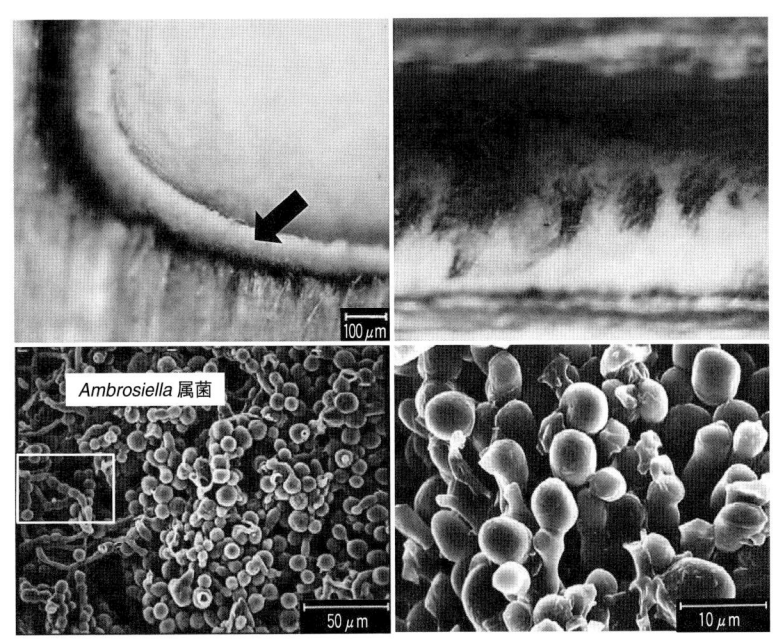

写真2 クスノオオキクイムシの坑道内共生菌（梶村，2000を改変）．
卵期（左上），幼虫期（右上）．矢印は菌層を示す．黒色部は坑道内壁に生じた変色である．下図で内部を拡大した．

(Beaver, 1989；中島，1999；梶村，2000)．一般的には，マイカンギア内から植え付けられた菌（主要アンブロシア菌）が繁殖した後，幼虫の摂食によって減少する（写真2）．そして，成育が終了すると，その他の菌類が優占的になる．

　人工培地の成分によっては，菌糸しか伸ばさず，胞子を形成しない菌種がある．実は，この生育形態が，キクイムシにとって重要である．上述した飼育実験で，菌糸状のアンブロシア菌を与えた場合，繁殖力が低下する（梶村，未発表）．菌体成分の違いが考えられるが，物理的に摂食できない可能性もある．一方で，マイカンギア内では，なぜか出芽と分裂で増えるため，ほとんど胞子のみが観察される（写真1）．

　最近では，キクイムシと同様に，アンブロシア菌の遺伝的起源も推測され，少なくとも5回進化したと考えられている（Farrell *et al.*, 2001）．そして，虫と菌の系統関係を付き合わせてみると，両者の共進化の過程は，他の菌栽培昆虫と違って，かなり複雑なようである（Mueller *et al.*,

2005)．

　さらに，バクテリアも含有した共生微生物複合体（mutualistic microbial complex）を摂食するという考え方もある（(Haanstad and Norris, 1985)．ハキリアリでは，「雑菌」の繁殖を抑えるために，バクテリアと共生しているという（Currie *et al*., 1999；Mueller *et al*., 2005)．バクテリアの生産する抗生物質を利用して，食物となる菌を守っている．しかし，キクイムシでは，共生バクテリアの機能解析どころか，その存在様式自体が不明である．バクテリア相が詳細に調べられた養菌性キクイムシは，皆無といっていい．

（3）穿孔と繁殖の決め手

　養菌性キクイムシ類は，基本的に抵抗力の低下した衰弱木や伐倒木に穿孔する．寄主木の発見には，揮発性物質を探知する嗅覚だけでなく，視覚も重要である（野淵，1980）．白色によく誘引される．坑道内の環境条件がアンブロシア菌の培養に不適な場合，繁殖することができない．心材にほとんど穿孔しないのは，この部分が抗菌性物質を多く含むためである．含水率は，一般的に約30％以上が必要とされる（野淵，1980）．生立木にアタックする場合は，樹脂にまかれて，穿孔そのものが失敗に終わる危険がある．繁殖に成功しても，発育のスピードが遅くなる傾向がある．

　キクイムシ類の繁殖力は，衰弱・枯死時期（伐採後の日数）や樹種だけでなく，木の直径にも関係する．これは，坑道型が影響するようである．例えば，小家族あるいは軸方向に長い巣を作る種は，細い枝状部でも十分に穿孔できるが，大家族あるいは木口面に巣を展開する種は，太い樹幹を必要とする（梶村，2002b）．

　養菌性キクイムシ類は，広葉樹（被子植物）によく適応しており，樹皮下穿孔性キクイムシ類よりも利用できる樹種の範囲が広いとされている（野淵，1974；Beaver, 1989；野淵，1994）．これは，アンブロシア菌が広食性，つまり多くの樹種で繁殖できることを示している．しかし，樹種によって，キクイムシの穿孔頻度や繁殖力が異なる（梶村，1995；小林・上田，2005）．

　養菌性が，全体として，熱帯雨林で優占的であることも注目される

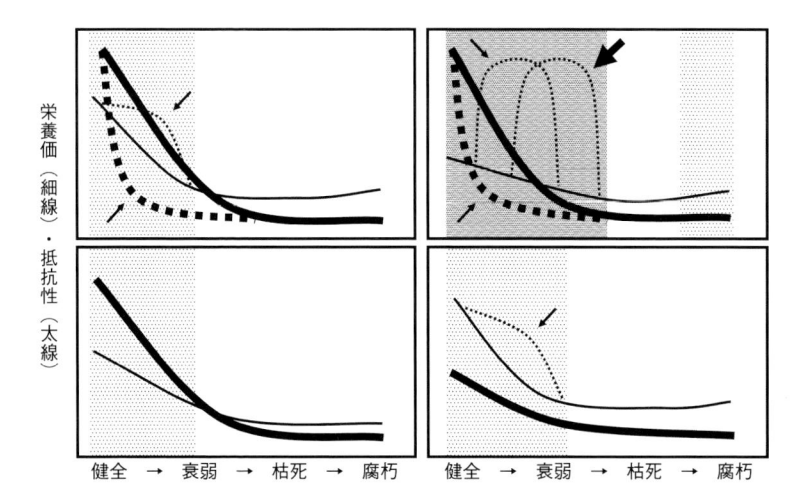

図4 樹木の分解に伴う栄養価と抵抗性の変化とキクイムシ類の資源利用の特性を示す概念図(梶村,2002aを改変).
内樹皮(左上),木部(右上),髄(左下),種子(右下).実線で自然状態を,点線でキクイムシが利用した場合の変化を示した.網掛けで利用する時期を表してある.濃い部分が養菌性グループに相当し,太い矢印で示した山型の点線がアンブロシア菌による変化である.細い矢印で示した点線も共生菌による変化であるが,一部のキクイムシ種においてのみ認められる.

(Beaver, 1979).種の多様性が高く(同一種の個体数が少なく),分解の速い場所では,特定の樹種に依存しないほうが有利であると考えられる.菌と連携することによって,多くの樹種を利用して生き延びてきたに違いない.これは,樹皮下穿孔性の一部が,しばしば針葉樹(裸子植物)の一斉林で,菌の病原力を利用してきたのと対照的である.彼らは,内樹皮という魅力的な資源を手に入れるために,樹木側の防衛を突破する作戦を採用したのである.食う(攻撃)食われる(防衛)という,軍拡競争の結果として理解できよう.

4.穿孔部位を利用するための工夫

ここで,養菌性キクイムシにおける資源利用の特性を,他の穿孔部位(食性)グループと比較しながら,再確認しておきたい(梶村,2002a).

図4に,樹木の各部位における栄養価と抵抗性が,健全から腐朽に至る時間的段階でどのように変化するのかを模式的に表した.樹幹全体のパターンを,内樹皮と木部に分けて検討し,髄と種子についても比較

したものである．つまり，樹皮下穿孔性，養菌性，材穿孔性，髄穿孔性，種子穿孔性の各グループに対応している．

(1) 樹皮下穿孔性

　樹皮下穿孔性キクイムシは，枯死前の比較的早い時期に樹幹を利用する．これは，内樹皮（師部）が，新鮮なほど，軟らかくタンパク質（窒素分）に富んでいるためである（Haack and Slansky, 1987）．内樹皮には，形成層から分化途上の生きた，原形質を含む細胞が存在する．しかし，健全な内樹皮は，餌資源としての予測性が高く利用可能な期間も長い反面，樹脂などの防御物質が備わっている．そこで，一部の種では植物病原菌を持ち込んで健全木を衰弱させ，中には養菌性キクイムシと同様のマイカンギアを発達させている種もいる（山岡，2000；Harrington, 2005）．つまり，菌類の病原力を利用した防衛突破という戦略であり，資源を先取りできるという利点がある．さらに，共生菌が内樹皮とともにキクイムシの栄養になる場合もある（山岡，2000；Harrington, 2005）．

　寄生蜂などの攻撃は，このグループの個体群動態を制御するほどではないが，確実に起こっている．これは，内樹皮が樹幹の中で最も外界に近いためである．当然，温度や湿度などの物理的環境の変化も受けやすい．このような観点からは，きわめて不安定な生息空間といえる．

(2) 養菌性

　これに対して，養菌性キクイムシは，基本的に衰弱木や伐倒木に穿孔する．抵抗力の低下した内樹皮を通過して辺材に達し，ここでアンブロシア菌を培養する．このグループが木部を直接摂食しない理由は，難分解性の細胞壁があるためである（Haack and Slansky, 1987）．つまり，この部分が，わずかなデンプン以外，主にセルロースとリグニンで構築されているため，自力では消化できない．しかし，大量にあるセルロースは，菌類の持つ消化酵素によって容易に分解される．また，リグニンは担子菌が分解できる．キクイムシが，糸状菌を利用して，きわめて効率的に樹木の窒素分を濃縮していることは間違いない．そのため，体サイズにもよるが，成長期間は比較的短い．衰弱木や伐倒木が，予測性の低い，また利用可能期間も短い餌資源であることに対応した，適応的な

繁殖戦略といえよう．

　一方，栄養を改善するためだけではなく，樹皮下穿孔性キクイムシのように，健全木の防衛ライン（内樹皮）を突破するために，菌を利用している種もいる．特に，生立木に穿孔する養菌性キクイムシは（表1），植物病原菌を運搬している場合が多い．例えば，ハンノキキクイムシでは，*Ophiostoma ulmi* との関係が示唆されている（Oliver and Mannion, 2001）．この菌は，ニレ立枯病（Dutch elm disease）を引き起こす（Webber and Gibbs, 1989）．ハンノキキクイムシは世界各国に侵入しており，果樹への加害も深刻になっている．この虫は，1960年代に，シイノコキクイムシとともに，日本の茶樹などに大被害を与えた（高木，1967：野淵，1994）．特徴的なのは，幹や枝だけではなく，土を掘って根にも穿孔することである．最近の日本においては，ハウス栽培のイチジクにアイノキクイムシが加害している（梶谷，1998）．傷の付いた枝から穿孔し，内部が褐変する．翅鞘にイチジク株枯病菌（*Ophiostoma fimbriata*）を保持していると考えられている．実は，*Xyleborus ferrugineus* もこの菌を運搬しており，コスタリカなど南米で，ココアを枯死させている（Webber and Gibbs, 1989）．

　しかし，どの場合も，食物となるアンブロシア菌に樹木に対する病原性があるわけではない．病原菌を付随させているだけである．例外は，カシノナガキクイムシである．マイカンギアからの分離頻度の高い菌の1種を苗木へ接種した結果，枯死が再現された（伊藤，2000）．逆に，この菌の栄養的な役割については不明である．なお，この虫は，いわゆるマスアタック（mass attack）を行う．大径木の地際部分に集中的に穿孔し，集合フェロモンも見つかっている（小林・上田，2005）．すでに示したように，*A. incompertus* は，心材という貧栄養かつ抗菌物質の塊のような場所で繁殖できる（Kent and Simpson, 1992）．これも特異な例であるが，その機構は不明である．

　一般に，養菌性キクイムシの坑道は，樹幹の奥深くに形成されるため，安全であると考えられている．しかし，寄生蜂などの天敵は存在する（Borden, 1988；Kirkendall, 1993；小林・上田，2005）．親成虫の防衛システムを突破して，オオズアリ属の1種が坑道内に侵入し，キクイムシの幼虫を運び出すことも観察されている（梶村，2002b）．アンブロシ

ア菌に関しても，すべての坑道内で確実に繁殖しているとは考えにくい．今後，生息空間としての坑道（巣）の安定性を定量化し，再評価する必要がある．

(3) 材穿孔性

材穿孔性キクイムシは，養菌性キクイムシと異なり，材そのものを摂食する．彼らは，腐朽の始まった段階の材を食べる．獲得の容易な資源であるが，栄養価は低く，発育に要する時間は長くなると思われる．幼虫の摂食した坑道には，糞や木屑が多量に詰められている（野淵，1974）．最も原始的なグループで，ゾウムシ類に近縁であると思われる．

(4) 髄穿孔性

樹体の最も内側，中心部を利用しているのが，髄穿孔性キクイムシである．このグループは，健全な段階で穿孔するので，内樹皮の抵抗を受けると考えられる．しかし，今のところ，特に強い病原菌との共生関係は認められていない．この説明の鍵は，穿孔部位の直径（成育年数）にある．彼らは，かなり新しい小枝を利用する（野淵，1974）．

幹や枝の直径の違いによって，抵抗性の変化のパターンは同じでも，その程度は異なるものと考えられる．つまり，局所的に見た場合，樹皮や木部の大きさ（厚さ）には明らかに変異があり，抵抗性の違いによってキクイムシの繁殖成功は大きく左右されると思われる（表2）．細い枝は，太い幹よりも，師部の防御物質にさらされる時間が短く，材部を掘り進む労力も少ないため，髄に定着できる可能性が高いと考えられる．

栄養面からも，小枝を選択する理由がわかる．髄の場合，組織分化の著しい樹幹先端，つまり伸長成長する枝ほど，軟らかく栄養価が高い（Fukushima *et al.*, 1994）．健全であるほど，この物理的または化学的なメリットは大きくなり，同時に予測可能性や利用期間の点でも有利になる．枝の繊維の長さは短いため，キクイムシが摂食しやすい．さらに，この部分は，太い樹幹と異なり，髄の周辺がほとんど心材化していない．

しかし，細い枝は，強度的に弱く，髄は外界に近い．また，食物あるいは営巣空間としての資源量も相対的に少ない．その結果，枝折れによ

表2 キクイムシ類の繁殖に及ぼす材直径の局所的影響（梶村，2002a を改変）．

要因	細い（枝）	太い（幹）
栄養価	同じ？	同じ？
繊維の大きさ	小さい	大きい
物理的・化学的抵抗性	小さい	大きい
衰弱・枯死の可能性	大きい	小さい
資源（食物・営巣空間）量	小さい	大きい
巣の安定性	小さい	大きい
天敵の作用	大きい	小さい
種間あるいは種内競争の作用	大きい？	小さい？

って巣が破壊され，天敵による攻撃や種間あるいは種内競争も激しくなるであろう．

穿孔部位の直径がキクイムシの繁殖成功に与える影響は，樹皮下穿孔性，養菌性，材穿孔性のグループでも重要である．ただし，競争については，フェロモンによる集中穿孔の例があるので，注意する必要がある．すなわち，十分に資源が存在するにもかかわらず，局所的に激しい競争が起こる場合がある．

（5）種子穿孔性

樹木の種子は，基本的に栄養価が高く，内樹皮に匹敵する．しかし，タンニンやサポニンなど，さまざまな防御物質を含んでいる．また，種子生産に豊凶性がある場合，きわめて予測しにくい資源となる．さらに，げっ歯類や鳥類が種子を移動あるいは食べることも多く，生息空間として不安定である．

種子穿孔性キクイムシは，地面に落下した種子だけでなく，枝上の落下前のものにも穿孔する（福本・梶村，2002）．ほとんどの種は健全な種子を利用するが，一部の種は内部が腐敗した段階で利用する（野淵，1974）．コーヒー果実の害虫として有名な種では，菌類の存在によって繁殖力が高くなる（Morales-Ramos et al., 2000）．原始的な（体表面の剛毛やくぼみによる）タイプのマイカンギアが発見された．しかし，この種が利用するのは，種子だけではない．本来は髄を摂食すると考えられ，内樹皮や辺材でも繁殖できる（野淵，1980；Wood and Bright, 1992）．

5. 実際の繁殖戦略

樹内に穿孔した養菌性キクイムシの生態は，害虫とされる種について，詳細に調べられている（高木，1967；野淵，1994；小林・上田，2005）．基本的に，養菌性キクイムシが材部に形成した坑道は，ピンホール（pin-holes）あるいはショットホール（shot-holes）とよばれ，しばしば木材（ベニヤ板や家具材などを含む）としての価値を低下させる．カナダ南部では，カレザイノキクイムシ属や *Gnathotrichus* 属による被害が世界的に有名である（Borden, 1988）．しかし，「普通の種」も少しずつ研究が進んでいる．彼らの「暮らし方」が，さまざまな視点から探られている．ここでは，著者らの研究例を中心に取り上げてみたい．

（1）場所の選択

筆者らは，さまざまなキクイムシが，いつ，どこに穿孔しているのかを，定量的に調査している（梶村，2002a）．まず，同一林分において，さまざまな樹種，伐採時期の餌木を用意した．そして，坑道ごとにキクイムシの種と穿孔部位（坑道の入り口周辺）の材直径を記録した．多様度を示す指数（H'）を3つのパラメータ（樹種，伐採時期，穿孔部位の直径）ごとに算出し，これらをニッチ（niche：生態的地位）の幅として3次元的に描いた（図5）．このデータから，ある養菌性キクイムシ群集における，ニッチの分割や重複を読み取ることができる．

寄主木選好性と繁殖成功は，衰弱・枯死時期（伐採後の日数）や樹種と関連付けて研究されてきたが，直径の影響（表2）はあまり考慮されてこなかった．また，坑道の型も重要である．坑道型は，アンブロシア菌の類似性や接種場所選択に関連するが（中島，1999；梶村，2000），材内における空間的なニッチ分割を直接的に示唆するものである．穿孔様式と繁殖特性を議論する際に，直径とともに考慮されるべきであろう．

なお，この解析については，樹皮下穿孔性などの異なるグループのキクイムシや，他の穿孔性昆虫を加えるという発想がある（Jordal and Kirkendall, 1998）．寄主木の樹種や衰弱（伐採）時期によっては，養菌性キクイムシがゾウムシ類やカミキリムシ類と共存（競争）するのは普通である．筆者は，クビナガキバチ類が，養菌性キクイムシの穿孔木か

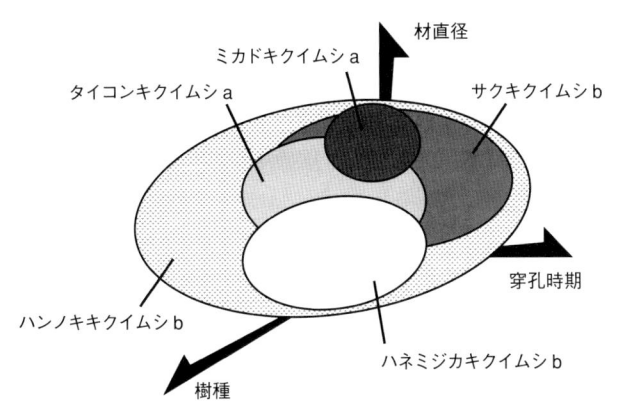

図5 同所的に生息する養菌性キクイムシ5種のニッチ（生態的地位）を示す模式図（梶村，2002a を改変）．
a：*Scolytoplatypus* 属，b：*Xylosandrus* 属．

ら羽化し，やはりマイカンギアとゼリー状の物質（mucus）を保持していることを発見している（Kajimura, 2000）．産卵した翌年に発育が完了する養菌性キクイムシに比べて，その発育期間が3年から4年に及ぶことも面白い．同じ寄主木の樹体内で，どのような相互作用が起こっているのか，興味は尽きない．

（2）食物の分配

親成虫は，マイカンギアを備え，食物となる菌を保持している．では，準備した食物を，親はどのように子供たちに与え，そして子供たちは兄弟姉妹間でどのように分配しているのだろうか？ 筆者らの研究によって，クスノオオキクイムシの家庭（巣）内における工夫・作戦が明らかになった（梶村，1995）．

家族構成（発育段階別の子孫数）を定期的に調査した．寄主木を伐倒・放置して20日後，すでに産卵が行われていた．なお，クスノオオキクイムシは一夫多妻であるが，兄弟姉妹間で交尾（同系交配）した後，雌のみで営巣する．次の20日の間に，卵から成虫まで，すべての発育段階が観察され，この後も個体数が増加（産卵が継続）した．しかし，最終的（雌成虫のみになった時）には，子孫数は減った．雄成虫は，脱出あるいは捕食（共食い？）のために，消失する．ただし，その数は，坑

道当たり数頭である．したがって，個体数の減少は，幼虫の死亡によって説明される．おそらく食物の獲得競争に敗れたと考えられるが，子供同士の殺し合いの可能性もある．

　子供の数と巣（坑道）の大きさの関係はどうだろうか？　例えば，坑道が大きければ十分な食物を用意できるので，育てる子供（産む卵）の数を増すのだろうか？　それとも子供の数は一定で，「余裕のある」生活を送るのだろうか？　各家庭の坑道サイズ（全長）を横軸に，その中の子供数を縦軸にしてプロットしてみた．なお，クスノオオキクイムシは，坑道のほぼ全体を菌の繁殖場所として利用している（梶村，2000）．すると，卵期から越冬期のすべての時期で，右上がりの関係になった．つまり，坑道のサイズが大きいほど，「大家族」なのである．また，成育時期が進むにつれて，坑道サイズは大きくなっていく．しかし，同じ坑道サイズで比較すると，成育時期が進むにつれて，子供の数は（特に越冬期に）減少した．このことは，母親は，より大きい坑道を掘って，より多くの卵を産むが，孵化した幼虫たちの競争は厳しいことを意味している．

　「主食」であるアンブロシア菌は，幼虫の出現（摂食開始）とともに，量的に減少する．また，排泄物などの付着や他の菌の混入により，質的にも大きく衰退していく（梶村，2000）．つまり，時間がたつほど，「子供たちの食糧事情」は悪化する．したがって，成長速度に差がなければ，後から産まれる子供は育たない可能性が高い．その証拠は，成長した子供たちの「体格」に表れている（図6）．妹たちは，姉たちよりも小さい．

　以上のように，この虫は，どんな「食・住環境」でも，同じ作戦で子孫を残している．つまり，親は坑道を延長（菌を接種）しながら大きさ（量）を把握し，それに見合った数の卵を産下する．この時，卵巣を成熟させるために，繁殖した菌の一部を摂食していると思われる．そして，この親の産卵様式から生じる子供たちの「時間差」が，「早い者勝ち」の食物分配を生んでいる．その結果，彼らの一部は，途中で死亡しても，体サイズの大きい個体を確実に生産できるのである．大型個体は，飛翔力，マイカンギア内の菌量，坑道形成能力，産卵能力などの点で有利であり，将来的に多くの子孫を残す可能性が高いと考えられる．

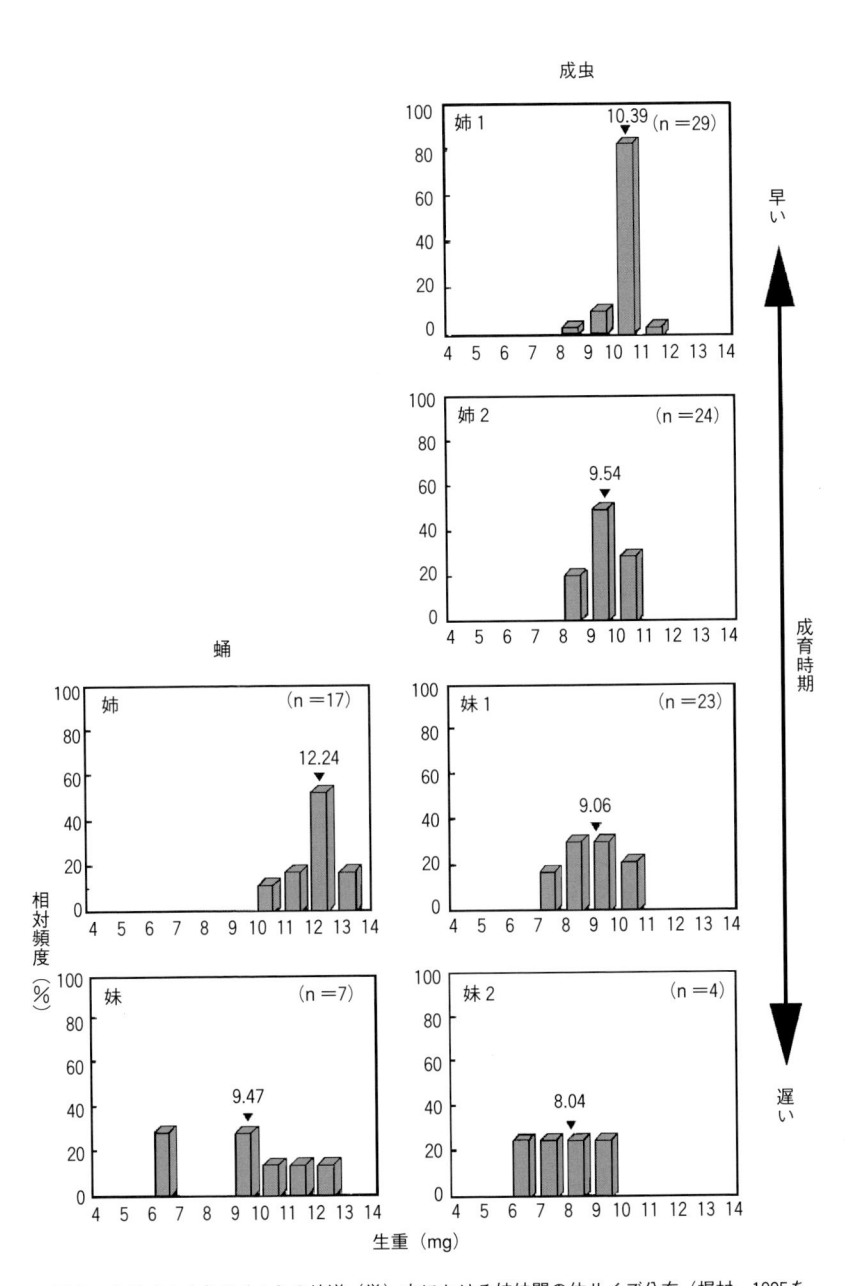

図6 クスノオオキクイムシの坑道（巣）内における姉妹間の体サイズ分布（梶村，1995を改変）．
図中の矢印の数値は平均値を示す．「蛹」は，坑道内に蛹（姉）と幼虫，成虫と蛹（妹）と幼虫が見られる場合で分けた．「成虫」は，体色（黒：姉1，こげ茶：姉2，茶：妹1，黄：妹2）で分けた．

11章　養菌性キクイムシ類の生態

（3）性比の操作

　キクイムシの中には，半倍数性を持つ一群がある（荒谷ほか，1996；Kirkendall *et al.*, 1997）．つまり，未受精卵は雄に，受精卵は雌になる．この性決定様式は，甲虫ではきわめて珍しい．雌は，体内に精子を貯蔵する器官を備え，受精をコントロールできる．ハチ類やアリ類と同様に，性比を調節できる．

　一夫多妻の同系交配の場合，家族内に雄がいなければ，雌は交尾できない．母親が，いつ，どこに，雄になる卵を産むかは，繁殖戦略上重要である．これまでの理論では，坑道形成後できるだけ早く雄卵を産むと予想されていた（Kirkendall *et al.*, 1997）．しかし，著者らは，可視的に飼育する方法を駆使し，この予想を覆すデータを得た．ファイルキクイムシでは，分枝した坑道（パッチ）ごとに雄卵を産下し，各坑道内での産卵順位が遅かった（Mizuno and Kajimura, 2002）．「ブラックボックス」だった坑道（巣）内の様子が非破壊的に継続観察でき，今後も新発見が期待される．

6．おわりに

　餌や棲み場所は，生物にとって必要不可欠な資源である．多くの生物は，同じ資源をめぐって，厳しい競争を繰り広げている．この競争を緩和あるいは回避するためには，新しい資源を開拓するのが効果的である．しかし，資源が新しいほど，自力で開拓することは困難である．その際，他者との共生（symbiosis），つまり他力を利用することが，有力な方策の1つになる（Paracer and Ahmadjian, 2000）．そして，結果として，そのことが適応放散の原動力となり，種分化を促進していくと考えられる．

　樹幹（木化組織）は葉よりも硬く，乾燥し，栄養価が低い．しかし，木部は，森林において莫大な現存量を持っており，それを利用することは競争回避に有利と考えられる．木部を利用する穿孔性昆虫は，鞘翅目，鱗翅目，膜翅目など4万種以上存在する（Haack and Slansky, 1987）．その中には，他の生物を利用しているものがいる．パートナーは菌類（糸状菌，酵母，バクテリア）である．

　本章では，そのような昆虫の代表であるキクイムシ類，特に養菌性と

いう究極的な共生関係を結んだグループを中心に取り上げた．そして，キクイムシ類が，餌と棲み場所をめぐって，菌類との相互関係を進化させながら，適応放散してきたことをお伝えした．今後，キクイムシ類をはじめとする，森林昆虫の生活様式，特に微生物との共生関係に興味を持つ方が，1人でも増えることを願っている．

引用文献

荒谷邦雄・近　雅博・上田明良（1996）食材性甲虫における亜社会性．親子関係の進化生態学（斉藤　裕編著）．北海道大学図書刊行会，札幌．pp. 76-108.

Batra, L.R. (1963) Ecology of ambrosia fungi and their dissemination by beetles. *Transactions of the Kansas Academic Science* 66: 213-236.［アンブロシア菌の生態とキクイムシによる伝播］

Batra, L.R. (1966) Ambrosia fungi: extent of specificity to ambrosia beetles. *Science* 153: 193-195.［アンブロシア菌：キクイムシとの特異性の程度］

Beaver, R.A. (1979) Host specificity of temperate and tropical animals. *Nature* 281: 139-141.［温帯および熱帯動物の寄主特異性］

Beaver, R.A. (1989) Insect-fungus relationships in the bark and ambrosia beetles. In: *Insect-Fungus Interactions* (N. Wilding, N.M. Collins, P.M. Hammond and J.F. Webber eds.). Academic Press, London, pp. 121-143.［樹皮下穿孔性および養菌性キクイムシにおける昆虫と菌の関係］

Borden, J.H. (1988) The striped ambrosia beetle. In: *Dynamics of Forest Insect Populations – Patterns, Causes, Implications –* (A. A. Berryman ed.). Plenum Press, New York, pp. 579-596.［シラベザイノキクイムシ］

Currie, C.R., J.A. Scott, R.C. Summerbell and D. Malloch (1999) Fungus-growing ants use antibiotic-producing bacteria to control garden parasites. *Nature* 398: 701-704.［菌栽培アリ（ハキリアリ）は菌園寄生者を制御するために抗生物質を生産する細菌を使う］

Farrell, B.D., A.S. Sequeira, B.C. O'Meara, B.B. Normark, J.H. Chung and B.H. Jordal (2001) The evolution of agriculture in beetles (Curculionidae: Scolytinae and Platypodinae). *Evolution* 55: 2011-2027.［キクイムシにおける農業の進化］

福本浩士・梶村　恒（2002）雑木林の知られざる昆虫—ドングリを食べる虫たち—．里山の生態学—里山の成り立ちとその保全のために，シデコブシの花咲く東海の谷間から—（広木詔三編著）．名古屋大学出版会，名古屋．pp. 153-168.

Fukushima, K., T. Imai and N. Terashima (1994) Heterogeneous lignification in one-year-old shoots of trees I. Characterization of cell wall components in the various tissues of a one-year-old poplar shoot. *Mokuzai Gakkaishi* 40: 958-965.［樹木の一年生枝におけるリグニン化の異質性Ⅰ　ポプラの各組織における細胞壁成分の

特定]

Haack, R.A. and F. Slansky (1987) Nutritional ecology of wood-feeding Coleoptera, Lepidoptera, and Hymenoptera. In: *Nutritional Ecology of Insects, Mites, Spiders, and Related Invertebrates* (F. Slansky Jr. and J. G. Rodriguez eds.). Wiley-Interscience, New York, pp. 449-486.［食材性の鞘翅目，鱗翅目，膜翅目の栄養生態学］

Haanstad, J.O. and D.M. Norris (1985) Microbial symbiotes of the ambrosia beetle *Xylotorinus politus*. *Microbial Ecology* 11: 267-276.［養菌性キクイムシの1種，*Xyloterinus politus* の共生微生物］

Harrington, T.C. (2005) Ecology and evolution of mycophagous bark beetles and their fungal partners. In: *Insect-Fungal Associations Ecology and Evolution* (F.E. Vega and M. Blackwell eds.). Oxford Univ. Press, New York, pp. 257-291.［樹皮下穿孔性キクイムシと共生菌の生態と進化］

伊藤進一郎（2000）森林生態系を脅かす"微生物—昆虫連合軍". 森林微生物生態学（二井一禎・肘井直樹編著）. 朝倉書店，東京. pp. 257-269.

Jordal, B.H. and L.R. Kirkendall (1998) Ecological relationships of a guild of tropical beetles breeding in *Cecropia* petioles in Costa Rica. *Journal of Tropical Ecology* 14: 153-176.［コスタリカにおいて *Cecropia* 属植物の葉柄で繁殖する甲虫類ギルドの生態学的関係］

梶村　恒（1995）クスノオオキクイムシとアンブロシア菌の共生機構とその適応的意義. 名古屋大学農学部演習林報告 14: 89-171.

梶村　恒（1998）森林昆虫の共生菌—アンブロシア菌—. 植物防疫 52: 491-495.

梶村　恒（2000）微生物を"栽培"する繁殖戦略—養菌性キクイムシとアンブロシア菌—. 森林微生物生態学（二井一禎・肘井直樹編著）. 朝倉書店，東京. pp. 179-195.

Kajimura, H. (2000) Discovery of mycangia and mucus in adult female xiphydriid woodwasps (Hymenoptera: Xiphydriidae) in Japan. *Annals of the Entomological Society of America* 93: 312-317.［日本産クビナガキバチ類におけるマイカンギア（菌を貯蔵する器官）とミューカス（ゼリー状物質）の発見］

梶村　恒（2002a）キクイムシ類の穿孔様式と繁殖特性：養菌性グループを中心に. 日本生態学会誌 52: 81-88.

梶村　恒（2002b）養菌性キクイムシ類の生態と森林被害. 森林科学 35: 15-23.

梶村　恒（2003a）養菌性キクイムシ. 生態学事典（巌佐　庸・松本忠夫・菊沢喜八郎編著）. 共立出版，東京. pp. 542-543.

梶村　恒（2003b）虫と菌の共生度をはかる. 森林科学 38: 64.

梶谷裕二（1998）イチジク株枯病菌の伝搬方法と防除対策. 今月の農業 42: 64-67.

Kent, D.S. and J.A. Simpson (1992) Eusociality in the beetle *Austroplatypus incompertus* (Coleoptera: Curculionidae). *Naturwissenschaften* 79: 86-87.［*Austroplatypus incompertus* における真社会性］

Kirkendall, L.R. (1993) Ecology and evolution of biased sex ratio in bark and ambrosia beetles. In: *Evolution and Diversity of Sex Ratio in Insects and Mites* (D.L. Wrensch and M.A. Ebbert eds.). Chapman and Hall, New York and London, pp.235-345.［樹皮下穿孔性および養菌性キクイムシにおける偏向性比の生態と進化］

Kirkendall, L.R., D.S. Kent and K.F. Raffa (1997) Interactions among males, females and offspring in bark and ambrosia beetles –the significance of living in tunnels for the evolution of social behavior–. In: *The Evolution of Social Behavior in Insects and Arachnids* (J.C. Choe and B.J. Crespi eds.). Cambridge University Press, Cambridge, pp. 181-215.［樹皮下穿孔性および養菌性キクイムシにおける雄，雌，子供の相互作用—社会行動の進化にとっての坑道内生活の重要性—］

Klepzig, K.D., J.C. Moser, F.J. Lombardero, R.W. Hofstetter and M.P. Ayres (2001) Symbiosis and competition: complex interactions among beetles, fungi and mites. *Symbiosis* 30: 83-96.［共生と競争：キクイムシ，菌，ダニの間の複雑な相互作用］

小林正秀・上田明良（2005）カシノナガキクイムシとその共生菌が関与するブナ科樹木の萎凋枯死—被害発生要因の解明を目指して—．日本森林学会誌 87: 435-450.

Mizuno, T. and H. Kajimura (2002) Reproduction of the ambrosia beetle, *Xyleborus pfeili* (Ratzeburg) (Col., Scolytidae), on semi-artificial diet. *Journal of Applied Entomology* 126: 455-462.［人工飼料内における養菌性キクイムシの1種，ファイルキクイムシの次世代生産］

Morales-Ramos, J.A., M.G. Rojas, H. Sittertz-Bhatkar and G. Saldana (2000) Symbiotic relationship between *Hypothenemus hampei* (Coleoptera: Scolytidae) and *Fusarium solani* (Moniliales: Tuberculariaceae). *Annals of the Entomological Society of America* 93: 541-547.［*Hypothenemus hampei* と *Fusarium solani* の共生関係］

Mueller, U.G., N.M. Gerardo, D.K. Aanen, D.L. Six and T.R. Schultz (2005) The evolution of agriculture in insects. *Annual Review of Ecology, Evolution, and Systematics* 36: 563-595.［昆虫における農業の進化］

中島敏夫（1999）図説養菌性キクイムシ類の生態を探る—ブナ材の中のこの小さな住民たち—．学会出版センター，東京．

野淵　輝（1974）キクイムシ類の生活型の進化．植物防疫 28: 75-81.

野淵　輝（1980）外材のキクイムシ類（上）—生態，南洋と米材のキクイムシの同定分類—．わかりやすい林業研究解説シリーズ No. 66. 林業科学技術振興所，東京．

Nobuchi, A. (1985a) Family Platypodidae. *Check-List of Coleoptera of Japan* 29: 1-3.［ナガキクイムシ科］

Nobuchi, A. (1985b) Family Scolytidae. *Check-List of Coleoptera of Japan* 30: 1-32.［キクイムシ科］

野淵　輝（1994）生丸太のキクイムシ類（アンブロシアキクイムシ）．森林昆虫—総

論・各論―（小林富士雄・竹谷昭彦編著）．要賢堂，東京．pp. 204-217.

Oliver, J.B. and C.M. Mannion (2001) Ambrosia beetle (Coleoptera: Scolytidae) species attacking chestnut and captured in ethanol-baited traps in middle Tennessee. *Environmental Entomology* 30: 909-918. ［テネシー州中部においてクリに加害する養菌性キクイムシとエタノールに誘引される養菌性キクイムシ］

Paracer, S. and V. Ahmadjian (2000) *Symbiosis –an introduction to biological associations–*, 2nd ed. Oxford University Press, Oxford. ［共生―生物学的関係への導入―］

高木一夫（1967）アンブロシア甲虫類の研究展望―ハンノキキクイムシ，シイノコキクイムシを中心にして―．茶業技術研究 34: 1-10.

Webber, J.F. and J.N. Gibbs (1989) Insect dissemination of fungal pathogens of trees. In: *Insect-Fungus Interactions* (N. Wilding, N.M. Collins, P.M. Hammond and J.F. Webber eds.). Academic Press, London, pp. 161-193. ［昆虫による樹木病原菌の伝搬］

Wood, S.L. and D.E. Bright (1992) A catalog of Scolytidae and Platypodidae (Coleoptera), part 2: taxonomic index. *Great Basin Naturalist Memoirs* 13: 1-1553. ［キクイムシ科およびナガキクイムシ科の目録　第2部：分類指標］

山岡裕一（2000）微生物による繁殖源の創出―樹皮下キクイムシと青変菌―．森林微生物生態学（二井一禎・肘井直樹編著）．朝倉書店，東京．pp. 148-162.

説明 Box 4
キクイムシ類の配偶システム

　キクイムシ類の配偶システムは，雌創設の一夫一妻制，同系交配の一夫多妻制，ハーレム型一夫多妻制，雄創設の一夫一妻制の4つに大別される（Kirkendall, 1983）．

　雌創設の一夫一妻制では，雌が最初に寄主に穿入して母孔の一部と交尾室を掘った後，フェロモン等によって誘引された雄と交尾室内で交尾をする．

　同系交配の一夫多妻制では，性比が極端に雌に偏っており，雄は雌よりも小さく，軟弱で目や後翅が退化しているが外部生殖器はよく発達している．雄は雌よりも早く羽化し，短命で巣から外に出ることはない．兄弟である雄と巣内で交尾した雌だけが巣から脱出し，単独で寄主に穿入して産卵と次世代虫の養育を行う．2倍体である受精卵は雌に，1倍体の未受精卵は雄になるという性決定様式を有する半倍数性の種では，受精していない雌は雄だけを産出し（産雄単為生殖），息子である雄と交尾して正常な性比の次世代虫を産む．

　ハーレム型一夫多妻制では，雄が先に寄主に穿入して孔道の一部と交尾室を掘り，フェロモンを発散する．1頭の雄が2頭以上の雌と交尾を行い，交尾後の雌は，雄が保護する穿入孔からそれぞれ別方向に孔道を掘り進む．

　雄創設の一夫一妻制では，雄が最初に寄主に穿入し，母孔の一部を掘った後にフェロモン等によって誘引された雌と交尾をする．

　雌創設の一夫一妻制が最も原始的な配偶システムであり，そこから姉妹と交尾した雄が分散せずに生まれた孔道内で死ぬ同系交配の一夫多妻制と，雄が先に穿入して複数の雌と交尾するハーレム型一夫多妻制の2つが進化した．そして，ハーレム型一夫多妻制から一夫一妻制になっても，雌創設に戻らずに雄創設の一夫一妻制へと進化したと考えられている．ナガキクイムシ科のほとんどは雄創設の一夫一妻性だが，樹皮下に穿入する原始的な *Protoplatypus* 属はハーレム型一夫多妻制である．また，*Austroplatypus incompertus* は雌創設の一夫一妻制で，交尾した雄が孔道の中に入らない特殊な配偶システムを有する．

（小林正秀）

12章
ブナ科樹木萎凋病を媒介する カシノナガキクイムシ

小林正秀

近年，ブナ科樹木が萎凋病によって枯死している．これは病原体であるナラ菌とその媒介者であるカシノナガキクイムシがもたらした被害である．樹木に対するこのキクイムシの攻撃はどのような仕組みで起きるのだろうか．

写真1 カシノナガキクイムシの成虫と幼虫.

1．はじめに

　カシノナガキクイムシ *Platypus quercivorus*（以下，カシナガ）はブナ科樹木萎凋病（口絵10）（説明 Box 5 参照）を引き起こすナラ菌の媒介者として知られている．カシナガは宮崎県と新潟県の標本を基に1921年に新種として発表された．本種はわが国だけでなく，インド，ジャワ島，ニューギニア，台湾にも分布している．成虫は光沢のある暗褐色の円筒形で，雄の翅鞘末端は突出し，雌の前胸背には菌嚢（マイカンギア）の役割を果たす5～10個の円孔がある（写真1）．幼虫は5齢を経過し，終齢幼虫は頭部後方が大きく膨らむ（写真1）．カシナガの穿入が確認された樹種は20科32属56種に達しているが，この中には少数の雄が穿入しただけで，材内で繁殖できない樹種が多く含まれている．繁殖が確認されているのはブナ科樹種に限られ（表1），その中でも穿入孔からの樹液流出量が多いブナなどの樹種では繁殖できない．

　カシナガが属するナガキクイムシ科 Platypodidae はほぼ全種が養菌性キクイムシであり，材内深くに孔道を伸ばし，孔道壁で生育した菌類を餌としている．カシナガの孔道も複雑で長く，長梯子型と呼ばれる（図1）．キクイムシ類の配偶システムは多様であるが（説明 Box 4 参照），カシナガは一夫一妻制の亜社会性の生活を営み，雌雄共同で子育てを行う．雄が最初に寄主を見つけて長さ数 cm の穿入母孔を掘り（Kobayashi et al., 2001），穿入孔で交尾した雌が穿入母孔を延長して長さ約10 cm の水平母孔を掘って産卵する．孵化幼虫は，孔道壁に生育した共生菌を

表1 カシノナガキクイムシの穿入が確認されたブナ科樹種（小林・上田，2005を改変）.

属名		種名		本州日本海側	紀伊半島	高知県	九州
ブナ属	Fagus	ブナ	F. crenata	○			
コナラ属	Quercus	ウバメカシ*	Q. phillyraeoides		●		
		クヌギ	Q. acutissima	●	●		
		アベマキ	Q. variabilis	●	○		
		カシワ	Q. dentata		○		
		ミズナラ	Q. crispula	●			
		コナラ	Q. serrata	●	●		
		ナラガシワ	Q. aliena	○			
		イチイガシ*	Q. gilva		○	○	○
		アカガシ*	Q. acuta	●	○	○	●
		ハナガガシ*	Q. hondai		○		
		ツクバネガシ*	Q. sessilifolia			○	○
		アラカシ*	Q. glauca	●	●		
		シラカシ*	Q. myrsinaefolia	●			
		ウラジロガシ*	Q. salicina	○	●	○	●
クリ属	Castanea	クリ	C. crenata	●			
シイ属	Castanopsis	ツブラジイ*	C. cuspidata		○		○
		スダジイ*	C. cuspidata var. sieboldii	●	●		
マテバシイ属	Pasania	マテバシイ*	P. edulis		○		●

○：穿入のみを確認，●：穿入と枯死を確認，*：常緑樹であることを示す.

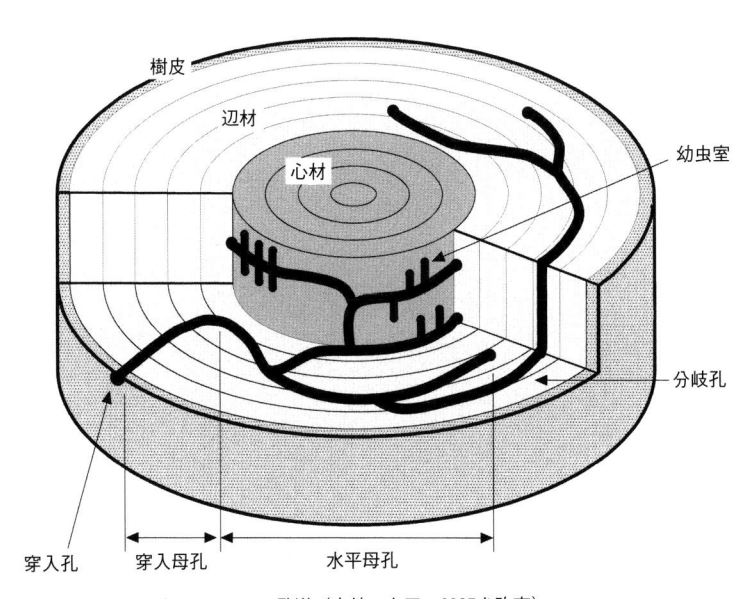

図1 カシノナガキクイムシの孔道（小林・上田，2005を改変）.

食べて成長し，分岐孔から繊維方向に長さ1 cm 程度の幼虫室を掘って，そこで越冬する．幼虫室で羽化した次世代成虫は孔道を逆戻りして，親が掘った穿入孔から脱出する．

2．共生菌

衰弱木や枯死直後の樹木は穿孔性昆虫にとって好適な寄主であるため，共通の資源をめぐる同種個体間の争い（種内競争）や異種個体間の争い（種間競争）が激しい．豊富にある健全木に穿入して繁殖できれば有利であるが，健全木には繁殖を阻害する抵抗力がある．そこで，穿孔性昆虫の一部は病原力のある他生物と共生関係を結んで，健全木の抵抗力に打ち勝とうとする．ヤツバキクイムシ *Ips typographus japonicus* やカラマツヤツバキクイムシ *I. cembrae* は，青変菌の病原力を利用して針葉樹の抵抗力を突破して枯死させる．一方，養菌性キクイムシの餌である菌類には，栄養改善のためのセルロース分解能力が要求される．カシナガのように健全木に穿入する養菌性キクイムシでは，病原力のある菌類とセルロース分解能力のある菌類の両者と共生関係を結ぶ必要がある．カシナガの場合は，幼虫の消化管から高率に分離される酵母類が主な餌（primary ambrosia fungi, PAF）であり，ナラ菌には健全木の抵抗力を打ち破るための病原力が期待されていると考えられる（Kinuura, 2002）．ただし，カシナガの菌嚢からは多種の酵母類や *Ophiostoma* 属菌なども分離される．養菌性キクイムシは共生菌が生育可能な樹種であれば繁殖できる可能性があり，特定の樹種の内樹皮を摂食する樹皮下キクイムシよりも寄主範囲が広い．カシナガが多種の菌類を随伴するのは，異なる樹種であってもいずれかの菌類が生育することによって，広範囲の樹種で繁殖できるという優位性を高めるためかもしれない．また，多種の菌類が孔道内に生育したほうが，孔道内の環境が変化した場合でも，いずれかの菌類が生き残ることによって，繁殖の失敗が回避できる（Kirkendall *et al.*, 1997）．これらの他に，PAF が孔道壁で純粋培養状態になるのは，副次的な共生菌（auxiliary ambrosia fungi, AAF）が出す抗生物質が雑菌を寄せつけないためであるとされており（中島，1999），ナラ菌が抗生物質を出している可能性もある．カシナガに随伴する菌類は多様で，それぞれが果たす役割には謎が多い．

3．野外における成虫の行動

 ナガキクイムシ科には薄暮性または夜行性の種が多いが，カシナガは夜明け後の数時間に脱出して午前中に飛翔する．雌雄の飛翔時間には違いがあり，低温では雌が早く飛翔を始める．飛翔は6月に始まり11月頃まで続くが，雄が飛翔を始める時期がやや早い．穿入孔から脱出した雄は新たな寄主を探索する．キクイムシ類にとって好適な寄主である衰弱木や枯死直後の樹木は至る所に多量に存在するわけではなく，いつどこに出現するかは予想しがたい．そこで，キクイムシ類の多くは，樹体内で起こる嫌気性の代謝によって生じるエタノールを寄主探索の際の手掛かりにしており，エタノールが重要なカイロモン[*1]になっている．カシナガの雄もエタノールにわずかに反応するが，他のキクイムシ類に比べればその反応は弱い．また，エタノールの放出量が少ない伐倒直後の丸太に飛来するキクイムシ類は少ないが，カシナガは伐倒直後の丸太に飛来する．これらのことから，カシナガの雄は，エタノールだけでなく他の揮発性成分にも反応して，衰弱直後の樹木にいち早く飛来すると考えられる．

 寄主に飛来した雄は，交尾前に穿入孔を掘る．カシナガの穿入孔数は大径木ほど多く，幹の下部ほど多い．丸太の場合でも，太くて長い丸太ほど穿入孔数が多い．このようにカシナガが大きな寄主を好むのは，複雑で長い孔道を構築することから，容積が大きいほど繁殖に有利なためであると考えられる (Hijii et al., 1991)．ただし，カシナガと同属のP. apicalis と P. flavicornis が幹の下部に好んで穿入するのは，下部ほど含水率が高く共生菌が生育しやすいためであるとされており，カシナガも含水率の高い丸太には多数が穿入する．また，幹の上部や細い丸太のよ

[*1] フェロモン：同種個体間の相互作用を媒介する情報化学物質．
アレロケミカル：異種個体間の相互作用を媒介する情報化学物質．

 アレロケミカルは物質の受信者に行動的，あるいは生理的な変化を及ぼし，それが受信者や発信者に有利となるのか不利となるのかによって以下の4つに分けられる．
①カイロモン　→発信者に不利となり，受信者に有利となる．
②アロモン　　→発信者に有利となり，受信者に不利となる．
③シノモン　　→発信者と受信者の両方に有利になる．
④アンタイモン→発信者と受信者の両者に不利になる．

うな含水率が低下しやすい部位では，共生菌（ナラ菌と酵母）が生育せず，カシナガは繁殖できない．これらのことから，カシナガが大きな寄主に好んで穿入するのは，容積が大きいことの他に含水率が低下しにくいことも影響すると考えられる．

多くのキクイムシ類では，寄主に穿入して交尾準備が整った個体（雄か雌かは種によって異なる）が交尾相手を誘引するためにフェロモンを発散する．異性のみを誘引する性フェロモンではなく，両性を誘引する集合フェロモンを発散する場合はマスアタック（集中攻撃）が起こる．マスアタックによって寄主の抵抗力は破壊されるが，集合フェロモンによって天敵が誘引されるだけでなく（Darling and Roberts, 1999），種内競争も助長される（Kirkendall et al., 1997）．そこで，抗集合フェロモンや発音によって穿入密度を抑えたり，穿入孔が隣接することを防いでいる種も多い．カシナガでは，雄を穿入させた丸太に雌雄が誘引されたことから，雄が集合フェロモンを発散することが示唆された（Ueda and Kobayashi, 2001）．また，雄が腹部末端から出した液滴を穿入孔外縁に堆積した木屑に付着させることから，この木屑を分析した結果，集合フェロモンが抽出された（所ほか, 2005）．これらの研究によって，穿入孔を掘った雄が集合フェロモンを発散し，それに誘引された雄が次々に穿入して集合フェロモンを発散することによってマスアタックが起こることが明らかになった．なお，マスアタックを起こすためには脱出が同調する必要があることから，種によって脱出する温度域が限定されている（Kirkendall et al., 1997）．カシナガでは，20℃以上の気温と日差しという2条件が満たされた午前中に大量飛翔が起こる（上田・小林, 2000）．

雄が掘った穿入孔に雌が飛来して交尾が行われる．カシナガは，他のナガキクイムシ科と同様の複雑な交尾行動を行う（図2）．一連の交尾行動の所用時間は約2分で，このうちA～B段階とE段階の所要時間が長い．A段階では，交尾の準備が整っていない（十分な長さの穿入母孔を掘っていない）雄や交尾を済ませた雄は雌の孔道内への侵入を拒むが，交尾の準備が整った未交尾の雄でも傷ついた雌の侵入を拒む．また，A段階で雄に受け入れられた雌が，B段階で立ち去る場合がある．これらのことから，A段階では雄が雌の活力を評価し，B段階では雌が雄の

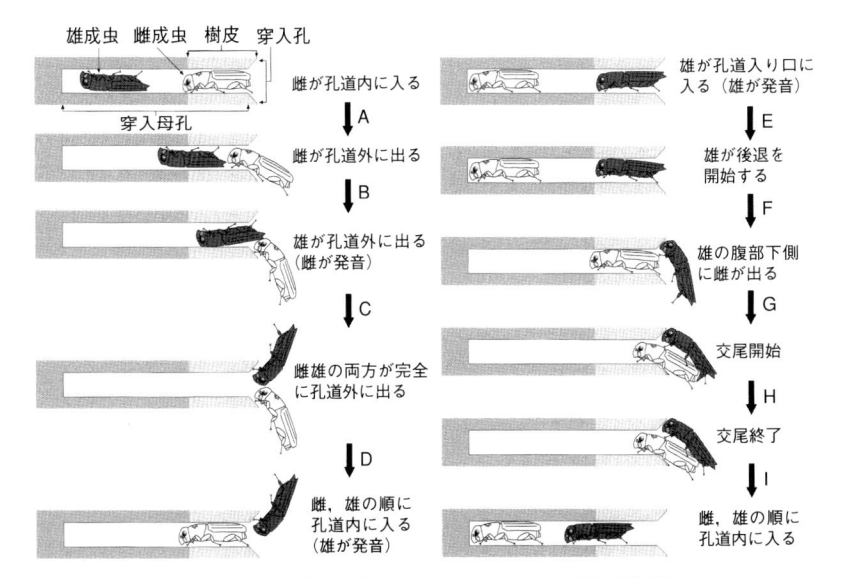

図2 カシノナガキクイムシの交尾行動（Kobayashi and Ueda, 2002を改変）．

活力を評価していると推察される．E段階では，雌が初めて孔道先端部に侵入できることから，雌が孔道を評価していると推察される．これらの段階とは異なり，雄が孔道外に出るC〜D段階とF〜I段階の所要時間は短い．これは，安全な孔道内にいる雄にとって，天敵による捕食の危険性がある孔道外での活動時間を短縮したほうが有利なためであると考えられる．

　カシナガは交尾行動中に発音する．キクイムシ類の発音は化学物質による信号と同じくらい重要な役割を果たしている．雌が集合フェロモンを発散する*Dendroctonus*属では，誘引された雄の発音をきっかけに雌雄が抗集合フェロモンを発散してマスアタックを終了し，巣内に侵入した雄が発音して他の雄の侵入を防ぐことによって一夫一妻制を堅持している．また，雄が集合フェロモンを発散する*Ips*属では，誘引された雌が巣内に侵入する際，すでに侵入している雌の数に合わせて音を変えることによって巣内に侵入する雌の数を制限し，1頭の雄が一定数の雌と交尾する一夫数妻制を堅持している．カシナガは左側翅鞘末端部の裏側にあるやすり状の構造と，これに対応する腹部の隆起部をこすり合わせ

て発音する（Ohya and Kinuura, 2001）．雌は発音しながら穿入孔を探し，穿入孔を見つけると鳴き止むが，B段階で雄が出てくると，雄の翅鞘に頭を押し当てながら発音する．雄も雌に続いて孔道内に戻るD～E段階で発音する．翅鞘の末端を切除された雌は，腹部を上下動しても発音できないため，孔道内への侵入を拒否される（Ohya and Kinuura, 2001）．*P. gracilis* にも同様の発音器官があり，雌が発音しながら他種のナガキクイムシ科の孔道内に侵入しようとしても拒否される（Ytsma, 1988）．これらのことから，カシナガの交尾行動中の発音は雌雄間の交信に使われており，特に雌の発音は種を認知するために使われていると考えられる．

4．材内における行動

養菌性キクイムシは一生の大半を樹木の材部の奥深くで過ごす．樹木の材部は堅い上に，養菌性キクイムシの孔道は複雑で細長いため，材内における行動を直接観察することはきわめて困難である．ナガキクイムシ科の材内における行動も，繁殖木の割材などによって得られた断片的な観察結果をつなぎ合わせて推察されている（Kirkendall *et al.*, 1997）．例えば，交尾後に孔道内に留まる雄の役割として，フラス[*2]の排出（口絵11），外敵や雑菌の侵入防止，穿入孔からの幼虫や卵の落下防止，腹部を動かすことによる換気などが指摘されているが（Kirkendall *et al.*, 1997），これらも，割材や穿入孔における観察結果から推察されている．もっとも，養菌性キクイムシのいくつかの種では，人工飼育によって材内における行動生態が解明されている．例えば，ハンノキキクイムシ *Xylosandrus germanus* では，寄主の小枝や根を試験管に入れて殺菌し，そこに成虫を接種する飼育法によって，産雄単為生殖（説明 Box 4 参照）を行うことが明らかにされた（Kaneko *et al.*, 1965）．また，この方法によって，成虫が歩行中に粘性のある膜を突出させ，この粘膜で付近の菌類を接着して菌嚢内に取り込むなどの興味深い行動が観察された（高木，1967）．この他に，寄主を直接利用するのではなく，人工飼料を詰めた透明の容器を用いた人工飼育も試みられている．この方法は，カ

[*2] フラス：木屑に幼虫の排泄物が混入したもので，親成虫の孔道掘削によって排出される木屑（boring）と区別される．

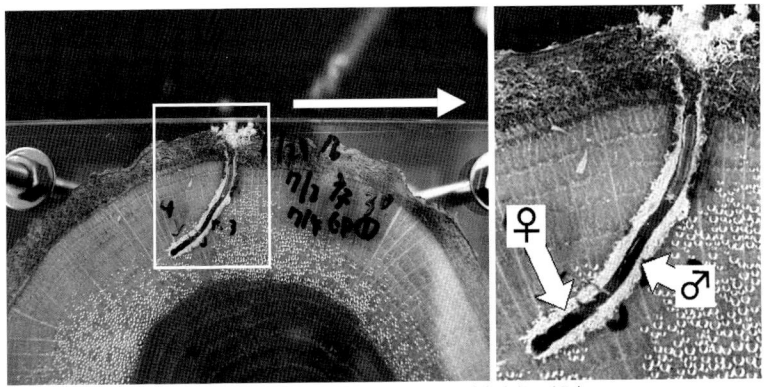

写真2　アクリル板を利用したカシノナガキクイムシの材内生態の観察.

カオ害虫（*Xyleborus ferruginues* と *Xyleborus posticus*）で初めて成功を収め（Saunders and Knoke, 1967），ファイルキクイムシ *Xyleborus pfeili* とフィリピンザイノキクイムシ *X. perforans* に適用された結果，養菌性キクイムシにおける発育零点と有効積算温度が初めて算出されている（水野・梶村，2000）．カシナガでも材内における行動を解明するために，繁殖木の割材の他に丸太や人工飼料を用いた人工飼育が試みられている．

（1）成虫の行動

カシナガは堅い材内に複雑で長い孔道を構築するため，繁殖木をナタなどでやみくもに割材しても材内の生態は観察できない．そこで，CTスキャン（X線断層撮影装置）を利用して孔道を追跡しながら丁寧に割材された結果，次世代成虫の一部が越冬せずに脱出する部分2化であることが明らかにされた（Soné et al., 1998）．ただし，孔道の破壊を伴う割材では，材内における成虫の行動を直接観察することはできない．樹皮下キクイムシでは，このような問題を解決するため，透明のプラスチック板に寄主の樹皮を挟んで樹皮下における行動が直接観察されている（今田・鈴木，1988）．そこで，水に浸漬した丸太の切断面を透明のアクリル板で覆い，切断面に成虫を放して生態を観察した（写真2）．この方法では，孵化には至らず，幼虫の行動は観察できなかったが，成虫の交尾行動や交尾後の材内における行動が観察できた．交尾行動については，図2のB段階では，雌が雄の翅鞘末端の突起を大顎でつかんで

引っ張り出すと考えられていたが（Ohya and Kinuura, 2001），雌に尾端を触れられた雄が自発的に穿入孔まで出てくることが明らかになった．また，図2のE段階では，雌は必ず孔道先端部を数回かじることから，この段階で雌が孔道を評価しているという仮説が支持された．交尾後の行動に関しては，交尾後の雌が，いつどのようにして共生菌を孔道壁に植え付けるのかは不明であったが，交尾直後の雌の菌嚢内から共生菌があふれ出て孔道壁に付着することが明らかになった．また，雌雄ともに孔道壁に生育した菌類を盛んにかじり取る行動も観察された．この行動は，他の養菌性キクイムシで指摘されているように（Kirkendall et al., 1997），菌類を食べるだけでなく，孔道が菌類で詰まるのを防ぐために生育しすぎた菌類をかじり取るための行動であると考えられる．アクリル板を用いた方法では，成虫の孔道掘削（くっさく）行動も詳細に観察できた．交尾直後の雌が孔道先端部に移動し，大顎でほぐした木部の繊維を引き抜くようにしながら孔道を掘削することが明らかになった．また，雄が体を回転させながら翅鞘末端の突起を利用して雌が作った木屑を穿入孔まで運んで排出する行動が観察され，翅鞘末端の突起がフラス排出に利用されていることが確かめられた．人工飼料を詰めた透明の容器を用いた人工飼育でも，雄が雌に近づいて木屑を受け取り，孔道外に排出することが観察されている（梶村ほか，2002）．これらの観察結果は，雄が孔道の防衛に専念するために穿入孔付近に常駐しているという先入観を覆（くつがえ）した．これらの他に，アクリル板を用いた方法によって，孔道の掘削中に雌雄の脚の先端部にある跗節（ふせつ）の一部が消失することも明らかになった．ヤチダモノナガキクイムシ Crossotarsus niponics では跗節の有無が親成虫と次世代成虫の区別点であり（中島，1999），ナガキクイムシ科では，跗節の消失という不可逆的な変化のために，交尾後に巣から脱出して他個体と交尾できないことが指摘されている（Kirkendall et al., 1997）．このように雄が貞節を守ることは昆虫では珍しいが，タイワンクチキゴキブリ Salganea taiwanensis では，交尾後に雌雄がお互いの翅を食べ合い，交尾相手を引き留めるという（松本，1996）．ナガキクイムシ科の跗節消失にもそのような役割があるのかもしれない．

　人工飼料やアクリル板を用いた方法によって，雌は交尾後の数日間に数個の卵を産むことも明らかになった．このようにカシナガは交尾直後

に産卵するが，同じナガキクイムシ科のTrachyostus属では，交尾した雌は，共生菌が孔道壁に生育してから産卵するため，交尾後数カ月を経てから産卵を始めることがある（Roberts, 1968）．このように摂食しないで長期間耐えることができるのは，親の巣内に留まって共生菌を摂食した次世代成虫が，新しい巣に定着した際に，消化器官内に蓄えた栄養や飛翔筋の分解で生じた栄養を利用するためであると考えられている（Roberts, 1968）．アリにも飛翔筋の分解によって生じた栄養を最初に生まれた幼虫に与える種が多い（松本・東，1993）．交尾直後に産卵を始めるカシナガでも，成虫になってから親の巣内に留まって蓄えた栄養や飛翔筋由来の栄養を利用していると考えられる．

カシナガの産卵は交尾直後の1回だけではない．CTスキャンを利用した割材調査では，孔道の延長に伴って次世代の個体数が増加することが明らかにされており（Soné et al., 1998），同様のことは他のナガキクイムシ科でも指摘されている．Trachyostus ghanaensisでは，雌は数回に分けて産卵し，初回に産下された数個の卵から孵化した幼虫が終齢に達した時点で2回目の産卵が始まり，1回当たりの産卵数が徐々に増加することによって総産卵数が250以上に達する（Roberts, 1968）．Crossotarsus externedentatus, Doliopygus dubius, Platypus cylindrusでも終齢幼虫が出現した時点で2回目の産卵が始まり（Roberts, 1977），Crossotarsus barbatusやDoliopygus conradtiは数回に分けて産卵し，総産卵数が300以上に達する（Darling and Roberts, 1999）．カシナガの総産卵数は300以上に達する場合があり，同じ孔道からの次世代成虫の脱出が100日以上も継続することから，終齢幼虫が出現した時点で2回目の産卵が始まり，数回に分けて長期間産卵していると考えられる．

(2) 幼虫の行動

丸太を水に浸漬し，その後でミズゴケを敷き詰めたコンテナ内に移し，そこに複数の成虫を放す飼育法が開発された．その結果，カシナガは休眠せず，冬季の低温によって発育が停止することや，交尾後の30日以内に終齢幼虫が出現することが明らかにされた（Kitajima and Goto, 2004）．この方法でカシナガが飼育されている丸太を定期的に割材すれば，交尾後のどの時点で幼虫が出現するのかが解明できる．そこで，コナラ丸太

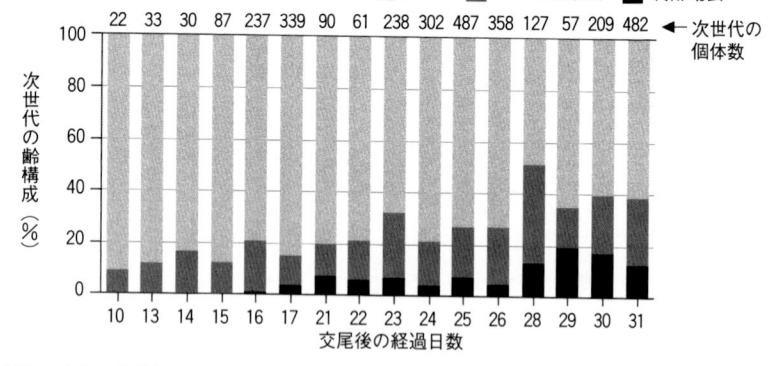

図3 カシノナガキクイムシの次世代の齢構成の推移．

を水に浸漬し，各丸太の中央から両端に向けて5cm間隔にドリルで穴をあけ（丸太当たり7〜9穴），各穴に雄を入れ，その数日後に雌を穴に入れて交尾させた．このような丸太を定期的に割材した結果，交尾10日後の孔道内に幼虫が確認され，16日後の孔道内に終齢幼虫が確認された（図3）．また，交尾20日後の孔道内に分岐孔が確認された．さらに，親成虫は分岐孔では確認できないが，分岐孔先端部に卵塊が確認された．これらのことから，交尾直後に産下された数個の卵から孵化した幼虫が2週間程度で終齢に達し，この終齢幼虫が分岐孔の掘削と卵の移動を行うという仮説が導かれた．

アクリル板を用いた方法で雌が孔道を掘り進む速度を測定した結果，その値は1日当たり約1cmであった．人工飼育した丸太の穿入孔から交尾後5日までに排出されたフラスの乾重は1日当たり約0.014gであり，この値から推定した雌による孔道掘削速度も1日当たり約1cmであった．*Trachyostus aterrimus* の雌が孔道を掘り進む速度もほぼ同じで，水平母孔が2週間程度で完成すると推察されている（Roberts, 1968）．CTスキャンを用いてカシガナの孔道長を調べた結果では，異なる雌雄のペアの孔道は交わることはなく，4本程度の分岐孔が鉛直方向に延びて多重構造になり，総延長が4mに達する場合があることが明らかにされている（Soné et al., 1998）．また，人工飼育に用いた丸太の穿入孔から排出されたフラスの総排出量は，最大9g程度であり，この値から推定した孔道の総延長は4mを大きく超えた．雌成虫は1日当たり約

1 cm しか掘ることができないので，雌だけで 4 m 以上に達する孔道を 1 年以内に掘ることは不可能である．このことからも，終齢幼虫が分岐孔の掘削を行っていると考えられる．これらの他に，孔道の外に排出されるフラスが変化することも終齢幼虫が分岐孔の掘削者であることを示唆している．カシナガでは，雄だけの穿入孔からは繊維状の木屑が排出され，交尾後は繊維状の木屑が粒状の塊となって排出されるが，終齢幼虫の出現時期になると細かな顆粒状のフラスが排出される．同様のことは *Trachyostus* 属，*Platypus gerstaeckeri*，*C. externedentatus* でも観察されており（Roberts, 1968, 1977），ナガキクイムシ科の多くの種で，終齢幼虫が分岐孔の掘削者であると推察されている（Kirkendall *et al.*, 1997）．卵の移動に関しても，*Trachyostus* 属や *C. externedentatus* では，幼虫がいない時期の卵は母孔の末端にあるが，次第に分岐孔の各所に散在するようになるため，卵が幼虫や次世代成虫の体表に付着して移動すると推察されている（Roberts, 1968, 1977）．

このように，終齢幼虫が分岐孔の掘削と卵の移動を行うという仮説の傍証は多い．しかし，これを完全に証明するためには，人工飼料を詰めた透明の容器を用いて，幼虫の行動を直接観察する必要がある．そこで，人工飼料の作成法や接種する成虫の殺菌法などを工夫した結果，次世代成虫の羽化・脱出に成功した．そして，飼育ビンのガラス壁面に現れた孔道内をビデオカメラで撮影した結果，終齢幼虫が顎でかじり取った飼料を腹部下面に溜め込んで分岐孔外に搬出する行動や，終齢幼虫の体表に卵が付着して移動することが確認できた．これによって，終齢幼虫が分岐孔の掘削と卵の移動を行うという仮説は完全に証明され，終齢幼虫が分岐孔を掘り進む速度が 1 日当たり数 mm であることも明らかになった．カシナガでは，分岐孔数は初産の卵数とほぼ同数であり，*C. externedentatus* でも同様のことが指摘されていることから（Roberts, 1977），初産の数個の卵から孵化した幼虫が分岐孔の掘削者であると考えられる．

人工飼料による飼育では，割材調査などでは推察されなかった行動も観察された．終齢幼虫が腹部末端から透明の液を出して孔道壁面を濡らし，濡らした部分を頭部でこねるようにしながら前方に移動する行動が観察された．また，終齢幼虫の腹部末端から分泌された乳白色の液体を

別の終齢幼虫が吸い取る行動が観察された．前者の行動は，終齢幼虫が高含水率を必要とする酵母類を培養するために行っていると考えられる．後者の行動は，幼虫同士の栄養交換であると考えられ，成虫も幼虫の腹部末端に頭部をこすり付けることから，カシナガが真社会性[*3]の昆虫に見られる幼虫から親への栄養伝達を行っている可能性も示唆された（説明 Box 3 参照）．

5．繁殖

（1）繁殖能力

ブナ科樹木萎凋病の激害林から採取されたカシナガ繁殖木の割材調査の結果から，カシナガの孔道当たりの次世代の個体数は，多くても50頭程度と考えられてきた．しかし，次世代の個体数は孔道の延長に伴って増加するため，繁殖途中の孔道を割材して得られた値は，雌雄のペアが最終的に生産する値よりも低い．また，カシナガは繁殖に適した樹種や大径木から先に穿入するため，同一林分内では好適な寄主が徐々に減少して被害が10年程度で終了する．このため，被害発生から数年が経過した激害林で得られた次世代の個体数は，好適な寄主が多い被害発生初期林における値よりも低いはずである．実際に，孔道当たりの脱出成虫数は，被害発生初期林のミズナラ大径木では，平均100頭（最高337頭）に達した．これらのことから，カシナガは潜在的に高い繁殖能力を有しており，繁殖に適した寄主が豊富に存在すれば，個体数が急激に増加すると考えられる．

[*3] 真社会性とは以下の3つの特徴を保有するものと定義されている．
①同種の複数の成体が共同で保育を行う．
②親世代と子世代が共存する．
③生殖のみを行う繁殖カーストと生殖を行わないワーカーや兵隊の不妊カーストがいる．

真社会性は，次の5段階のいくつかを経て進化したと考えられている．
①単独性　　：上記の①〜③のどれも保有していない．
②亜社会性：成体が自身の子供を保育する．
③共同巣性：同世代の個体が共同して巣を作るが，共同保育はしない．
④準社会性：同世代の個体が共同して巣を作り，そこで共同保育する．
⑤半社会性：同世代の個体が共同保育し，ある個体は子供を産まずに保育に専念する．

(2) 繁殖場所の利用期間

健全木に穿入するナガキクイムシ科には，巣を2年以上利用する種が多い（Kirkendall et al., 1997）．カシナガでは，約200頭の成虫が脱出した孔道から，翌年に数十頭の成虫が脱出する場合があった．このように巣が2年以上利用されるのは，①発育を完了するまでに2年以上を費やす個体が存在する，②巣内の兄弟と近親交配した雌が親の巣を引き継ぐ，③巣内に侵入した雄と交尾した雌が親の巣を引き継ぐ，④巣を創設した成虫が2年以上生存して産卵を継続する，の4つの場合が考えられる．温帯に分布する P. cylindrus では，冬季の低温によって幼虫の発育が遅れるため，①の場合と考えられており，カシナガもこの可能性が高い．しかし，Austroplatypus incompertus や T. ghanaensis では，交尾した雌に見られる正常な卵巣を持った次世代成虫が古い巣内に確認されており，②または③の場合であると考えられている（Roberts, 1968；Kirkendall et al., 1997）．A. incompertus は，鞘翅目（Coleoptera）で唯一真社会性の種として知られており，T. ghanaensis も真社会性に近い種であると考えられている（Kent and Simpson, 1992）．カシナガがどれに該当するのかは興味深い．

(3) 繁殖阻害要因

寄主の容積が小さいことや含水率の低下が繁殖を阻害することはすでに述べた．これらの他に，健全木に穿入するナガキクイムシ科では，樹液による死亡が指摘されており，カシナガでも，樹液を流出している穿入孔からの脱出成虫数が少ないことから，樹液は繁殖阻害要因になっている．また，過去に穿入を受けた辺材部は，繁殖を阻害するフェノール類を含む変色域が形成されるため，繁殖に不適になる（加藤ほか，2001）．さらに，孔道形成時期が遅いほど，既存の孔道の影響を受けて孔道を延長する空間が制約されたり，幼虫の生育可能な期間が短くなるため，繁殖が困難になる（曽根ほか，2000）．

材内深くに穿入するナガキクイムシ科は，大気に露出して生活する昆虫や内樹皮に穿入する樹皮下キクイムシに比べれば，天敵から逃れやすい．しかし，ナガキクイムシ科にも，捕食者や寄生者，孔道内の餌をかすめ取るものがいる（Roberts, 1968, 1977；Darling and Roberts,

1999).カシナガの孔道内には,捕食者であるヤマトネスイ *Rhizophagus japonicus* やホソカタムシ科 Colydiidae などの甲虫の他に,双翅目 Diptera や膜翅目 Hymenoptera が侵入する.また,成虫の翅鞘の裏面や体表面に便乗して孔道内に侵入する線虫類やダニ類がいる.さらに,孔道外に脱出した成虫はアリ類や鳥類によって捕食され,昆虫寄生性糸状菌(*Beauveria bassiana* など)に感染して死亡する個体もいる.

　天敵昆虫は,その体サイズに依存してキクイムシ類の孔道内に侵入できるかどうかが決まる.このため,同一地域内のキクイムシ類の複数種は,異なる体サイズに分化し,天敵昆虫による影響を分散する.すなわち,天敵昆虫とキクイムシ類との間に共種分化[*4]が生じていると考えられている(Darling and Roberts, 1999).実際に,カシナガが穿入した寄主に穿入するルイスザイノキクイムシ *Ambrosiodmus lewisi* とヨシブエナガキクイムシ *Platypus calamus* の穿入孔の直径は,前者が 2 mm 以上,後者が 1 mm 以下で,カシナガの穿入孔(1.5～1.8 mm)と一見して区別できる.

(4) 大繁殖の要因

　わが国では,伐採木や台風による風倒木を利用して大繁殖したヤツバキクイムシが,エゾマツ *Picea jezoensis* などの健全木に穿入して枯らす.カラマツヤツバキクイムシはカラマツ *Larix leptolepis* に穿入して枯死させる.ハンノキキクイムシは,凍害や乾燥害などで衰弱したクリ *Castanea crenata* やチャノキ *Camellia sinensis* で大繁殖し,健全木に穿入して枯らす.海外でも,欧州などでは,タイリクヤツバキクイムシ *Ips typographus* が大繁殖してトウヒ属 *Picea* を枯死させており,北米では,大繁殖した *Dendroctonus* 属による針葉樹の枯死被害が深刻である.このように健全木に穿入して枯死させるキクイムシ類には共通点がある.ヤツバキクイムシ類や *Dendroctonus* 属は青変菌の病原力を利用して健全木の抵抗力を破壊しており,ハンノキキクイムシはニレ立枯病の病原菌 *Ceratocystis ulmi* を伝播していることが示唆されている(梶村,2002).カシナガが大繁殖して健全木を枯死させるのは,ナラ菌の病原

[*4] 共種分化:捕食者と被食者や寄生者と寄主の関係のように,複数種の生物において他の生物の状態が互いに淘汰圧となって両種に進化が起こることを共進化といい,このような共進化の過程を通して互いの種分化が促進される現象を共種分化という.

力を利用して健全木に穿入するためであると考えられる．実際に，伐倒直後のミズナラ丸太にいち早く穿入するのはカシナガとハンノキキクイムシであり（小林ほか，2003），これらの種が，樹液などによる抵抗力が残っている伐倒直後の丸太に穿入できるのは，菌類の病原力を利用しているためであると考えられる．

　ブナ科樹木萎凋病は，ヤツバキクイムシやカラマツヤツバキクイムシのような在来種が大繁殖して健全木を枯死させる被害と酷似しているが，両者の被害拡大パターンは異なっている．ブナ科樹木萎凋病の被害拡大パターンは，飛翔可能な生物が新たな場所に侵入して分布を拡大するときのパターンと同様に，周辺木への分散，中距離（数百 m）の移動，長距離（数 km）の移動という，3つの異なるスケールが組み合わさった階層的拡散を示す．このことが，カシナガが国外または国内の南方からの外来種であるとする説の有力な根拠になっている（Kamata et al., 2002）．しかし，タイリクヤツバキクイムシや *Dendroctonus* 属による被害は，在来種による被害であるが，ブナ科樹木萎凋病と同様に，一度発生した被害が同心円状に拡大する．このことから，ブナ科樹木萎凋病と外来昆虫の被害拡大パターンが類似していることは，カシナガが在来種であることを否定するものではない．

　わが国で捕獲記録があるナガキクイムシ科18種はすべて熱帯起源であり，黒潮に乗って運ばれてきたと考えられている（野淵，1991）．カシナガは，被害地では簡単に捕獲できるが，無被害地ではめったに捕獲できない．とはいうものの，無被害地では1938年に京都府の芦生のミズナラから採集されており，山口県や群馬県の無被害地でも採集されている（加辺，1960）．カシナガが侵入種だと考える研究者は，無被害地での捕獲記録が少ないことから，そのような記録は，台風などによって長距離を移動する迷蝶のような個体が捕獲されたにすぎないと考えている．しかし，これらの捕獲記録は，繁殖木を割材して採集されていることから，被害地から飛来した迷蝶のような個体であるとは考えられない．京都府内で10万頭以上のキクイムシ類を捕獲したが，無被害地では，ヨシブエナガキクイムシを除くと，カシナガ，ルイスナガキクイムシ *Platypus lewisi*，ヤチダモノナガキクイムシは数頭しか捕獲されず，トガリハネナガキクイムシ *Platypus solidus* は1頭しか捕獲されなかった．ナガキ

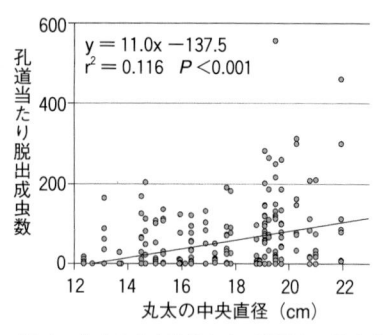

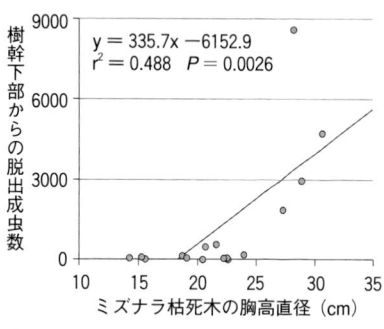

図4 丸太の中央直径および枯死木の胸高直径とカシノナガキクイムシ脱出成虫数との関係.

クイムシ科は，無被害地では，低密度で点在する衰弱木や枯死直後の樹木を利用して広く低密度で分布しているため，簡単には捕獲できない．これらのことから，カシナガは古くからわが国に分布していたと考えられる．

　カシナガが，近年になって大繁殖している要因として，燃料革命以降の薪炭林の放置による樹木の大径木化が指摘されている（小林・上田，2005）．この根拠は大径木における高い繁殖率である．人工飼育に用いた丸太からの孔道当たりの脱出成虫数は，丸太の直径が大きいほど多く，最高値は558頭に達した（図4）．また，前年にカシナガの穿入を受けて枯死したミズナラの樹幹下部にネットを被せて総脱出数を調査した結果，総脱出数は胸高直径が大きいほど多く，胸高直径25 cm以下の調査木からの脱出数は600頭以下であったが，胸高直径25 cm以上の調査木からは最大で約9000頭が脱出した（図4）．

　ブナ科樹木萎凋病の最初の被害発生場所は，過去に薪炭林であった広葉樹二次林であることが多く，被害が拡大してミズナラ天然林にまで被害が及ぶことはあっても，ミズナラ天然林が最初の被害発生場所になることはない．最初の被害発生場所であるナラ類の広葉樹二次林の多くは，もともとはシイ・カシ類の常緑広葉樹林であったが，根に光合成産物を蓄えているナラ類のほうが伐採後の再生力が強いため，伐採されることで，構成種がシイ・カシ類からナラ類へと変化した（広木，2002）．伐採によって成立したナラ類が，伐採されなくなって加齢すれば，その一部が衰弱することは想像に難くない．また，標高300 m程度の低地のミズナラ林で最初の被害が発生しやすいことから，低標高地に分布するナ

ラ類が地球温暖化の影響で耐えられる以上の高温に曝されて衰弱している可能性もある（小林・上田，2002）．このようにして発生した衰弱木を利用してカシナガの個体数が広範囲で増加しており，そのような状況下で，風倒木や伐採木を利用してさらに個体数が急増して最初の被害が発生し，周辺にも繁殖に適した大径木が分布しているために，一度発生した被害が次々に拡大すると考えられる．実際に，最初の被害発生場所は伐採木や風倒木の発生地点である場合が多く，被害が同心円状に拡大する距離はカシナガが飛翔可能と推定される数 km 程度である．

6．おわりに

 ブナ科樹木萎凋病の被害対策を考える上で，カシナガの生態を明らかにすることが重要である．このような観点からカシナガの研究に取り組んだ結果，カシナガだけを悪者扱いすることに疑問が生じてきた．被害が発生しているブナ科樹木を主とする広葉樹二次林は，燃料革命以降に放置されて大径木化している．人間の勝手な都合で放置された大径木を利用してカシナガが大繁殖していることがブナ科樹木萎凋病が流行している要因と考えられる．また，燃料革命をきっかけとする地球温暖化が，カシナガの生息域の拡大や樹木の衰弱を引き起こしていることも被害に関与している可能性がある．数億年もかけて蓄えられてきた化石燃料を，その百万分の1ほどの短期間のうちに燃やし尽くそうとしている人間の所行は，本被害とも無縁ではなさそうである．

 キクイムシ類は，衰弱木や枯死直後の樹木に最初に穿入する．このため，彼らは腐りにくい木部の分解を促進し，物質循環の速度を加速するという重要な役割を果たしている．また，食性や配偶システムが多様で，社会性の発達が認められる．特に，ナガキクイムシ科には真社会性の種もあり，カシナガも幼虫がワーカーのような役割を果たしている．キクイムシ類は，健全木を枯死させたり木材に穴をあけるなど経済的に重要な害虫になることがしばしばある一方で，人類の生存にとって欠くことのできない分解者であり，生物学的にも興味深い存在である．しかしながら，日本ではキクイムシ類を研究対象にする人は少ない．ここで紹介した内容がキクイムシ類のイメージを変えることに寄与し，キクイムシ類を研究対象にする人が一人でも増えることに貢献できれば，望外の幸せである．

引用文献

Darling, D.C. and H. Roberts (1999) Life history and larval morphology of *Monacon* (Hymenoptera: Perilampidae), parasitoids of ambrosia beetles (Coleoptera: Platypodidae). *Can. J. Zool.* 77: 1768-1782.［養菌性のナガキクイムシ科甲虫に寄生する *Monacon* 属寄生蜂の生活史と幼虫の形態］

Hijii, N., H. Kajimura, T. Urano, H. Kinuura and H. Itami (1991) The mass mortality of oak trees induced by *Platypus quercivorus* (Murayama) and *Platypus calamus* Blandford (Coleoptera: Platypodidae) –The density and spatial distribution of attack by the beetles–. *J. For. Res.* 3: 471-476.［カシノナガキクイムシとヨシブエナガキクイムシの穿入に伴うナラ類の集団枯損―両キクイムシ類による穿入密度と穿入孔の空間分布―］

広木詔三（2002）里山の生態学．名古屋大学出版会，名古屋．333 pp.

今田秀樹・鈴木重孝（1988）カラマツヤツバキクイムシの成虫と幼虫の行動．北方林業 470: 1-3.

加辺正明（1960）日本産キクイムシ類の加害樹種と分布．前橋営林局，前橋．176 pp.

梶村 恒（2002）養菌性キクイムシ類の生態と森林被害．森林科学 35: 17-25.

梶村 恒・水野孝彦・小林正秀・笹本 彩・伊藤進一郎（2002）人工飼料を利用したカシノナガキクイムシの飼育の試み．中部森林研究 50: 89-92.

Kamata, N., K. Esaki, K. Kato, Y. Igeta and K. Wada (2002) Potential impact of global warming on deciduous oak dieback caused by ambrosia fungus *Raffaelea* sp. carried by ambrosia beetle *Platypus quercivorus* (Coleoptera: Platypodidae) in Japan. *Bull. Entomol. Res.* 92: 119-126.［カシノナガキクイムシが運搬する *Raffaelea* 属菌によって生じるナラ類の萎凋枯死被害に及ぼす地球温暖化の影響］

Kaneko, T., Y. Tamaki and K. Takagi (1965) Preliminary report on the biology of some scolytid beetles, the tea root borer, *Xyleborus germanus* Blandford, attacking tea roots, and the tea stem borer, *Xyleborus compactus* Eichhoff, attacking tea twings. *Jap. J. Appl. Entoml. Zool.* 9: 23-27.［チャ樹の根に穿入するハンノキキクイムシとチャ樹の枝に穿入するシイノコキクイムシの生態に関する予備的な報告］

加藤賢隆・江崎功二郎・井下田寛・鎌田直人（2001）カシノナガキクイムシのブナ科樹種4種における繁殖成功度の比較（予報）．中部森林研究 49: 81-84.

Kent, D.S. and J.A. Simpson (1992) Eusociality in the beetle *Austroplatypus incompertus* (Coleoptera: Curculionidae). *Naturwissenschaften* 79: 85-87.［*Austroplatypus incompertus* の真社会性］

Kinuura, H. (2002) Relative dominance of the mold fungus, *Raffaelea* sp., in the mycangium and proventriculus in relation to adult stages of the oak platypodid beetle, *Platypus quercivorus* (Coleoptera: Platypodidae). *J. For. Res.* 7: 7-12.［ナラ類に穿入するカシノナガキクイムシ成虫の菌嚢と前胃における菌相およびそれに占める *Raffaelea* 属菌の割合］

Kinuura, H. and M. Kobayashi (2006) Death of *Quercus crispula* by inoculation with adult *Platypus quercivorus* (Coleoptera: Platypodidae). *Appl. Entomol. Zool.* 41: 123-128.［カシノナガキクイムシ成虫の接種によるミズナラの枯死］

Kitajima, H. and H. Goto (2004) Rearing technique for the oak platypodid beetle, *Platypus quercivorus* (Murayama)(Coleoptera: Platypodidae), on soaked logs of deciduous oak tree, *Quercus serrata* Thunb. ex Murray. *Appl. Entomol. Zool.* 39: 7-13.［ナラ類に穿入するカシノナガキクイムシのコナラ水没丸太を用いた飼育法］

Kirkendall, L.R. (1983) The evolution of mating systems in bark and ambrosia beetles (Coleoptera: Scolytidae and Platypodidae). *Zool. J. Linn. Soc.* 77: 293-352.［キクイムシ類の配偶システムの進化］

Kirkendall, L.R., D.S. Kent and K.F. Raffa (1997) Interactions among males, females and offspring in bark and ambrosia beetles: the significance of living in tunnels for the evolution of social behavior. In: *The Evolution of Social Behavior in Insects and Arachnids* (J.C. Choe and B.J. Crespi eds.). Cambridge Univ. Press, Cambridge, pp. 181-215.［キクイムシ類における雄親, 雌親, 子世代の相互作用―孔道内での生活が社会性の進化に果たす役割―］

Kobayashi, M., A. Ueda and Y. Takahata (2001) Inducing infection of oak logs by a pathogenic fungus carried by *Platypus quercivorus* (Murayama)(Coleoptera: Platypodidae). *J. For. Res.* 6: 153-156.［カシノナガキクイムシに運搬された病原菌によるナラ類丸太の感染］

小林正秀・上田明良（2002）京都府内におけるナラ類集団枯損の発生要因解析. 森林防疫 51: 62-71.

小林正秀・上田明良（2005）カシノナガキクイムシとその共生菌が関与するブナ科樹木の萎凋枯死―被害発生要因の解明を目指して―. 日林誌 87: 435-450.

小林正秀・上田明良・野崎　愛（2003）カシノナガキクイムシの飛来・穿入・繁殖に及ぼす餌木の含水率の影響. 日林誌 85: 100-107.

Kubono, T. and S. Ito, (2002) *Raffaelea quercivora* sp. nov. associated with mass mortality of Japanese oak, and the ambrosia beetle (*Platypus quercivorus*). *Mycoscience* 43: 255-260.［ナラ類集団枯損とカシノナガキクイムシに関連する *Raffaelea quercivora*］

Kuroda, K. (2001) Responses of *Quercus* sapwood to infection with the pathogenic fungus of a new wilt disease vectored by the ambrosia beetle *Platypus quercivorus*. *J. Wood Sci.* 47: 425-429.［カシノナガキクイムシがベクターとなって発生する樹木萎凋病の病原菌に感染したナラ類辺材部の反応］

松本忠夫（1996）食材性ゴキブリの親子関係. 昆虫と自然 31: 26-29.

松本忠夫・東　正剛（1993）社会性昆虫の進化生態学. 海游舎, 東京. 390 pp.

水野孝彦・梶村　恒（2000）養菌性キクイムシの生育期間推定のための簡便法. 日林九支論文集 53: 111-113.

中島敏夫（1999）図説　養菌性キクイムシ類の生態を探る―ブナ材の中のこの小さ

な住民たち―. 学会出版センター, 東京. 91 pp.

野淵　輝 (1991) 黒潮に乗って民族大移動. 虫の100不思議 (日本林業技術協会編). 東京書籍印刷, 東京. pp. 12-13.

岡田充弘・濱口京子・升屋勇人・加賀谷悦子 (2006) 長野県におけるカシノナガキクイムシによるナラ枯損病害. 第117回日本森林学会講要: A29.

Ohya, E. and H. Kinuura (2001) Close range sound communications of the oak platypodid beetle *Platypus quercivorus* (Murayama) (Coleoptera: Platypodidae). *Appl. Entomol. Zool.* 36: 317-321.［ナラ類に穿入するカシノナガキクイムシの発音による近距離コミュニケーション］

Roberts, H. (1968) Notes on the biology of ambrosia beetles of the genus *Trachyostus* Schedl (Coleoptera: Platypodidae) in west Africa. *Bull. Entomol. Res.* 58: 325-352.［西アフリカの養菌性キクイムシ *Trachyostus* 属の生態に関する記録］

Roberts, H. (1977) The Platypodidae (Coleoptera) of Fiji (with descriptions of two new species). *J. Nat. Hist.* 11: 555-578.［フィージーに分布する2種の新種を含むナガキクイムシ科甲虫］

Saunders, J.L. and J.K. Knoke (1967) Diet for the ambrosia beetles *Xyleborus ferrugineus* (Fabricius) in vitro. *Science* 157: 460-463.［養菌性キクイムシ *Xyleborus ferrugineus* の人工飼育］

Soné, K., T. Mori and M. Ide (1998) Life history of the oak borer, *Platypus quercivorus* (Murayama) (Coleoptera: Platypodidae). *Appl. Entomol. Zool.* 33: 67-75.［ナラ類に穿入するカシノナガキクイムシの生活史］

曽根晃一・宇都一輝・福山周作・永野武志 (2000) カシノナガキクイムシの繁殖成功に与える坑道作成開始時期の影響. 応動昆 44: 189-196.

高木一夫 (1967) アンブロシア甲虫類の研究展望―ハンノキキクイムシ, シイノコキクイムシを中心にして―. 茶業技術研究 34: 1-10.

所　雅彦・小林正秀・野崎　愛・中島忠一・衣浦晴生・斉藤正一 (2005) カシノナガキクイムシ集合フェロモンの GC-EAD による解析. 第49回応動昆講要: 184.

上田明良・小林正秀 (2000) カシノナガキクイムシの飛翔と気温・日照の関係. 森林応用研究 9(2): 93-97.

Ueda, A. and M. Kobayashi (2001) Aggregation of *Platypus quercivorus* (Murayama) (Coleoptera: Platypodidae) on oak logs bored by males of the species. *J. For. Res.* 6: 173-179.［カシノナガキクイムシの雄成虫を接種した丸太に対する同種成虫の集合］

Ytsma, G. (1988) Stridulation in *Platypus apicalis*, *P. caviceps*, and *P. gracilis* (Col., Platypodidae). *J. Appl. Entomol.* 105: 255-261.［ナガキクイムシ科の3種 *Platypus apicalis*, *P. caviceps* および *P. gracilis* の発音］

説明 Box 5

ブナ科樹木の萎凋病

　ブナ科樹木が枯死する被害が世界各地で発生している．米国では，*Ceratocystis fagacearum* によるナラ・カシ萎凋病（oak wilt）が1900年代になって拡大した．本病はキクイムシ科 Scolytidae やケシキスイ科 Nitidulidae に属する昆虫が伝播する．さらに米国では，1995年からは病原菌 *Phytophthora ramorum* によるカシ類突然死（sudden oak death）が発生している．ヨーロッパでは，気象，昆虫，菌類などの複合病害と考えられるナラ類の衰退（oak decline）が1900年代初頭から発生している．

　ナラ・カシ萎凋病のようにキクイムシ科が病原菌を伝播して樹木を枯らす事例は多い．*Scolytus* 属や *Hylurgopinus* 属が病原菌 *Ceratocystis ulmi* を伝播するニレ立枯病（Dutch elm disease）は，ゴヨウマツ類発疹さび病，クリ胴枯病，マツ材線虫病とともに4大流行病に名を連ねている．また，*Dendroctonus* 属や *Ips* 属が青変菌（*Ceratocystis* 属など）を伝播して針葉樹を枯らしている．これらの場合，樹皮下キクイムシが病原菌の伝播者（ベクター）であるが，養菌性キクイムシが病原菌のベクターであることが証明された例はなかった．カシノナガキクイムシが属するナガキクイムシ科 Platypodidae では，ほぼ全種が養菌性キクイムシであり，通常は衰弱木や枯死直後の樹木の幹に穿入して穴をあける．例外的に健全木に穿入する種もいるが，健全木に穿入しても樹液などによって繁殖に成功することは少なく，健全木が枯死することはほとんどない．これに対して，ブナ科樹木萎凋病では，カシノナガキクイムシが健全木に穿入して繁殖し，穿入を受けた健全木が枯死するため，注目されている．

　ブナ科樹木萎凋病に罹病した樹木が枯死するメカニズムはほぼ解明されている．罹病木やカシノナガキクイムシ成虫の体表から優占的に分離される1種の糸状菌はナラ菌とよばれ，形態的特徴から *Raffaelea* 属の新種として *Raffaelea quercivora* と命名された（Kubono and Ito, 2002）．ナラ菌は純粋培養が可能で，被害木から分離されたナラ菌を健全木に接種することによって病徴が再現され，接種木からナラ菌が再分離された．これらの結果は，ある微生物が病原体であることを証明するのに必須なコッホの3原則（①病変部から常に一定の微生物が検出されること，②純粋培養した微生物を健全な植物に接種することによって病徴が再現されること，③微生物の接種によって発病した植物から同じ微生物が再分離されること）を満たすものであり，ナラ菌が病原菌であることを証明している．また，カシノナガキクイムシを健全木に接種することによって病徴が再現されたことから，カシノナガキクイムシがナラ菌の伝播者

であることも証明された（Kinuura and Kobayashi, 2006）．

　被害木の辺材部はフェノール類などの抗菌性物質が集積して変色し，通水機能を失っている．このように傷害などが原因で心材化した辺材部は傷害心材とよばれ，菌類が樹体内へ蔓延することを防ぐための防御反応の結果である．しかし，ナラ菌はカシノナガキクイムシの集中攻撃（マスアタック）によって多数の場所から樹体内に侵入し，カシノナガキクイムシの孔道を利用して急速に樹体内で分布を拡大するため，傷害心材は防護壁としての役割を果たすことができない．このため，ナラ菌の蔓延に伴って通水機能を失った傷害心材が拡大し，幹のある断面で水の流れが完全に止まり，樹木が萎凋枯死に至ると考えられている（Kuroda, 2001）．

（小林正秀）

13章

幹を食べる苦労
―腐朽材とクワガタムシの幼虫―

荒谷邦雄

枯れてから年月が経過した樹幹は腐朽菌によって腐る．3タイプの腐朽材を異なるクワガタムシのグループが利用する．クワガタムシ類の腐朽材利用と系統発生の関係を明らかにする．

1. はじめに

　木材とは樹木がその成長の過程で光合成によって固定した大量の余剰炭素を高分子化合物として蓄積し，堅くて丈夫な支持構造物として利用したものと見なせる．木材の元素組成は，C（炭素）が約50％，H（水素）が約6％，O（酸素）が約43％で（原口，1985），生物の身体を作るタンパク質や遺伝情報を伝える核酸の材料として重要なN（窒素）をはじめとする他の元素をほとんど含んでいない．つまり，木材のほとんどの部分は，いわば外枠である細胞壁だけを残して死んだ細胞の抜け殻である．しかも細胞壁の主成分はセルロースやリグニン，ヘミセルロース（セルロース以外の多糖類の総称）など炭素を骨格とした高分子化合物であり，化学的にも分解されにくい．セルロースは鉄筋，リグニンはコンクリートブロック，ヘミセルロースはブロック同士をつなぎとめるボルトに相当する役割を果たしている（高橋，1989）．木材はまさに，丈夫な鉄筋コンクリートの建物なのである．このように，消化・吸収が困難で窒素分も乏しい木材は，森林中に多量に存在しても質的には昆虫にとってよい餌資源であるとはいえない．言い換えれば，材食性昆虫にとって，分解が困難な固い細胞壁をいかに消化・利用し，かつ不足する窒素源をいかに補うか，という2つの課題は乗り越えなくてはならない必須の命題である（荒谷，2002）．しかも木材の資源としての特性は，健全材，衰弱材，枯死材，腐朽材など，その存在形態によっても大きく変化する．例えば，木材のいわば末期存在形態にあたる腐朽材の餌資源としての特性は腐朽の型やその進行程度の違いなどによって大きく左右される．本章では幼虫が代表的な腐朽材食性昆虫であるクワガタムシを題材に，腐朽材の持つさまざまな特性がクワガタムシ類をはじめとする腐朽材食性昆虫類の資源利用パターンや適応度に与える影響に関して考察してみたい．

2. いろいろな腐朽型

　腐朽材は木材腐朽菌の作用によって木材が変質してできた資源と定義できる．木材の腐朽の特徴は，作用する腐朽菌の種類によって異なるが，その腐朽型は大きく，褐色腐朽（赤腐れ），白色腐朽（白腐れ）および

表1 木材の腐朽型の特徴（高橋，1989より改変）．

腐朽型	主な腐朽菌	主に発生する条件	主に分解する木材成分	腐朽材の物理的特徴
褐色腐朽	担子菌	針葉樹（一部広葉樹）	セルロースヘミセルロース	褐色，方形状に割れる（著しい強度低下，pHの低下）
白色腐朽	担子菌（一部子嚢菌）	広葉樹（一部針葉樹）	セルロースヘミセルロースリグニン	脱色，白化繊維状にほぐれる（強度保持）
軟腐朽	子嚢菌不完全菌	高湿度下の広葉樹	セルロースヘミセルロースリグニン	表面からごく浅い部分が黒っぽい泥状に腐朽

軟腐朽（泥腐れ）の3つに分けることができる（表1）．それぞれの腐朽を引き起こす腐朽菌を白色腐朽菌，褐色腐朽菌，軟腐朽菌とよぶ．どの腐朽型が生じるかは腐朽菌の種類によって決まり，腐朽型は腐朽菌の属や科レベルでほぼ一定している．

褐色腐朽を起した木材（褐色腐朽材）では，材は赤褐色になりブロック状に割れるようになる．これは3つの木材の主成分のうち，特に，鉄筋の役割を果たしているセルロースやヘミセルロースが主に分解されるためで，褐色は分解されずに残ったリグニンの色である．褐色腐朽は腐朽の初期にセルロースやヘミセルロースが急速に分解され，材の強度も著しく低下するため，腐朽の進んだ材は特に柔らかく手でも簡単にくずせるほどになる．腐朽の初期段階では腐朽菌の活動によってシュウ酸が蓄積されることも知られている（高橋，1989）．褐色腐朽は野外では広葉樹にも発生するが，マツやスギなどの針葉樹により多く発生し，標高の高い涼しい地域に比較的多く発生する．いわゆるサルノコシカケの仲間にこの腐朽を引き起こすものが多い．

一方，白色腐朽では，セルロースとリグニン，ヘミセルロースの3つの木材の主成分がほぼ同じように分解され，腐朽の進行とともに色が白っぽくなり，徐々に強度が低下して縦に繊維状にほぐれやすくなる．白色腐朽は野外ではブナやクヌギの仲間など広葉樹に多く発生する．野外では白色腐朽のほうが褐色腐朽に比べて発生率が高い．例えば，筆者が愛知県北東部のブナ林で行った調査結果では褐色腐朽は白色腐朽の1/10程度の発生率にすぎない（荒谷，2002）．

軟腐朽は特殊な腐朽で，朽木の表面が泥のように腐る．白色腐朽と同じように，木材の3つの主成分がほぼ同じように分解されるが，野外では半分水につかったり，土に埋まった非常に高湿度な状態の広葉樹の材に主に発生する．これは軟腐朽菌が分解システムのよく似た優勢な白色腐朽菌との競合を避け，白色腐朽菌が嫌う高湿度下の材を選んでいるものと考えられている．なお，褐色腐朽菌，および白色腐朽菌はいずれも子実体（キノコ）を形成する担子菌類であるが，軟腐朽菌はこれらとは異なる子嚢菌類と不完全菌類に属する．

このように，例えば，もとは同じブナの材でも作用する腐朽菌によってまったく異なった性質を持つ餌に変わってしまう．また，特に褐色腐朽では腐朽の進行段階によっても材の特性は大きく異なっている．逆に言えば，樹種は異なっていても，腐朽型やその進行段階が同じならば，餌としての腐朽材の性質はよく似てくることになる．最近の知見では，クワガタムシの幼虫は，各種の広葉樹はもちろん，マツやスギといった針葉樹や，場合によってはヤシや竹まで食べることもあるなど，従来考えられていたよりもずっと幅広い樹種の腐朽材を食べていることが明らかになった．しかし，実際に野外で採集してみると，クワガタムシの幼虫が生息している腐朽材はそれほど多くない．例えば，筆者が愛知県北部のブナ林で行った野外調査の結果では，クワガタムシ（幼虫および蛹室中の新成虫）の穿孔が確認された材は全体の20%程度にすぎない．しかも明らかに，多くの種は腐り方の状態に対する好みがある．どうやらクワガタムシにとっては樹種よりも，上で述べた「腐朽型」や「腐朽の進行段階」が餌となる腐朽材を選ぶ重要な要素となっていると考えられる．

3．クワガタムシの腐朽型や腐朽の進行段階に対する好み

（1）褐色腐朽（赤腐れ）材を好む種

日本産ではツヤハダクワガタ *Ceruchus lignarius*（写真1）とマダラクワガタ *Aesalus asiaticus* 幼虫が褐色腐朽材から特異的に見つかる．ブナやミズナラの林などクワガタムシの種類が多い林では褐色腐朽の発生率は低く，白色腐朽の1/10程度しか発生が見られない．にもかかわらず，両種の褐色腐朽に対する依存度は高く，両種とも白色腐朽の材から

写真1　褐色腐朽材（ミズナラ）を食べて羽化したツヤハダクワガタの雄成虫．

表2　愛知県北東部のブナ林で観察された3つの腐朽型の発生とそれらに生息するクワガタムシの関係．
　　かっこ内の数字はそれぞれの幼虫の個体数を表す（荒谷，2002より改変）．

穿孔していた種	腐朽型の材の数				計
	褐色腐朽	白色腐朽	軟腐朽	判別不能	
ツヤハダクワガタ	5a (44)	0	0	1 (3)	6 (47)
マダラクワガタ	3b (36)	0	0	0	3 (36)
オニクワガタ	1 (7)	21 (232)	0	3 (24)	25 (263)
スジクワガタ	1 (8)	17 (112)	0 (3)	2 (8)	21 (131)
ヒメオオクワガタ	0	1 (4)	0	0	1 (4)
アカアシクワガタ	0	6 (28)	0	1 (3)	7 (31)
コルリクワガタ	0	1 (2)	11c (38)	0	12 (40)
ルリクワガタ	0	8 (42)	0	1 (1)	9 (43)
計	29	223	24	16	29

a 褐色腐朽に有意に集中（Fisherの正確確率検定，$p < 0.0001$）．
b 同上　$p < 0.001$．
c 軟腐朽に有意に集中（$p < 0.0001$）．

得られることはまずない（表2）．1本の材から比較的多数の個体が得られることが多いのも特徴である．しかも，ツヤハダクワガタの幼虫は褐色腐朽の末期の腐朽段階にある朽木にしか生息していないことも明らかになった（荒谷，2002）．この点に関しては，褐色腐朽の初期ではシュウ酸の蓄積によって朽木が著しい酸性の状態になり（高橋，1989），

13章　幹を食べる苦労——217

これが幼虫の利用をさまたげている可能性がある．いずれにせよ，褐色腐朽材は白色腐朽材に比べて，ただでさえ発生率が低い上に，利用可能な時期が限られている（腐朽の末期の状態になって初めて利用可能になる）という特徴があり，クワガタムシ幼虫にとっては，手に入れにくい，あまり利用勝手のよくない餌であるようだ．さらに，褐色腐朽材は柔らかいためにアリやムカデ，コメツキムシの幼虫などクワガタムシ幼虫の外敵がよく侵入する．ツヤハダクワガタやマダラクワガタは蛹化の際，材の固い部分を選んで蛹室を作るが，これは最も無防備になる蛹の期間に外敵から襲われる危険性を少しでも軽減するための工夫であろう．

（2）白色腐朽（白腐れ）材を好む種

　白色腐朽は野外で最も多く見られ，多くのクワガタムシが白色腐朽材を主に利用している．しかも，腐朽の進行に伴って木材の性質が緩やかに変化する白色腐朽材では，腐朽の初期から末期に至る幅広い腐朽段階の材に幼虫の発生が見られる．代表的な白色腐朽材食性の種としてはオオクワガタ *Dorcus curvidens* がある．最近ではオオクワガタには代表的な白色腐朽菌であるカワラタケによって腐朽した材が特に好ましく，幼虫の成長もよいことなども明らかにされている．日本の山地のブナ帯に棲むアカアシクワガタ *D. rubrofemoratus*（写真2）とヒメオオクワガタ *D. montivagus*，それにルリクワガタ *Platycerus delicatulus* も典型的な白色腐朽材食と見なされる（荒谷，2002）．特にヒメオオクワガタの幼虫は白色腐朽の立ち枯れの根際など，外敵が侵入しにくい非常に固い部分を好む．

　ルリクワガタは白色腐朽材の立ち枯れや倒木に多く見られる．興味深いことに，同属のコルリクワガタ *P. acuticollis* やニセコルリクワガタ *P. sugitai* の幼虫は水分量の多い軟腐朽の倒木に，またホソツヤルリクワガタ *P. kawadai* の幼虫はルリクワガタと比べてより乾燥した白色腐朽の立ち枯れを選んで生息しており，こうした種間関係は典型的な棲み分けではないかと考えられる（池田，1987）．

　日本産では，他にオオクワガタ属 *Dorcus* のコクワガタ *D. rectus* やヒラタクワガタ *D. titanus*，スジクワガタ *D. striatipennis*，ノコギリクワガタ属 *Prosopocoilus*，シカクワガタ属 *Rhaetulus*，ミヤマクワガタ *Lucanus maculifemoratus*，オニクワガタ属 *Prismognathus* も白色腐朽材を中心とした食性であると見なされるが，上述した種に比べるとジェネラリストのようで，時には褐色腐朽材や軟腐朽材からも幼虫が採集されることがある．

利用する種が多い反面，白色腐朽材食性の種では「腐朽型」や「腐朽の進行段階」以外の要因に対して微妙な選好性（好み）を示す場合が多い．例えば，ノコギリクワガタ属やミヤマクワガタでは幼虫は白色腐朽の立ち枯れなどの地下根部のかなり深いところに入っている場合が多い．ミヤマクワガタでは幼虫が倒木の地面側にいて天井に相当する部分の朽ち木を食べている場合がある．これらの種では，蛹化する時に材から出て，土の中で蛹室を作る（林，1987）．これらのクワガタの幼虫が地下根部を好むのは，地上部に比べて地中では温度や含水率が安定しているためと考えられる．

クワガタムシの幼虫が餌として利用できる資源の量がごく限られているために白色腐朽材食性の種では複数の種が1本の材に同居している場合も多い．実際，ブナ帯の林ではスジクワガタとオニクワガタ *Prismognathus angularis*（口絵12）や，オニクワガタとアカアシクワガタの間にそれぞれ有意な共棲み（1本の材への同居）が観察されている（荒谷，2002）．これらの種の間では「腐朽型」や「腐朽の進行段階」以外の要因に対する微妙な選好性の違いが結果的に1本の材への共棲みを可能にしているようである．例えば，スジクワガタとオニクワガタの場合では，低温耐性が低いスジクワガタの幼虫が冬になっても凍りにくい倒木の接地面や土中に埋まっている部分，立ち枯れの地下部分などを選好するのに対し，低温耐性が高いオニクワガタは倒木や立ち枯れの地上部を選好することによってうまく1本の腐朽材に同居している．また，オニクワガタとアカアシクワガタの幼虫の場合では，高湿度に弱いアカアシクワガタがより乾燥した部分を選好することで，含水率の高い部分を選好するオニクワガタと1本の腐朽材の中で結果的に棲み分けていると考えられる．

（3）軟腐朽（泥腐れ）材を好むクワガタムシ

日本産ではコルリクワガタ（写真3）とニセコルリクワガタがこの食性を示す（荒谷，2002）．両種の幼虫ともブナやナラの林の湿った林床

写真2　白色腐朽材（ミズナラ）を食べて羽化したアカアシクワガタの雄成虫.

にある半分地面に埋まったような細い倒木に生息している．このような条件にある材は軟腐朽を生じやすく，両種の幼虫は軟腐朽の進行によって黒っぽい泥状に腐った材の表面からごく浅い部分を特に好む．このような腐朽材は沢沿いの斜面に多く，両種の幼虫も生息地ではかなりまとまった個体数を観察することができる．また，春季に温帯の河川敷で成虫の発生が見られるマグソクワガタ Nicagus japonicus の幼虫も河川敷の砂に埋まった軟腐朽の材に棲むようである．しかし，軟腐朽によって泥状に腐った材の表面は柔らかく，さまざまな外敵が侵入し，幼虫や蛹が食べられている光景をよく目にする．また，湿りすぎて卵が腐ったり，糸状菌が生育して，孵化できないことも多い．後述するように，ルリクワガタの仲間は産卵に際して独特な産卵マークを残すことで知られているが，生息地では産卵マークがついていても幼虫がいない材が多いのはこのためである．軟腐朽菌は野外では白色腐朽菌との競争に破れ，仕方なく白色腐朽菌が育ちにくい高い水分量の朽木に発生していると考えられるが，コルリクワガタとニセコルリクワガタにとっても，こうした腐朽材に産卵することで同所的に分布することの多い近縁種のルリクワガタやホソツヤルリクワガタとうまく棲み分け（食い分け）ているのであろう．

写真3　軟腐朽材（ミズナラ）上で産卵に来る雌を待っているコルリクワガタの雄成虫.

4．腐朽型の違いがクワガタムシ幼虫の生存や成長に与える影響

　これまで見てきたように，クワガタムシの種間で腐朽型に対する選好性が異なることは明らかである．ではこの腐朽材の腐朽型の違いがクワガタムシの幼虫の生存や成長にどのような影響を与えるのであろうか？
　一般に，褐色腐朽材に多量に残存しているリグニンは細胞壁構成成分の中でも特に消化を受けにくい上に，多量に存在すると多くの昆虫にとって摂食阻害物質として働く（荒谷，2002）．また，多量に残存しているリグニンのために褐色腐朽材では相対的な含有窒素量が少なくなる傾向が強い．これに対して，白色腐朽材では腐朽菌の働きでこの厄介なリグニンが分解されている上に，セルロースやヘミセルロースが低分子化されて比較的消化利用しやすい状態で残っている（荒谷，2002）．どうやら，クワガタムシの幼虫にとっては褐色腐朽材より白色腐朽材のほうが，野外で最も多く見られる上に，栄養面でもより好ましい餌であるといえそうである．実際，白色腐朽材を中心にさまざまな腐朽材に穿孔が観察されるジェネラリストのオニクワガタの場合でも，褐色腐朽材のみで育つと生存率には影響はなくとも，成長が遅れたり，小さな成虫

13章　幹を食べる苦労——221

にしかなれないなどの成長阻害が生じることも観察されている（荒谷，2002）．

　一方，褐色腐朽材への依存が著しいツヤハダクワガタの幼虫の場合には，逆に，同じブナの腐朽材であっても，白色腐朽材を与えられるとうまく成長できずに死んでしまう（荒谷，2002）．この理由として，ツヤハダクワガタの幼虫は白色腐朽材を生理的に消化できないか，あるいは逆に，褐色腐朽材には幼虫の成長にとって必須の成分が含まれている，という2つの可能性が考えられる．後者に関しては，ツヤハダクワガタが褐色腐朽材中に多量に残存しているリグニンを利用できる能力を備えていて，むしろこれを必須栄養分として積極的に利用している可能性もある．このどちらの可能性が支持されるかは，後の議論に譲るとして，どうやら，腐朽型の違いがクワガタムシ幼虫の適応度成分に影響を与えることは確かなようである．しかも，褐色腐朽材のスペシャリストであるツヤハダクワガタやマダラクワガタの幼虫にとっては白色腐朽材は利用不可能な資源であり，逆に，オニクワガタをはじめ多くの白色腐朽材食性の種にとって，褐色腐朽材は利用はできても決して望ましい資源でないようである．そうなると，一般的に採餌者は好ましい餌のみを選び，好ましくない餌を無視するようになるという，いわゆる最適採餌戦略の観点からすれば，なぜオニクワガタが，より好ましいはずの白色腐朽材のスペシャリストになってしまわないのか疑問が残る．この点に関しては，先の野外調査の結果から示唆されたように，森林中では，幼虫が餌として利用できる腐朽材には限りがあるため，利用可能な資源の量が常に不足していると見なされることが関係しているのかもしれない．

　ところで，資源の特性がそれを利用する幼虫の適応度に直接的な影響を与えている場合，そのことが成虫の産卵選好性に反映される例は多い．この点に関しては，ツヤハダクワガタの幼虫が褐色腐朽材から特異的に見つかるのは，雌成虫が朽木の腐朽型に関係なく闇雲に産卵したあとで，褐色腐朽材に産卵したものだけが生き残っているのではなく，雌成虫は産卵の際，褐色腐朽材を選んで産卵する結果である（荒谷，2002）．1本の材から比較的多数の個体が得られることが多いのも，それだけ食べることのできる条件のそろった腐朽材が少なくて，良い材には産卵が集中して行われるからだと考えられる．

5. 炭素 – 窒素バランスから見たクワガタムシ幼虫の餌資源の特性と幼虫生態との関係

　これまで見てきた腐朽材の資源特性は，主に腐朽菌によってもたらされる細胞壁構成高分子の変化に注目したものであった．では食材性昆虫にとってのもう 1 つの必須命題である「窒素分の確保」という点において腐朽材の特性はクワガタムシの幼虫にどのような影響を与えているのだろうか？　そこで次に，腐朽材をはじめとするさまざまなクワガタムシ幼虫の餌資源に関して炭素 – 窒素バランスから見た腐朽材の特性を明らかにするとともに，それらを利用する幼虫の生態との関係について検討してみる．

　一般に，腐朽材では，腐朽菌が呼吸によって木材中の過剰な炭素を空気中に排出する一方で，窒素化合物のリサイクルを行う結果，健全材に比べて C/N（炭素 / 窒素）比が低くなる傾向がある．ルリクワガタ属では種間で幼虫が生息する腐朽材の C/N 比が異なり，立ち枯れなど特に乾燥傾向の強い白色腐朽材に穿孔するホソツヤルリクワガタ，白色腐朽材を好むルリクワガタ，水分量の多い軟腐朽の倒木に穿孔するコルリクワガタの順に C/N 比が高い材から低い材へ棲み分けている（池田，1987）．

　筆者が行ったツヤハダクワガタ幼虫が生息していた褐色腐朽材，コクワガタ幼虫が生息していた白色腐朽材およびコルリクワガタ幼虫の生息していた軟腐朽材の炭素，窒素含有量に関する分析結果からも，腐朽材は通常の材に比べて C/N 比が低いことが示された．このことから，腐朽材は，通常の材に比べれば著しい C/N 比のアンバランスが改善された餌資源であることが示唆される．白色腐朽材などの腐朽菌が活動中の材であれば，生きた菌糸のタンパク質も餌として利用できるはずである．3 つの腐朽型の中では褐色腐朽材の炭素含有量が多いが，これはリグニンが多量に残留していることによるものと考えられる．また，コルリクワガタの生息していた軟腐朽材の C/N 比が特に低い傾向にあったが，これは先の池田（1987）の報告とも一致する．

　クワガタムシの幼虫は腐朽材中に穿孔する際に独特の食痕を残す．食痕部分には，かじり進んだトンネル内部一杯に排出された糞や細かな木

屑が押し固められているが，コクワガタなどでは幼虫がこの食痕部分の自分の糞や木屑を再び摂食することがある．これはいわば，幼虫が自ら窒素のリサイクルに努めていることを示唆している．こうした食痕トンネルを使った窒素のリサイクル機構はノコギリクワガタ属やオオクワガタ属，オニクワガタ属など白色腐朽材を中心に穿孔するクワガタムシの間で広く行われていると考えられる．

6．腐朽材起源の餌資源の窒素含有量とそれらを利用するクワガタムシの生態

クワガタムシの中には，腐朽材起源の餌資源を利用する群が少なくない．例えば，特異な形態をしていることで有名なツメカクシクワガタ属 *Penichrolucanus*（写真4）はシロアリの巣に特異的に生息し，幼虫が巣の壁を食べていることが知られている（荒谷，2005a）．日本産でもネブトクワガタ属 *Aegus* は褐色腐朽材内に営巣したシロアリ類の巣の坑道に溜まった粘土状の腐植中から幼虫が頻繁に発見されるし，マルバネクワガタ属 *Neolucanus* の幼虫（写真5）は大径木の洞や倒木の下に溜まった泥状の腐植中に生息している（荒谷，2002）．こうしたクワガタ類の幼虫が利用する腐朽材起源の特殊な餌は，単に物理的に木材が細かく粉砕されているばかりでなく，いずれも通常の腐朽材と比べて窒素含有量の高い餌資源であることが分析によって示唆された．

シロアリは過剰な炭素をメタンとして放出したり，空中窒素の固定を行うなどして窒素分の確保のために工夫をこらしている（角田，2000）．こうした作用によってシロアリの巣内環境そのものが周辺の材と比べて窒素が濃縮されていると推定され，シロアリの糞や共生原生動物の死骸などが蓄積されている可能性もある（北出，2000）．

マルバネクワガタ幼虫が生息する木の洞内の泥状の腐植も，シロアリやオオゴキブリなどの他の材食性昆虫やミミズなどの腐植食性の小動物の関与を経て，長い年月をかけて徐々に木材成分が分解されて窒素含有量の高い餌資源になるものと推定される．

写真4 シロアリ巣の中に居候しているツメカクシクワガタの一種の成虫．その名の通り爪がソケット状になった跗節の中に収納されている．

写真5 腐朽材（イタジイ）起源の泥状の腐植中で育つマルバネクワガタの終齢幼虫．

7．クワガタムシ幼虫の栄養生理

　これまで，腐朽材食性のクワガタムシの中に腐朽型と腐朽段階に関して明確な狭食性を示す種が存在し，その狭食性が幼虫の適応度や成虫の産卵選好性に関係していることや，高い窒素含有量を求めてシロアリの巣中や木洞内などの腐朽材起源の腐植を餌とするようになったクワガタムシがいることなどに注目してきた．では，こうしたクワガタムシは餌資源である木材の何をどこまで利用しているのであろうか？　以下にツヤハダクワガタとコクワガタに関する研究例（荒谷，2002, 2005a）を紹介しよう．

　木材構成多糖類の利用に関しては，木材構成多糖類起源の単糖類のうち，ツヤハダクワガタ，コクワガタともグルコースを最もよく消化・吸収し，ツヤハダクワガタに利用されていないキシロースもコクワガタは消化・吸収している．これによると全体的な糖類の消化・吸収はコクワガタで約30％，ツヤハダクワガタで約9％となり，前者が後者よりも木材構成多糖類の消化・吸収能力が高い．しかしその一方で，ツヤハダク

13章　幹を食べる苦労——225

ワガタやコクワガタの幼虫の糞を顕微鏡で観察すると，糞の中には柔組織，放射組織等の腐朽材を構成する木材組織が細かく噛み砕かれていても，識別できるほどにはっきりした形を保って残存しており，しかもそれらの組織を形成する各細胞壁中には結晶性のセルロースやリグニンも腐朽材と同様に多量に残存している．これらのことから，クワガタムシの幼虫は細胞壁構成多糖類のうち，木材腐朽菌の働きによって低分子化されたものを消化・吸収している程度で，結晶性のセルロースなどは利用できていないことが示唆される．実際，最近の研究でオオクワガタなど白色腐朽材食性のクワガタムシの幼虫はセルラーゼを持っていないことも明らかにされつつある．

　また，リグニンの分解産物に関する分析からは，リグニンはこれらのクワガタムシの幼虫の消化管を通過しても量的にも質的にもまったく変化を受けておらず，クワガタムシの幼虫はリグニンを利用できていない．ツヤハダクワガタの幼虫が褐色腐朽材でしか正常な発育をとげられない理由として，褐色腐朽材に多量に含まれているリグニンを生育のための必須成分として積極的に利用している可能性もあったが，この結果を見る限り少なくともその可能性は否定され，白色腐朽材には幼虫の生育を阻害する成分が含まれている可能性が高くなった．

　では白色腐朽材に含まれているツヤハダクワガタの幼虫の生育を阻害する成分の正体は何なのだろうか？　この点に関しては，木材構成多糖類の中で，ツヤハダクワガタとコクワガタの幼虫における特にキシロース（高分子体はキシラン）の消化・吸収能力に差異のあることが注目される．上述したようにキシロースはコクワガタには消化吸収されていたがツヤハダクワガタにはまったく消化されていないことが示唆されている．ツヤハダクワガタの幼虫は，各種の広葉樹の他，スギやモミなどの針葉樹の腐朽材からも幼虫が得られるが，キシロースは広葉樹の細胞壁にのみ含まれている糖類で針葉樹には含まれていない．また，広葉樹であっても褐色腐朽が生じるとキシロースが菌に分解・利用され，成分的には針葉樹の材に近くなると見なされる．こうしてみると，白色腐朽材中のキシロースがツヤハダクワガタにとって成長阻害物質として働いている可能性がある．

　窒素化合物の消化・吸収に関しては，コクワガタの幼虫の炭素の消化

吸収率が平均5.2%，窒素分の消化吸収率は平均23.1%と高いのに比べて，ツヤハダクワガタの幼虫が利用している炭素や窒素はコクワガタ幼虫のそれと比べるとごくわずかである．

　これまでの話を総合すると，コクワガタの幼虫が利用している炭素分は腐朽菌によって低分子化された多糖類のみであり，幼虫は炭素よりも積極的に窒素化合物の消化・吸収に努めていることが示唆される．クワガタムシの幼虫の消化管内には，多数のバクテリアが存在するが（林，1987；小島，1996），これらのバクテリアは，細胞壁成分の分解よりもむしろ窒素確保のために働いている可能性が高い．食痕トンネルの利用よる窒素のリサイクルによってさらに効率のよい消化・吸収が行われていることも予想される．

　一方，ツヤハダクワガタの幼虫は炭素や窒素の消化・吸収能力がオニクワガタやコクワガタより劣っていることがここでも裏付けられた．どうやら，ツヤハダクワガタは，白色腐朽材を利用できないので，いわば仕方なく，数も少なく栄養価も低い上に敵が侵入しやすい褐色腐朽材を食べているといえそうである．

8．クワガタムシ科に見られる産卵加工や養育行動

　クワガタムシ科には，卵の保護のために産卵に際してさまざまな産卵加工をこらす種が多く知られている．ルリクワガタ属の種は，卵を埋め込んだ産卵孔の両側を括弧状の溝が取り囲むような産卵マークを残す（写真6）．こうした産卵マークを付ける意義に関しては，1）産卵孔の外側の溝には水が溜まりやすく，保湿効果を高めている，2）産卵の有無の目安として，複数の雌による産卵場所の重複・集中を避け，産卵密度を調整している，などの可能性がある（荒谷，1989）．こうした産卵マークを残す習性はオオクワガタはじめ，コクワガタやアカアシクワガタなどの *Dorcus* 属の種，シカクワガタ属やノコギリクワガタ属の一部の種などにも見られる．これらのクワガタの産卵マークは卵の埋まった産卵孔のまわりを円弧状の溝が取り囲んでいる場合が多いが，大きさや形はあまり一定せず，産卵マークを残さないで産卵する場合もあるようである（荒谷，1989）．

　オニクワガタやツヤハダクワガタは産卵に際して雌が体長の何倍も

写真6 白色腐朽材（ミズナラ）の表面に残されたルリクワガタの産卵マーク．

写真7 白色腐朽材（カシ）中のヒョウタンクワガタの家族．幼虫と成虫が発音してコミュニケーションをとっているらしい．

あるトンネルを掘る（荒谷，1989）．両種ともトンネルの長さは時に30 cm以上に及ぶこともある．オニクワガタではトンネルの中は木屑で満たされているが，終点部分にはより目の細かな木屑が密に詰められており，ここに1～3個の卵が産み付けられる．孵化した幼虫はまずこの木屑を食べるが，この木屑によって，幼虫の初期死亡率が低下すると予想される．ツヤハダクワガタの場合は，トンネルは中空で木屑で満たされることはない．産卵はこのトンネルの奥の側壁に行われ，雌は産卵孔に卵を産んだ後，木屑で卵を埋め込む．ツヤハダクワガタでは雌がトンネルの中に潜り込んで一連の産卵行動をしている間，雄が常にトンネルの入り口付近に留まったり，時にはトンネルに浅く潜り込み，まるでトンネルに蓋をするかのように，入り口をふさぐ行動をとることも観察されている．これはトンネルへの捕食者の侵入を防ぐとともに，他の雄から産卵中の配偶者をガードしていると考えられる．また，作業中の雌がいったんトンネルから出て，入り口付近に待機していた雄と交尾した後，再びトンネルの中へ戻る行動も頻繁に観察されているが，この行動は雌雄が何度も交尾することで，受精率や産卵回数の増加を図っている可能性が高い．トンネル自体を雌雄が協力して掘っている可能性もある．

　腐朽材の中で，親と子が一緒に家族生活（亜社会性生活）を営むクワガタムシもいる．チビクワガタ属 *Figulus* やツノヒョウタンクワガタ属 *Nigidius*，ヒョウタンクワガタ属 *Nigidionus*（写真7）などのチビクワガタ亜科 Figulinae の種はいずれも外見では雄雌の区別がほとんどできないことや，多数の成虫と幼虫が朽木の中でコロニーを形成していることが特徴的である．最近になって日本産のチビクワガタ *Figulus binodulus* をはじめとするチビクワガタ亜科の多くの種が亜社会性であることが明らかになった（荒谷・大淵，1993）．

　チビクワガタのコロニーは春から初夏にかけての成虫の分散とペアの形成を経て創設される．コロニー創設ペアは協力して巣穴となるトンネルを材中に掘り進み，産卵に際して，材を噛み砕き目の細かな木屑をトンネル内に大量に用意する．産卵は6月中旬から7月初旬にかけて集中してこの木屑の中に行われる．1頭の雌の1シーズンの産卵数はごく少なく10～20卵程度であるが，成虫の寿命は長く，1頭の雌が2シーズン（2年）以上にわたって産卵をする可能性が高い．生活環の基本パター

ンは年1化型で，幼虫の生長は非常に早く，コロニー内に幼虫が見られる時期は初夏から秋のごく短い期間に限られる．成虫が木屑を生産しない他のクワガタムシ類では，幼虫が固い材を自力で食い進むので，エネルギーを必要とする．そのため発育に長期間を要するが，本種は親が噛み砕いた木屑を食べることによって，早い成長をとげることができるのであろう．裏を返せば，幼虫の親に対する依存度は高く，自力で材を食い進むことができない若齢幼虫には成虫の存在が不可欠であること，また終齢幼虫も木屑を利用したほうが順調に生育がとげられることが明らかとなっている．実際，コロニー形成後の成虫の定着率は高く，ほとんどの場合，両親は子供が新成虫になるまで材内に留まり木屑を作り続け，成熟した終齢幼虫が材に食い入ることなく，その木屑を摂食することが観察されている．その一方で，チビクワガタの幼虫は人工的に粉にした木屑でも十分に成長できることが確認されている．どうやら，親が幼虫のために用意する木屑には，何か餌として特別な加工が施されているというわけではないようである．幼虫にとっては固い木材が物理的に「粉」になっているだけでも十分な手助けとなっているということなのだろう．

　チビクワガタは白色腐朽材の特に樹皮下にコロニーを作る場合が多い．樹皮下には形成層や師部があり，樹木が生きていた頃に栄養分は多かった．チビクワガタは比較的栄養の高い白色腐朽材のしかも樹皮下の部分を親が幼虫に噛み砕いて与えることで，幼虫の成長速度を速めているのかもしれない．

　また，チビクワガタの成虫には強い肉食性があることが報告されていたが，親はコロニーに侵入してきたコメツキムシの幼虫などの外敵を捕食し，幼虫を防衛することが明らかとなった．窒素源のリサイクルとして死んだ子供や兄弟を食べてしまう一種の共食いもコロニー内で行われている可能性もある．

　チビクワガタの終齢幼虫は夏の終わりから秋にかけて蛹化を開始する．卵から新成虫までの期間は2～3カ月ときわめて短い．羽化後の新成虫はそのままコロニー内に留まり越冬する．翌春，多くの新成虫が新たな資源を求めて分散するが，条件の良い朽木では複数の家族が同居する場合もあるらしい．

こうしたチビクワガタの形態や行動は古くから亜社会性を営むことで注目されてきた同じコガネムシ上科のクロツヤムシ科 Passalidae ときわめて類似しているが（Schuster and Schuster, 1997），異なる面もある．例えば，多くのクロツヤムシでは，チビクワガタのように親が幼虫の餌として木屑を作るだけではなく，未消化の糞や吐き戻しなどの「特別な餌」を口移しで幼虫に与えるなど，より高度な育児行動をとる．チビクワガタやクロツヤムシのコロニーではどちらにも赤い未成熟成虫が活動している．どうやら，こうした未成熟なクロツヤムシ新成虫は，自分の弟妹にあたる幼虫の世話をしているらしい．しかもクロツヤムシの場合，未熟な新成虫は生殖器官の成熟のためだけでなく，外骨格の硬化のためにも摂食を必要とし，成熟に要する期間も通常，数カ月程度と非常に長い．これに対し，チビクワガタに見られる赤い新成虫は，単に蛹室から早く出て活動を始めただけの個体（羽化後3～7日程度で蛹室から出て活動する）と見なされる．実際，チビクワガタでは羽化直後から絶食状態においた成虫でも1カ月程度で正常に黒い成虫になり，赤い新成虫と黒い成熟した成虫の乾燥重量を比べても差異は見られない．親の給餌や新成虫の成熟に関する差異は，一見よく似たチビクワガタとクロツヤムシ類の家族生活が一種の収斂現象であることを示唆している．

　甲虫類の中でクワガタムシ類は，いわゆる大卵少産傾向の強い分類群であり，これまで述べたようなさまざまな産卵加工や養育行動は，この大卵少産の戦略を背景とした，卵の保護による孵化率の向上と幼虫の生存率の向上をもたらす．孵化直後の幼虫が最初に摂食する卵殻や周囲の木屑を通じて，成虫から幼虫へバクテリア等の共生微生物や消化酵素が受け渡されている可能性が高い．チビクワガタのような亜社会性は産卵の際にトンネルを掘る行動から，幼虫に対する保護をさらに強化し長期化させるように進化したものと予想される．

　クワガタムシ科を含む材食性昆虫の中に，真社会性のシロアリやクロツヤムシ類のような亜社会性の群が多く見られるのは，これまで議論してきたような木材の「質的にも量的にも制約がきわめて多い」という餌資源としての使い勝手の悪さが大きく関係していると考えられている（松本，1993）．一般に，亜社会性は1回の産卵後すぐに次の産卵機会を得た場合の適応度の増加より産卵後も留まって卵や幼虫の世話をした場

合の適応度の増加のほうが大きい場合に進化すると考えられている．餌として悪い木材の質を改善するための加工や調整が，成虫によってより積極的に行われれば，幼虫が常に安定した餌条件のもとで成長できるばかりでなく，利用できる材の状態は非常に幅広くなり，材をめぐる競争にもきわめて有利になる．こうした餌の質の改善のための作業は重労働であり，単独よりも雌雄や集団で協力しあったほうが効率はよいだろう．また，親から子への共生微生物の受け渡しを産卵時に詰めるわずかな木屑のみで行うのはいかにも心許ない．効率よく親から子に，あるいは兄弟姉妹間で共生微生物を受け渡すことができるのも集団生活の利点であろう．窒素のリサイクルとしての糞の再摂食や遺体の摂食などもコロニーであれば効率がよい．幼虫期間を著しく短縮させて，結果的に親と子双方の適応度増加を図ることが可能である．親による子供の防衛が行われれば親と子の適応度はさらに増加するだろう．

　餌としての質は悪くともコロニー形成場所としての木材には利点も多い．固い木材の中で生活することは安全である．天候や温度の変化にあまり影響を受けない．腐朽による分解を受けるとはいえ，木材は自然界にかなりの期間存在し続ける．長期間にわたるコロニーの生活の場として木材は非常によい資源といえよう．クワガタムシ科をはじめとする材食性甲虫の中に亜社会性が生まれたのは，木材にこうした生態的な特性があったからだと考えられる．

9．おわりに

　最後に，幼虫形態とミトコンドリア DNA から推定されたクワガタムシ科の系統樹に（水沼・永井，1994；Krajcik, 2001；Hosoya and Araya, 2005），これまでの議論の内容を載せてクワガタムシ科における幼虫食性や食性に関連した特徴的な生態の進化を概観してみたい．図1に示すように，褐色腐朽材食性はクワガタムシ科における最も祖先的な食性であることが示唆される（荒谷，2005a, b）．この結果はツヤハダクワガタの幼虫が生理的な制約のために白色腐朽材を利用できないため，仕方なく褐色腐朽材のスペシャリストになっているというこれまでの議論ともよく一致する．軟腐朽材食性の種を含むルリクガタ属やマグソクワガタ属も褐色腐朽材食性のツヤハダクワガタ属やマダラクワガタ属とともに

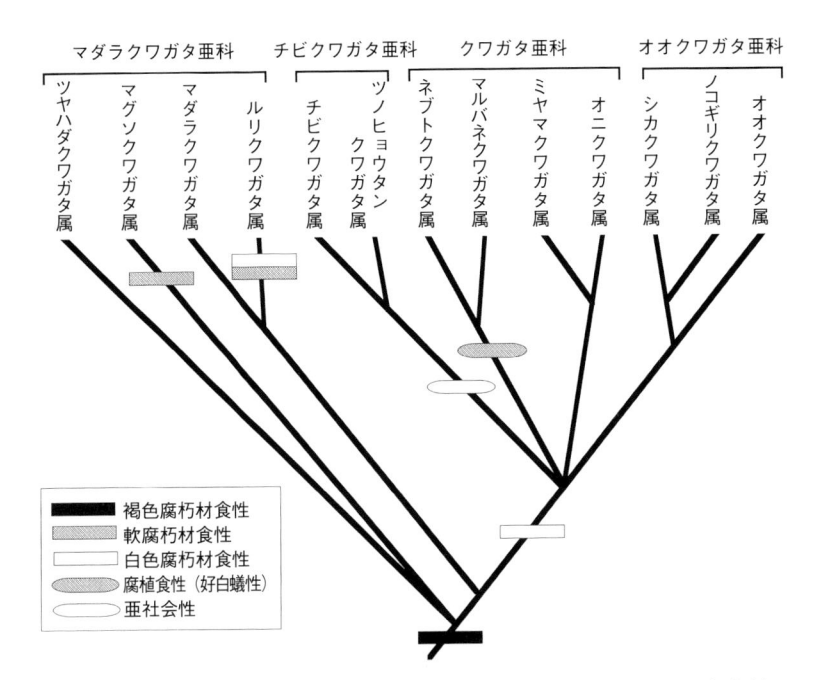

図1 日本産クワガタムシ類の系統と幼虫食性や生態の進化（荒谷，2005b より一部改変）．

クワガタムシ科の中で最も祖先的な一群と見なされるマダラクワガタ亜科 Aesalinae に含まれる．軟腐朽材食性は褐色腐朽材食性から派生した可能性が高いが，クワガタムシ科全体から見れば，やはり祖先的な食性であることが示唆される．実際，この亜科は属や種の数も少なく，小型種が多い上に，成虫が樹液を餌とせず，性的二型も発達しないなど幼虫の食性以外にも多くの祖先的な特徴を示す．白色腐朽材食性に関しては，ルリクワガタの一部と，オオクワガタ亜科−クワガタ亜科−チビクワガタ亜科の共通祖先との少なくとも 2 回の獲得があったことが示唆される（荒谷，2005a, b）．しかしながら，前者のルリクワガタやホソツヤルリクワガタの幼虫は白色腐朽材の最も腐朽が進んだ表面付近の柔らかい部分にごく浅く穿孔するにすぎず，後者のオオクワガタ亜科やクワガタ亜科の幼虫が固い材中に深く穿孔するのとはかなり異なっている．また，ルリクワガタではコルリクワガタなど軟腐朽材食性の近縁種がいない環境では軟腐朽材にも穿孔する（荒谷，未発表）．こうした点から推定す

ると，ルリクワガタとホソツヤルリクワガタの場合，白色腐朽材を利用してはいても，それはあくまで軟腐朽材食性の近縁種と棲み分けるための選択であり，オオクワガタ亜科やクワガタ亜科のように積極的に白色腐朽材を利用しているわけではなさそうである．ルリクワガタとホソツヤルリクワガタは，積極的に白色腐朽材を利用している群と比べると材の消化能力においても大きく劣っている可能性が高い．おそらく，ルリクワガタ属やマグソクワガタ属は，褐色腐朽材しか利用できない段階から一歩脱しはしたものの，決して効率よく軟腐朽材や白色腐朽材を利用できているわけではなく，それぞれの腐朽の末期の状態にある部分をいわば細々と利用しているにすぎないのだろう．いずれにせよ，こうしてみるとクワガタムシ科における真の白色腐朽材食性はオオクワガタ亜科とクワガタ亜科，およびチビクワガタ亜科の共通祖先において初めて獲得されたと考えてよいだろう．なかでも現生のクワガタムシの大多数の種が含まれ，大型で性的二型が発達する種も多いオオクワガタ亜科は最も積極的に白色腐朽材を利用している群と見なされる（荒谷，2005a, b）．

　褐色腐朽が針葉樹（裸子植物）に，また白色腐朽が広葉樹（被子植物）に多く発生することは先に述べたが，一般に木本植物うち，広葉樹は針葉樹よりも新しく，ジュラ紀末に出現し，白亜紀以降に爆発的に多様性を増したとされている．一方，現在知られているクワガタムシ科の最も古い化石はジュラ紀のものであり，その概観はマダラクワガタ亜科の群によく似ている（Nikolajev, 2000）．これらの知見を総合すると，中生代前半に出現したクワガタムシの祖先は当時繁栄していた針葉樹の褐色腐朽材を餌として利用していて，その後白亜紀になって広葉樹が多様化し，それに伴って白色腐朽が繁栄するのに合わせて白色腐朽材の消化・吸収能力（おそらくキシロースの代謝と深く関わっているものと推測される）を獲得した群がクワガタムシの中で著しい発展をとげ，現在に至ったであろうことが推定される．

　従来，シロアリの巣の中や木の洞内の泥状の腐植など腐朽材以外の食性を示すクワガタムシは祖先的であると見なされてきた（小島，1996）が，実際にはこうしたクワガタムシはより高い窒素を求めて白色腐朽材食性の一部から派生した可能性が高い．実際，外国産のネブトクワガタ属の種には白色腐朽材食性を示すものがいる（荒谷，1994）．これら腐

植食性の群の幼虫は著しく肥大した腹部を持ち，消化のシステムが他のクワガタムシ類と異なっている可能性がある．

さらにチビクワガタ亜科に見られる家族生活（亜社会性）は腐朽材の質の改善を自ら行う戦略として進化したものと推定される．ただし，その萌芽状態と考えられる産卵トンネルや産卵マークなどの産卵加工は異なった系統で独立に生じていると考えられる．

クワガタムシ科の幼虫の食性とその進化を概観してきたが，難敵である「幹」を餌としている彼らの苦労の数々が少しでもおわかりいただけたら幸いである．

参考文献

荒谷邦雄（1989）日本産クワガタムシ類の産卵様式．昆虫と自然 24 (10): 6-14.
荒谷邦雄（1994）東南アジア産クワガタムシ幼虫の生態．昆虫と自然 29 (2): 2-10
荒谷邦雄（2002）腐朽材の特性がクワガタムシ類の資源利用パターンと適応度に与える影響．日本生態学会誌 52 (1): 89-98.
荒谷邦雄（2005a）クワガタムシ幼虫の食性の進化 1．木材の腐朽型とクワガタムシ科幼虫の発生の関係．月刊むし (414): 56-63.
荒谷邦雄（2005b）クワガタムシ幼虫の食性の進化 2．クワガタムシ科幼虫の栄養生態．月刊むし (415): 26-33.
荒谷邦雄・大淵武広（1993）日本産クワガタムシの生活史．4．チビクワガタについて（1）．昆虫と自然 28 (13): 43-47.
原口隆英（1985）木材の組成．木材の化学（原口隆英・諸星紀幸編）．文英堂，京都．pp. 1-5.
林　長閑（1987）ミヤマクワガタ．文一総合出版，東京．107pp.
Hosoya, T. and K. Araya (2005). Molecular phylogeny of Japanese stag beetles (Coleoptera: Lucanidae) inferred from nucleotide sequences of the mitochondrial 16S rRNA gene with reference to the evolution of sexual dimorphism of mandibles. *Zoological Science* 22: 1305-1318.［ミトコンドリア16S rRNA 遺伝子に基づく日本産クワガタムシ類の分子系統および性的二型の進化に関する考察］
池田清彦（1987）ルリクワガタ属3種のすみわけと分布．日本の昆虫群集　すみわけと多様性をめぐって（木元新作・武田博清編）．東海大学出版会，東京．pp. 93-101.
北出　理（2000）シロアリと微生物．住まいとシロアリ（今村裕嗣・角田邦夫・吉村　剛編）．海青社，大津．pp. 89-101.
小島啓史（1996）クワガタムシ飼育のスーパーテクニック．むし社，東京．249pp.
Krajcik, M. (2001) Lucanidae of the world. Krajcik, Czech Republic, 108 pp.［世界のク

ワガタムシ]

松本忠夫 (1993) シロアリの真社会性の起源とその維持機構. 社会性昆虫の進化生態学 (松本忠夫・東正 剛編). 海遊舎, pp. 246-297.

Nikolajev, G.V. (2000) New subfamily of the stag beetles (Coleopreta, Scarabaeoidea, Lucanidae) from the Mesozoic of Mongolia, and its position in the system of the superfamily. *Paleontological Journal*. 34 (Suppl. 3): S327-S330. [モンゴルから発見された中生代のクワガタムシ (鞘翅目, コガネムシ上科, クワガタムシ科) の新亜科とそのコガネムシ上科内における分類学的位置]

Schuster, J.C. and L. B. Schuster (1997) The evolution of social behavior in Passalidae (Coleoptera). In: *Social Behavior in Insects and Arachnids*, vol. II (J.C. Choe and B.J. Crespi eds.). Cambridge University Press, U.K., pp. 260-269. [クロツヤムシ科における亜社会性の進化]

高橋旨象 (1989) きのこと木材. 築地書館, 東京. 142pp.

角田邦夫 (2000) 地球温暖化とシロアリ. 住まいとシロアリ (今村裕嗣・角田邦夫・吉村 剛編). 海青社, 大津. pp. 127-135.

14章
樹を使うシロアリの生活
大村和香子

森林生態系では樹幹は枯死し，最終的には腐朽して土に帰る．この過程に大きく関与しているのがシロアリである．独特の体内システムによって木部を分解し，生態系のリサイクルに大きく貢献している．

1. はじめに

シロアリは進化系統において,昆虫の生きた化石といわれるゴキブリに近縁であり,その生態は本書で取り上げている他の穿孔性昆虫と相違点が多い.現在までに約2800種が知られ,等翅目(シロアリ目:Isoptera)1目,7科(15亜科)に分類されている(表1).熱帯〜温帯域に広く分布し,木造建築物をはじめ果樹や農作物,植林地への深刻な被害が知られることから「害虫」のイメージが強いが,生態系の中では倒木や枯木を食べ,それらを土に還してくれる重要な「分解者」である.

本章ではシロアリの生活様式を概説し,樹木と深い関係を有するシロアリの生態を日本に生息する種を中心に紹介する.

2. シロアリの社会とその生活様式

(1) シロアリの社会性

シロアリは,アリやハチ類などの膜翅目昆虫とともに高度な社会性を有する.Michener (1969) は「昆虫の社会性の尺度」として3つの尺度,つまり(A)同種の複数の個体が共同して子供を育てる,(B)生殖のみを行う個体(カースト)と生殖を行わない個体(カースト)がいる,(C)異なる世代が共存している,を提唱した.さらに社会性の発達段階を(1)単独性:(A)〜(C)のいずれの性質も有しない,(2)亜社会性:一定期間,子育てを行う,(3)共同巣性:同世代の個体が共同して巣を作るが,子育ては共同で行わない,(4)擬似社会性:同世代の個体が同じ巣で生活し,子供を共同して保育する,(5)半社会性:同世代の個体が子供を共同して保育し,不妊の個体が存在する,(6)真社会性:(A)〜(C)のすべての性質を有する,の6つに分類した.この分類に従うとシロアリの全種が真社会性に該当する.

(2) シロアリの一生とカースト分化

カースト(caste)とは長時間にわたって特定の役割を行うように特殊化したコロニー内の集団を意味する.シロアリは不完全変態を行い,卵から孵化後,幼虫が脱皮を繰り返して成虫となる.シロアリのコロニーは生殖カーストである雌・雄(女王・王)を中心に,将来有翅虫

表1 シロアリの分類

高等シロアリ（higher termite）	
シロアリ科 Termitidae	キノコシロアリ亜科 Macrotermitinae
	テングシロアリ亜科 Nasutitermitinae
	アゴブトシロアリ亜科 Apicotermitinae
	シロアリ亜科 Termitinae
下等シロアリ（lower termite）	
ムカシシロアリ科 Mastotermitidae	
レイビシロアリ科 Kalotermitidae	
オオシロアリ科 Termopsidae	オオシロアリ亜科 Termopsinae
	ストロシロアリ亜科 Stolotermitinae
	ポロシロアリ亜科 Porotermitinae
シュウカクシロアリ科 Hodotermitidae	
ミゾガシラシロアリ科 Rhinotermitidae	イエシロアリ亜科 Coptotermitinae
	ヤマトシロアリ亜科 Heterotermitinae
	スナシロアリ亜科 Psammotermitinae
	ヒラタシロアリ亜科 Termitogetoninae
	スチロシロアリ亜科 Stylotermitinae
	フルミゾガシラシロアリ亜科 Prorhinotermitinae
	ミゾガシラシロアリ亜科 Rhinotermitinae
ノコギリシロアリ科 Serritermitidae	

(alate) となるニンフ (nymph)，不妊カーストである職蟻 (worker) と兵蟻 (soldier) から構成され，職蟻は採餌と他の階級の養育を行う役割を，兵蟻は敵からコロニーを守る役割を担っており，コロニー内で秩序だった分業がなされている．多数の有翅虫が同時に巣から飛び出す現象を群飛 (swarm) といい，群飛後に翅を落としてペアとなった雌雄が新たなコロニーを作る．

各カーストへの分化は「直列型」と「早期二分岐型」とに二大別され，前者は老齢幼虫まで生殖カースト系列と不妊カースト系列が分岐しないタイプ，後者は若齢幼虫から生殖カースト系列と不妊カースト系列が分岐するタイプである（三浦，2003）（図1）．例えば日本に広く分布するヤマトシロアリ *Reticulitermes speratus*（口絵13）は「直列型」に分類される．その生活環を図2に示す（松本，1983）．「直列型」では生殖能力を有する老齢幼虫が職蟻としての役割を担っており，それらは「擬職蟻 (pseudergate)」とよばれる．「直列型」ではコロニーが分断されると副

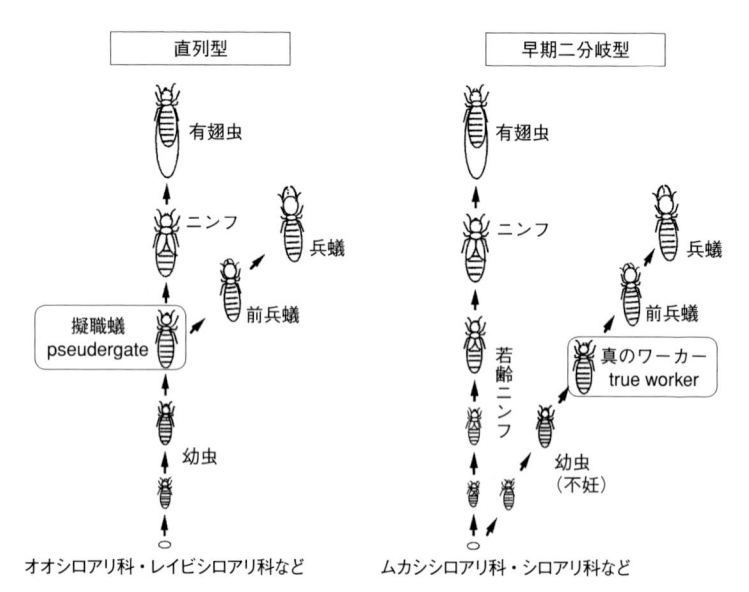

図1　シロアリにおけるカースト分化のタイプ分け：「直列型」と「早期二分岐型」（三浦, 2003）.

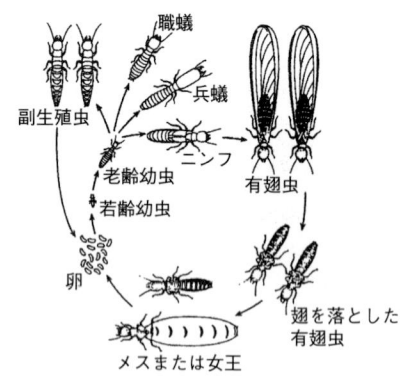

図2　ヤマトシロアリの生活環（松本, 1983）.

生殖虫が，また副生殖虫がいない場合でも擬職蟻が副生殖虫へと分化して新たなコロニーを創設する．このような擬職蟻の分化能は下等なシロアリほど高く，ヤマトシロアリでは25頭の擬職蟻からでもコロニーが再生されるという報告がある．

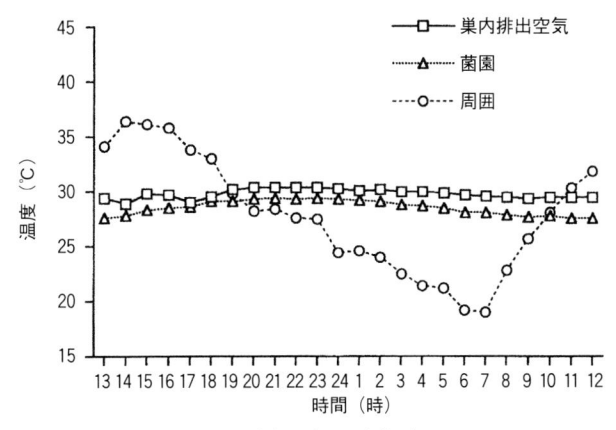

図3 *Macrotermes jeanneli* の塚内部温度の日変化（Darlington *et al.*, 1997より改変）.

3．シロアリによる樹木の利用様式

　異なる世代・カーストが多数同居する巣という空間は，シロアリにとって外界から隔絶された安全な空間であることが理想である．すなわち巣は外敵から身を守る空間であり，かつその巣内環境は風雨・太陽光等の刺激を避け，温・湿度変化の少ない空間であることが望まれる．図3にケニアにおけるキノコシロアリの1種 *Macrotermes jeanneli* の塚内部温度の日変化を示す（Darlington *et al.*, 1997）．このように巣温に関してはほぼ赤道直下に近い地点においても，外気温の変動に左右されずに1日を通じて30℃前後と一定であることがわかる．また，気温の季節変動が大きい日本において，マツ伐根に営巣したイエシロアリ *Coptotermes formosanus* の巣温の日変化および周年変化が調べられており，巣温は夏冬を問わず1日を通じてほぼ一定に保たれ，0℃に近い冬期でも10℃程度を保つ（中島，1961）．樹木～木材自体は物理的に強固であるだけでなく，表面ははっ水性もあり，適度な空隙を有する素材である．万一アリ類等の敵に襲撃されても，材内に迷路のように張りめぐらされた孔道のそこここで敵の侵入を食い止めることができる．

（1）シロアリの営巣様式

　シロアリの生活空間は，同じ社会性昆虫のハチ類と異なり主な移動が

写真1　タカサゴシロアリの樹上巣（沖縄県西表島）.
　　　a：全容（矢印）.
　　　b：横断面．隔壁により細かく空間が仕切られているのがわかる．

写真2　メタセコイア伐根に形成されたイエシロアリの巣（岡山県倉敷市）（矢印）．

写真3　マレーシア・ペナン島におけるシロアリ塚（*Globitermes sulphureus*）（矢印）．

歩行によることから，平面的な空間であるといえる．シロアリの中にはこの平面的な空間の積み重ねである巨大な巣を，完成までに自己の寿命の数倍もの年月をかけて，数万〜数十万頭の個体を動員して作る種類がいる．営巣する箇所としては樹上（写真1a,b），木材〜樹木内部（写真2），地表〜地中（写真3）が挙げられ，中には別種のシロアリ巣に寄生するタイプも知られる．

①シロアリによる巣の形成と木材の穿孔行動

 シロアリの巣は穿孔（excavitation）と構築（construction）という2つの行動により作られる空間が連絡しあった構造物であり，一見複雑な構造を有しているように見えても結局はこの単純な2タイプの行動の規則的繰り返しにより形成されるものである．

 穿孔は木材内部や土壌中へトンネルを掘る行動であり，構築は主として空間と空間の隔壁の形成，穿孔および隔壁形成時に生じた開口部の補修，隔壁の肥厚といった行動からなる．また，シロアリの進化を念頭に置いたとき，その共通の祖先と考えられるのが材食性ゴキブリであるが，キゴキブリ属は木材への穿孔行動のみでまったく構築行動を起こさない．一方構築行動は下等シロアリ全般的に見られる行動である．したがって，穿孔行動はシロアリの基本的かつ原始的な行動，構築行動はより高次な行動と考えられている．

 シロアリは木材中だけでなく土壌中を，そして時には発泡スチロール，タイルやコンクリートなど，餌とならないものをもかじる穿孔行動を行う．さらにかじり取ったかすや土壌，そして自身の唾液を含んだ吐き戻しや排泄物を巣の構築に利用する．

 オオシロアリ科のネバダオオシロアリ *Zootermopsis nevadensis* は体長が2 cm近くにもなる大型のシロアリで，最も原始的な種の1つである．通常マツ材等の倒木に生息しており，樹幹へは特に軟らかい早材部に大きな坑道をあける．試験管に湿らせた柔らかい紙とともに有翅虫を雌雄ペアで入れると，自らがすっぽり入る空間を作った後に自らの糞でその空間と試験管の壁との間の隙間を閉じ，その後産卵を行うという行動が観察できる．このことから，構築行動の基本は穿孔により生じた孔または既存の隙間へ木材のかじりかす，吐き戻しや排泄物を付ける行動と思われる．また，生殖虫でなくともある空間の中にシロアリを放置すると，やがて自らを覆うように隔壁を形成することから，隙間の閉鎖や隔壁の形成は自己の防衛行動に起因すると考えられる．さらに，本種の穿孔行動に関して，2 cm角のサイコロ状のマツ材を与えると，穿孔せず多数の個体で材表面を常に徘徊しながらゆっくりかじって消化していく行動が見られるが，繊維方向に5 cm程度にすれば穿孔することから，本種の穿孔行動を発現させるには自己を隠すだけのスペースが対象の材に必

要であることが推察される．液状糞と比較的乾燥した固形糞の2種類の糞を排泄し，自ら作った坑道や材表面への開口部に，排出した固形の糞を口器で運び液状の糞を付着させて隔壁を作り隙間を封じるが，隔壁で仕切った空間と空間との間は1個体が通れるだけの孔でつながっている．巣材を叩くなどして刺激を与えると，兵蟻がその孔を頭部でふさぐようにかまえ仲間を防御する．

②営巣場所と食性との関係

高度な社会生活を営むシロアリの中には，樹木を単に餌として利用するもの，巣として利用するもの，餌場と巣を兼ねるもの，まったく関係を持たないもの，とさまざまな種類がいる．Abe (1987) はシロアリの営巣場所と食性との関係からそのタイプ分けを試み，ワンピース型，セパレーツ型，中間型の3型に分類した．

ワンピース型の種は「餌場＝巣」のタイプで，1本の材の中に営巣かつその材を餌とし，土との直接の接点を持たない，つまり巣の材料として土を用いない場合が多い．ワンピース型には比較的乾燥した硬い材に営巣する乾材シロアリ（レイビシロアリ科）と，腐朽が生じるなどして軟らかく湿った材に営巣する湿材シロアリ（オオシロアリ科）とが該当する．セパレーツ型は樹の上や地中などに特別に加工された巣を作る種で，営巣場所とは異なる樹木および他の食物を採餌する．樹木の幹の表面に巣を作り，そこから樹皮，地表，地中に蟻道（土や餌の小片などを利用して作ったトンネル状の覆い）を延ばして地表の倒木・落枝・生木の枯死枝，地衣類などを食べる樹上シロアリ，地表や地中に営巣し，そこから蟻道を延ばして地表・地中にある植物遺体を食べる地中シロアリ，同じく地表や地中に営巣しそこから地下へ蟻道を延ばすが，対象とする餌が有機物に富むヒューマス（腐植，土壌中の有機物）であるヒューマス食いシロアリとに分けられる．セパレーツ型にはシロアリ科，シュウカクシロアリ科，ミゾガシラシロアリ科の一部が含まれる．ワンピース型とセパレーツ型との中間型には比較的湿った材の中に営巣し，その材を餌とするだけでなく，地中に蟻道を延ばして他の材も餌とするムカシシロアリ科やミゾガシラシロアリ科の一部が含まれる．

③巣の構造

ワンピース型のシロアリは比較的大型である．オオシロアリ科のシロ

アリは，腐朽した枯死木や樹木の髄を穿孔加害するとともにその場所を巣として利用している．同じくレイビシロアリ科のシロアリは広葉樹の硬い生立木の枯死枝などに営巣する．これらの巣は単に食害により作られた空間であるが，外気に触れる部分にあいた穴は排泄物で埋め，外界からの進入を遮断している．木造家屋の害虫として知られるレイビシロアリ科のアメリカカンザイシロアリ *Incisitermes minor* は加害材の表面から顆粒状の糞を排出するが，その排出場所，つまりトイレに該当する場所と主たる加害場所とが別であることが知られている．さらに常時生殖虫はペアで存在することから，加害場所が巣を兼ねるといっても，ある程度のゾーニングがなされていると思われる．また，加害場所つまり巣を常時移動する必要性から女王の腹部は他型のシロアリ種のように肥大化はせず，1回の産卵数は少ない．1つのコロニーに属する個体数は少ないかわりに，1本の材に複数のコロニーが分散して営巣する．加害材の内部に年輪をまたいで作られた大きな坑道が見られ，坑道の端部および坑道と坑道の間はほぼ1個体の体幅分の狭い坑道で互いに連結されている．

中間型のシロアリは材中を掘り進み，外界との開口部をふさぐだけでなく，自らの排泄物や吐き戻しと土壌とを混ぜて隔壁を作る．ミゾガシラシロアリ科のヤマトシロアリの巣は食害した部分の隙間を隔壁でふさいだ程度のものであるのに対して，同科のイエシロアリは隔壁の割合が高く，壁で取り囲まれた中で生活している．巣の概観は網目状であり，巣の一部には王室が別室として存在する．

セパレーツ型のシロアリは，隔壁をさらに肥厚させて特別に加工された巣を作る．樹上巣を作る習性が一般的によく知られるのはテングシロアリ亜科である．八重山諸島以南に生息するタカサゴシロアリ *Nasutitermes takasagoensis* は，シイ・カシ類に好んで営巣し（写真1a, b），地表まで樹皮上に何mも「蟻道」とよばれる土で作ったトンネル状の覆いを延ばし採餌する．セパレーツ型の巣は時には地中〜地表に「塚」となって見られる場合もある．同じイエシロアリ属でもイエシロアリとは異なりオーストラリアに生息する *C. lacteus* や *C. brunneus* は2m程度の高さの塚を作る．キノコシロアリの1種であるエントツオオキノコシロアリ *M. subhyalinus* の塚は重機を使わないと壊すことがで

きないほど表面が硬くかつ巨大（高さ4～5 m）である．キノコシロアリの場合はしっかりした台座を有する王室だけでなく菌園や育児室が設けられ，さらには空調を整えるため上部へ空気孔（煙突）が設けられており，巣内の温湿度，空気質環境を整えるシステムが完成している．

（2）シロアリの食性

シロアリの主な食物は種によって異なり，リター（落枝，落葉），木材（枯死木・腐朽材），草本類，地衣類，ヒューマス，樹木（生木）と分けられるが，すべて餌の主成分であるセルロースを分解して栄養を得ているという共通点を持つ．

①微生物との共生関係

シロアリは微生物との共生形態の違いにより高等シロアリと下等シロアリとに大別される．表1に示すように高等シロアリはシロアリ科1科のみであるが，シロアリ全体の約3分の2の種が属している．高等シロアリはセルロースやリグニンの分解のために消化管内の共生バクテリアや，巣内で栽培するキノコを利用しているのが特徴で，ヒューマス食性が大部分を占める．その名の通りキノコ（担子菌類）を栽培するキノコシロアリ亜科のみが木材およびリター食性である．一方残り6科が属する下等シロアリは腸内（後腸）にバクテリアの他に原生動物をも共生させ，セルロースの分解を補っている．下等シロアリのうちシュウカクシロアリ科には完全な草本類食性，リター（落枝，落葉）食性，腐朽材・リター混合食性の種が存在するが，その他は主として木材（枯死木）食性の種が多い（安部，1989）（図4）．

木材中のセルロースはそれ自身が難分解性なだけでなく，さらに難分解性のリグニンにより保護されている．食材性の下等シロアリでは，咀嚼によって木材を微細化することにより，シロアリ自身または共生微生物がリグニン分解力（リグニン分解酵素系）を有していなくても，シロアリ自身が唾液腺から分泌するセルラーゼ（エンドグルカナーゼ）でセルロースを部分的にグルコースや低分子の糖にまで加水分解できる．さらに中腸に存在するグルコシダーゼによって低分子の糖をグルコースにまで分解し体内へ吸収する．また，共生する原生動物もシロアリ唾液腺セルラーゼとは異なるタイプのエンドグルカナーゼを生産している．こ

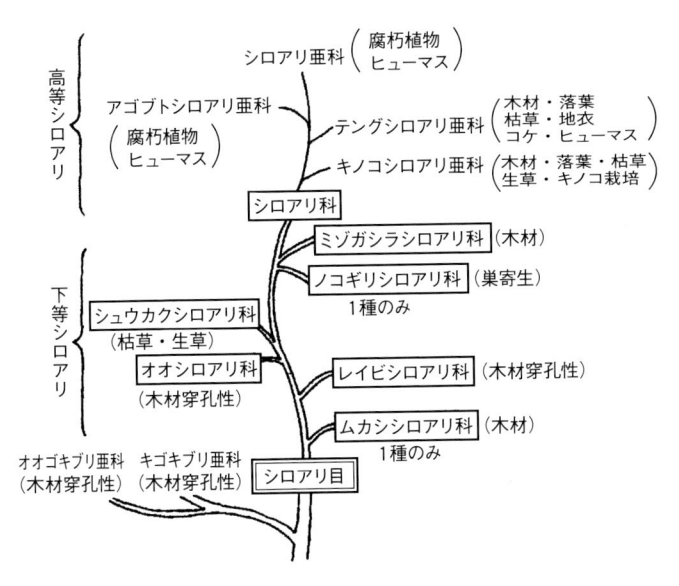

図4 シロアリの進化系統と食性（安部，1989）.

のようにシロアリ自身のセルラーゼにより部分的に分解を受けたセルロースは後腸の原生動物に取り込まれ，原生動物由来のセルラーゼにより分解を受けたセルロースとともに，嫌気的に二酸化炭素と水に分解される．二酸化炭素と水は一部原生動物に共生するメタン細菌によりメタンへと変換されるが，大部分は酢酸生成スピロヘータにより酢酸塩生成へと使われる．この酢酸塩はシロアリの栄養源・エネルギー源として利用される．さらに後腸内に共生する窒素固定細菌や嫌気性細菌により生じたアンモニアは窒素源として利用される．木材にはほとんど窒素が含まれておらず（炭素/窒素比（C/N比）= 50〜1000），シロアリのカラダを作る上では窒素の獲得および過剰な炭素の排出が重要な問題である．実際はシロアリ自体のC/N比が3〜10であり，不足している窒素を細菌による空中窒素固定，老廃物である尿酸の再利用，キノコシロアリのように自分で栽培するキノコや他の担子菌類で腐朽した材の摂食により獲得し，過剰な炭素を二酸化炭素やメタンとして体外へ放出し，餌とカラダのC/N比のアンバランスを是正している．

　原生動物を保有するシロアリを40℃程度の熱や酸素濃度の高い状態，

太陽光（紫外線）に暴露または抗生物質の投与によって原生動物を除去すると，シロアリは1週間程度で死滅してしまう．また，餌を投与せず飢餓状態にすると原生動物が徐々に死滅し，やがてシロアリ自体も死に到る．しかし，途中で健全な個体と共存させて餌も与えると，飢餓状態に置かれていた個体の腸内に再度原生動物が確認されるようになる．また，孵化直後および若齢幼虫，そして脱皮直後の個体の腸内には原生動物が存在しない．Yamaoka *et al.* (1986) のヤマトシロアリを用いた研究によると，3齢幼虫になると後腸の表皮細胞に急激な変化が生じるとともに，腸内に原生動物が認められ始める．原生動物を持たない若齢幼虫等に対しては，栄養交換時に他個体が部分的に消化した物質を供給するだけでなく，原生動物も同時に授受することが知られている．

シロアリと微生物が共生関係を保つメリットとしては，上述のように微生物により難分解性である木材成分を利用できるというシロアリ側の有利性だけでなく，微生物側もシロアリに守られた環境を得ている．腸内微生物の多くが体外培養が困難であることからも，いかに共生微生物の生存にシロアリが快適な環境を提供しているかがわかる．

②栄養交換と食性

採餌活動の役割を担う職蟻（擬職蟻）は，他のカーストへ部分的に消化した餌を受け渡す．つまり生殖虫，若齢幼虫，兵蟻は職蟻（擬職蟻）から餌の吐き戻しとともに唾液および排泄物を口移しで得ている．このような部分消化した餌の受け渡しは「栄養交換（trophallaxious）」とよばれ，シロアリの社会性維持の根本となる行動といえる．特に孵化直後の幼虫には腸内の微生物が存在しないため，微生物を含んだ排泄物を職蟻（擬職蟻）から得ることにより，腸内という特殊な環境に微生物を棲まわせ自らの採餌により消化・栄養吸収ができるようになる．吐き戻しには部分消化した餌や原生動物を含む消化管内容物の場合と唾液腺からの分泌物の場合がある．また排泄物にも普通に出される糞とは別に，部分的に消化された物質や原生動物を含む糞，危険を察知して排出する糞など，状況に応じて糞の内容は異なる．

木材の主成分であるセルロースやリグニンは，一度体内を通っただけで完全に分解できるものではない．職蟻（擬職蟻）同士で栄養交換を行い何度も腸を通すことによって，木材を少しずつ分解していく．エント

ツオオキノコシロアリでは巣外での採餌活動を老齢の職蟻が行い，巣外に出ない若齢の職蟻が，老齢職蟻が採集したリター等を栄養交換により摂食する．若齢職蟻の排泄物（primary faeces）は菌の新たな培養基となり，またこの培養基に生える菌糸塊自体も若齢職蟻の餌となる．そして老齢職蟻は菌により分解が進んだ培養基を摂食する，というように直接的な栄養交換だけでなく，外部共生菌を介した栄養交換も行っていることが知られている．

③社会性進化と食性，共生微生物との関係

シロアリの社会性進化に関しては様々な学説が提唱されている．その中の一つの説では，個体間における栄養および木材の消化に必須な原生動物の交換が社会性の進化に関わった可能性が指摘されている．

シロアリでは巣の仲間同士で未消化の餌を与え合う栄養交換が行われる．これは当初は親から子への給餌のような一方向性の行動であり，それが次第にカースト内とカースト間に広がったと推察される．シロアリは，互いの体表を触角や口器で接触し合うグルーミングという行動によって，仲間認識を行っている．栄養の授受およびグルーミングによる常態的な仲間認識が社会性の維持に大きく寄与していると考えられる．

また，共生原生動物自体の起源に関しては議論の分かれるところであり，キゴキブリとシロアリの共通の祖先の時代に原生動物を獲得したとする説と，進化の過程でキゴキブリとシロアリの祖先とに分かれた後に，いずれか一方が原生動物との共生関係を獲得し，それが他方へ移動したとする説がある．

材食性ゴキブリのキゴキブリは現在地球上でわずか3種のみで，3種とも腐朽材に営巣かつ加害する．キゴキブリとシロアリは腸内原生動物との共生形態が類似しているだけでなく，それらの外部形態が類似していることから，キゴキブリはゴキブリの中でシロアリと最も近縁であると考えられている．キゴキブリには，同じく材食性である下等シロアリの腸内原生動物と同類の鞭毛虫類が消化共生していることが知られる．キゴキブリはゴキブリ目の中でも原始的なグループであり，ゴキブリ目は徐々に食性幅を広げるよう進化し，他昆虫と比較して「雑食性」という優位性を獲得することにより，大きな環境変化に耐えて生き残った．キゴキブリは若齢虫に給餌する行動を示す亜社会生活を送るが，進

化とともに亜社会性を捨て非社会性となり，さらに微生物との関係でも原生動物との共生を捨て，バクテリアとのみ消化共生を行うように進化している．また，家屋害虫化したチャバネゴキブリなどが示す合成殺虫剤抵抗性は，高い解毒酵素活性によるものであり，「雑食性」を発達させる上で備わった能力と考えられる．一方シロアリ目は，「亜社会性」から「真社会性」へと社会性を進化させ，カーストによる分業を効率化させた．さらに下等シロアリから高等シロアリへは，ゴキブリ目同様原生動物との共生関係を捨て，バクテリアのみとの共生系やキノコシロアリに見られる菌類との外部共生系を完成させた．食性幅としては，セルロースを栄養源としているのに変わりはないが，リターやヒューマスのようにすでに土壌微生物等により部分的に分解を受けているようなものを餌とするように，植食性という範疇内で食材幅を広げている．

4．生立木に穿孔被害をひきおこすシロアリ

樹木の幹では内樹皮，形成層と辺材にのみ生きた細胞があり，その他はすべて死んだ細胞から構成されている．そこで樹木は外敵から身を守るため，生きた組織による生体防御に加えて，樹皮による物理的防御と樹体支持に寄与する心材における樹種特有の心材成分の蓄積による静的な防御を行っている．伐木後の樹木では心材部が辺材部より耐シロアリ性が高いが，生きている間は樹種固有の生体防御機構が機能する．実際，製材品として耐シロアリ性が低いアカマツでも，生立木時にシロアリに加害されている場合は樹皮から樹脂（ヤニ）の滲出が認められる．アカシア属の一部も，樹体が傷つくと生体防御として樹液を分泌し，シロアリ等の侵入を阻止する．したがって，シロアリは樹木の生体防御を克服しなくては樹幹を食い進むことは困難であり，枯死木や部分的に腐朽した木材が豊富にあればそれらを食べる．生立木に加害する場合でも，根および枯枝や幹表面の傷害部を起点として樹幹内への進入を開始し，他の病虫害など何らかの原因で生育が悪く樹勢が衰えた樹幹や，枯死した枝および腐朽／傷害部を摂食して，髄〜心材内層を空洞化する場合が多い．

種数的には森林〜土壌性のシロアリが多いが，従来の森林地を開拓するなどして植生が急激に変わり平地になると，材食性のシロアリが優位

になることが知られている．さらに当該地に元来生育していない樹種を植林した場合，その植林木に対してシロアリが激しい被害を与えることもある．タンザニアのサバンナ地帯の植林地では，成長が早く建材に適した有用樹種として外来樹種のユーカリ類を植えたところ，シロアリが苗木に対しても比較的成長した幼樹に対しても加害し，枯死に至らしめた事例が報告されている．外来樹種でもニームなど樹種によってはシロアリに加害を受けても，加害部分は樹皮表層に留まるため樹木は問題なく生育するが，水分不足など他の要因で衰弱すればやはり枯死してしまう．一方，アカシア類やセンダン，タマリンドなどの土着種は乾燥にも耐え，シロアリによって枯死することはほとんどない．したがって，シロアリの密度が高く，微生物の活性も高い熱帯地域で生き残っているような樹種は，現地の気候およびシロアリによる淘汰に生き残った種であるといってよいだろう．

　生立木へ穿孔被害を及ぼす材食性のシロアリ種は，下等シロアリではオオシロアリ科，ムカシシロアリ科，レイビシロアリ科，ミゾガシラシロアリ科，高等シロアリではキノコシロアリ亜科，テングシロアリ亜科が知られるが，これらを材への加害様式の観点から乾材シロアリ，湿材シロアリ，地下シロアリに分けて概説する．

（1）乾材シロアリによる被害

　「乾材シロアリ」と称されるレイビシロアリ科であるが，実際はその名の示すような含水率12％程度に乾燥した木材を，新たな水の供給なく加害することが可能な種はダイコクシロアリ属とアメリカカンザイシロアリ属のシロアリのみで，それ以外の属は繊維飽和点（含水率約30％）以上の硬い（主として広葉樹）生立木の枯枝・腐朽部に営巣・加害する．

　ダイコクシロアリ属とアメリカカンザイシロアリ属のシロアリは，乾燥した材内部で生存が可能なため，家具等木製品とともに運ばれて他地域へ移入しやすい種である．体内での水分再吸収機構が発達しているため，糞は顆粒状で水分がほとんど含まれていない．ただし，乾材シロアリといっても乾燥した材を新たな水の供給なく摂食できるだけであり，坑道内の湿度は高く保たれている．個体を加害材から取り出して湿度50％程度の空気中に放置すれば，体表からの水分の蒸発によって1日前後

で体全体が萎縮して致死する．木材に穿孔して内部に坑道を作り，材表面や坑道間の隙間を糞で埋めることにより，自らを防衛するとともに自身の乾燥を防いでいると思われる．これらの種は穿孔している材の表面に小さな穴をあけそこから糞を排出するのが特徴の1つである．食害場所が巣を兼ねるワンピース型のシロアリであり，土壌とは無関係で完全に樹木・木材の中のみで活動し，通常は外部に露出する蟻道を作らない．巣の構造は単純で木材あるいは樹木の内側に坑道を作り生活する．

　ダイコクシロアリ属は8種が知られ，いずれも熱帯地方で最も激しい被害を及ぼす乾材害虫である．家具等の木製品や建物内だけでなく野外の枯枝にも生息が認められる．荷物などとともに世界の熱帯地方に広がり，日本ではダイコクシロアリ *Cryptotermes domesticus* が奄美大島以南と小笠原諸島に分布する．アメリカカンザイシロアリは日本では被害家屋とその周辺の限られた野外でしか生息は確認されていないが，北米ではアメリカ合衆国のワシントン州からメキシコのカリフォルニア半島にかけての太平洋沿岸を原産地とし，ダイコクシロアリ同様現地では野外の枯れ枝などに生息が認められている．ダイコクシロアリ同様乾燥した顆粒状の糞を排出するが，ダイコクシロアリと比較して糞の大きさは一回り小さく，俵状の形状をしており縦に6本の溝があるのが特徴である．

　一方，コウシュンシロアリ *Neotermes koshunensis* は，生立木の枝～樹幹の髄付近～心材部および倒木に営巣・加害する．日本では奄美大島，沖縄本島，八重山群島に生息し，マングローブ林を形成するオヒルギ，メヒルギをはじめアカメガシワ，ヤマグワなど硬い広葉樹に多く見られる．日本では害虫と見なされるほどの被害はないが，本種の穿孔部から腐朽菌が侵入し生立木の樹幹の空洞化を進行させるため森林害虫と位置付けられている．

（2）湿材シロアリによる被害

　湿材シロアリに該当するオオシロアリ科による加害の特徴は，樹木や湿った材に大きな坑道をあける点である．湿材シロアリもワンピース型の営巣様式を示し，巣と摂食場所を兼ねる．高低差の大きい複雑な地形を呈することで知られる中国南部の湖南省では，高山地域の原生林においてオオシロアリ *Hodotermopsis sjoestedti* の生息密度が高く，生育中の

樹木の加害，樹幹の空洞被害を起こす主要害虫と見なされている．オオシロアリは森林性のシロアリで，乾燥した環境には生息せず，林地の中でも湿度の高い谷筋，くぼ地の樹木中に生息する．日本では主要な森林資源帯と本種の生息域（高知県足摺岬，鹿児島県大隅半島南端部，奄美大島，徳之島，中ノ島，種子島，屋久島）とが重ならないため顕著な被害は知られていない．伐採木材や倒木にも加害し，直径40 cm以上の伐採したカシの内側を，完全に空洞になるまで食べてしまう例が知られている．腐朽した枯死木や切株や伐根，生立木でも樹幹の枯死部や心腐れを起こした髄や心材付近にも穿孔・営巣が認められている．樹幹内の巣から地中に通じる蟻道を作るが，地中に営巣することはない．王室に相当する部分は樹木の枝節などの硬い部分に作ることが多く，そこに空隙を作って産卵，養育を行う．兵蟻頭部のハサミ状の大顎は他のシロアリ同様，擬職蟻（または老齢幼虫）の大顎が変化して形成され，その切り口は人の手の皮膚が切れるほど鋭利である．本種はいったん穿孔，営巣すると巣材が乾燥してもある程度耐えることが可能であり，このため他地域への移入を生じやすいものと思われる．

（3）地下シロアリによる被害

地下シロアリとは，主として地中から蟻道を延ばして餌場への加害を行うタイプのシロアリであり，ミゾガシラシロアリ科，ムカシシロアリ科，キノコシロアリ亜科の一部，テングシロアリ亜科の一部が該当する．ミゾガシラシロアリ科とムカシシロアリ科はともに中間型の営巣様式を示し，固定巣を作り地面より下側の樹木および切株の根部に営巣する種が多い．キノコシロアリ亜科はセパレーツ型で，塚を形成する種と土中に主巣およびその周囲に分散して菌園および分巣を形成する種がある．

ミゾガシラシロアリ科のイエシロアリは，世界のシロアリ種の中でも最も加害力の大きい種として恐れられており，木造建築物や街路樹，果樹，造林木，庭木など生立木にも大きな被害を与える．生立木に対しては樹種により加害形態が異なり，例えばアカマツ・クロマツなどマツ類立木の被害は樹皮や辺材に留まることが多いが，スギ立木はマツと異なり中央部や心材部分が加害されるので，樹皮が剥げにくくシロアリの姿を見つけにくい．日本においては，イエシロアリは九州南部の海岸縁に

防風林として植栽されたマツ林において立木にも被害を与えている場合が多い．採餌活動が活発な夏場では樹皮の上から耳をあてると，シロアリが木をかじる音や兵蟻が頭部を足元にたたきつけるときに生じる警戒音が聞こえる場合がある．マツ林の立木への被害はマツ材線虫病によって樹勢が衰えた立木が拠点となっていると考えられる．マツ立木の被害度は，初期には立木の地際から幹の樹皮の裂け目に蟻土（土や餌の小片などを利用して作った盛土）や蟻道を付けるが，それが進むと樹皮の裂け目にさらに多量の蟻土や蟻道が見られ，葉の退色や黄変が見られるようになる．枝の基部や腐朽部などに多量の蟻土が見られ，地際にも蟻土が盛り上げられるようになると，巣も発達し周辺の倒木への採餌活動が活発化する．シロアリの加害により生じた傷害部を樹皮が巻き込む形で生長している樹木も見られる．地際に営巣して樹幹を加害しない場合と，営巣後さらにその上部の樹幹を食餌場とする場合とがあるが，樹皮表面に蟻土・蟻道が見られ，葉が枯れかかって茶色を帯びた状態であれば，その樹木は加害されているか，または根元に巣がある可能性が高い．一方，スギ立木への被害は，台風等による風倒木や捨て切りされた被害木の林内放置がシロアリ被害の誘因となると思われる．さらに台風などの強風により「根上がり」を起こした場合は，根からの侵入を容易にしてしまう．被害が生じると葉色が少し濃くなり，さらに梢の生長が鈍くなるいわゆる「心止まり」現象を起こすのが特徴で，樹幹から樹脂（ヤニ）が点々と染み出る．これはシロアリの加害により水分通道に異常を来すことが原因と考えられる．本種は上述のようなスギ・マツといった建材用の樹種のほか，クスノキやサクラなどの街路樹や緑化木も加害し，空洞被害を生じさせる．

　ヤマトシロアリ属は北半球にしか分布していないが，適応温度域が広く，水平分布としては赤道付近から北緯40度付近まで，垂直分布としては海抜2000 m以上までその生息が認められる．イエシロアリほど特別に加工した巣は作らず，加害部に生殖虫が存在することから，ワンピース型に近い営巣様式を有しているといえる．比較的湿った材や腐朽した材を摂食する傾向があり，付近に水源がない場合でも，周囲の湿度が高い場合は蟻道を形成して加害する．九州で発生が認められている心材腐朽病害では，スギやヒノキの立木の材中心部（髄や心材）が空洞化して

写真4 ヤマトシロアリによるスギ立木の穿孔被害（熊本県熊本市）．材中心部の腐朽部をさらに加害．空洞部から木口面に蟻道（矢印）が見られる．

いる場合があり，被害部からヤマトシロアリが発見される例もある．このことから，空洞化の原因の1つとして材の腐朽部に侵入して食害するヤマトシロアリの寄与が明らかとなっている．材中心部を加害されるので被害木の発見が難しく，伐木して初めて被害に気づくことが多い（写真4）．主として家屋の柱材など構造用材として使用するためのスギ・ヒノキの幹が空洞化すると利用価値がなくなり，被害材は山中に放置されているのが現状である．

　日本の沖縄本島以南〜中国南部に生息するキノコシロアリ科のタイワンシロアリ *Odontotermes formosanus* は，湿度の高い土壌を好み，中国では河川や用水路の堤防内部に営巣することが多い．大雨により堤防土壌の保水率が上昇すると，巣内部の菌園をはじめとする空隙へ雨水が流入して，これが原因で堤防が漏水・決壊し，大洪水を引き起こす原因となることが知られており，堤防シロアリともよばれる．現地に生育するさまざまな樹種の生立木およびそれらの伐倒木と枯死木に対して，表面に蟻土による被覆や蟻道を形成してその内側を食害する．また灌木や草

14章　樹を使うシロアリの生活――255

本類，サツマイモやサトウキビなど農作物も被害を受ける．

その他，オーストラリア北部の熱帯〜亜熱帯地域に世界中で1種類のみ生息するムカシシロアリ *Mastotermes darwiniensis* は，樹木の幹〜根や切株などに営巣する比較的大型な種である．木造家屋や木柵をはじめ果樹の穿孔被害，サトウキビなどの農作物への甚大な被害を与える．

6．おわりに

これまで述べてきたように，シロアリは樹木のライフサイクルの中で，樹幹が健全な状態であるときから枯死して腐朽するまでのあらゆる段階で，営巣場所として，食物としてこれを利用している．生態系の中ではシロアリ自体（特に有翅虫）が他の捕食性昆虫や鳥類・爬虫類等の餌となり，また熱帯〜亜熱帯地域では倒木やリター類の体積をシロアリが物理的に減らすだけでなく，咀嚼，排泄により木材の表面積を増して腐朽を促進し分解を早める．さらに窒素含量の多い排泄物と部分的に分解した樹幹および無機塩類が土壌と混ぜ合わさると土壌が肥沃化し，植物の生育に大きく役立つ．シロアリは森林資源を余すことなく利用できる昆虫であり，生態系の中で必要不可欠な昆虫である．

参考文献

Abe, T. and T. Matsumoto (1979) Studies on the distribution and ecological role of termites in a lowland rain forest of West Malaysia III Distribution and abundance of termites in Pasoh Forest Research. *Jpn. J. Ecol.*, 29: 337-351. ［西マレーシアの低地雨林におけるシロアリの分布と生態的意義Ⅲ　パソにおけるシロアリの分布と生息密度］．

安部琢哉（1989）シロアリの生態．東京大学出版会，東京．156 pp.

Abe, T., D.E. Bignell and M. Higashi (2000) *Termites: Evolution, Society, Symbioses, Ecology.* Kluwer Academic Publishers, Dordrecht, Boston, London. 466 pp. ［シロアリ：進化，社会，共生，生態］

Darlington, J.P.E.C., P.R. Zimmerman, J. Greenberg, C. Westberg and P. Bakwin (1997) Production of metabolic gases by nests of the termite *Macrotermes jeanneli* in Kenya. *J. Trop. Ecol.* 13: 491-510. ［ケニアにおける *Macrotermes jeanneli* の巣からの代謝ガス生成］

今村祐嗣・角田邦夫・吉村　剛編（2000）住まいとシロアリ．海青社，滋賀．174 pp.

板倉修司（2003）シロアリ―微生物共生系における新しい展開．木材保存 29(2): 42-52.

Krishna, K. and F.M. Weesner eds. (1969) *Biology of Termites Vol.1*. Academic Press, New York and London. 598 pp.［シロアリの生物学］

久林高市・河辺祐嗣（1996）ヒノキ根株心腐被害の特徴―ヤマトシロアリとウスバカミキリの関与―．日本林学会論文集 107: 295-296.

東　正彦・安部琢哉編（1992）地球共生系とは何か　シリーズ地球共生系　第1巻．平凡社，東京．262 pp.

松本忠夫（1983）社会性昆虫の生態．培風館，東京．257 pp.

松本忠夫・東　正剛編（1993）社会性昆虫の進化生態学．海游舎，東京．390 pp.

Michener, C.D. (1969) Comparative social behavior of bees. *Ann. Rev. Ent.*, 14: 299-342.
　［ハチ類の比較社会行動］

三浦　徹（2003）シロアリの社会制御とカースト分化．動物の社会行動，生物の科学　遺伝　別冊16号．裳華房，東京．pp. 43-50.

森本　桂（2000）シロアリ．シロアリと防除対策．日本しろあり対策協会，東京．pp. 1-126.

森本　桂（1999）熱帯主要昆虫群の概要，シロアリ目．熱帯昆虫学（矢野宏二，矢田脩編）．九州大学出版会，福岡．pp. 207-216.

中島　茂・森　八郎（1961）しろありの知識．森林資源総合対策協議会，東京．346 pp.

大串隆之編（1992）さまざまな共生―生物種間の多様な相互作用　シリーズ地球共生系第2巻．平凡社，東京．230 pp.

大村和香子（2004）シロアリによる被害．元気な森の作り方．（財）日本緑化センター，東京．pp. 140-143.

大村和香子（2006）虫害．木材科学ハンドブック，朝倉書店，東京．pp. 281-288.

尾崎精一（2004）中国のシロアリ抄録．児玉商会，東京．407 pp.

Yamaoka I., K. Sasabe and K. Terada (1986) A timely infection of intestinal protozoa in the developing hindgut of the termite (*Reticulitermes speratus*). *Zoological Science* 3: 175-180.［ヤマトシロアリの後腸発達過程における原生動物のタイムリーな感染］

鷲谷いずみ・大串隆之編（1993）動物と植物の利用しあう関係　シリーズ地球共生系 第5巻．平凡社，東京．286 pp.

15章
宿主の生理学的状態と穿孔性昆虫の生活史
―まとめに代えて―

富樫一巳

幹を利用する穿孔性昆虫の生活史は樹木の生理学的状態に応じて異なるようである．生活史を規制する要因とそれに対する昆虫の反応を概観する．

本書で取り上げた穿孔性昆虫は比較的研究が進んだ種である．その知見に基づいて，宿主の生理学的状態と生態学的性質に対する穿孔性昆虫の生活史の反応を整理してみよう．
　穿孔性昆虫の生活史を規制する要因は寄主となる樹木の生理学的状態に応じて異なる（2章，図2）．健全な木の幹に幼虫が穿入する場合，木の防御反応の危害を最も受けやすい．そして木の防御反応は季節的に変動する．このことは成虫の産卵時期によって子の生存率が大きく異なることを意味する．子が木の防御反応を回避できることになる時期に産卵するならば，雌成虫の適応度は高くなるであろう．成虫の発生時期（飛翔時期，産卵時期）について進化学的に考えると，木の防御反応の最も低い時期に子の感受性の最も高い時期が一致するように産卵する雌がより多くの子孫を残すことになる．その結果として，現在の生活史が形成されたと考えられる．実際，本書で紹介されたスギカミキリは宿主の傷害樹脂道の形成能力の低い初春に産卵する．成虫の発生時期は春である．スギザイノタマバエの場合は，幼虫の摂食様式が宿主に傷害樹脂道の形成を誘導しない．しかしながら，スギが内樹皮から外樹皮を作るときにできる周皮は幼虫の摂食場所を奪うことになる．このハエが年2化であり，周皮形成の頃に成虫が発生しないのは，宿主の防御反応を回避した結果であると考えられる．これに対して，ヒノキカワモグリガの幼虫は摂食場所を短期間に変えることによって樹脂による死亡を免れることができる．しかしながら，幼虫の発生時期は8月から翌年の4月であり，宿主の傷害樹脂道形成能力の低い時期である．このガの成虫発生時期は幼虫の発生時期によって決定されているようである．とはいうものの，いずれの研究においても樹木の抵抗性に最も感受的な幼虫の齢は特定されていない．今後このことは明らかにすべきであろう．
　これに対して，枯れつつあるまたは枯れたばかりの木の幹は昆虫の摂食に対して防御反応を示さない．そのような木の幹に穿入する幼虫は木の防御反応によって死亡する確率は低い．しかしながら，そのような木がいつどこに出現するかは予測しがたい．また，そのような木の量の季節的・年次的変動は大きいと考えられる．なぜならそのような木は光をめぐる競争に敗れた木だけでなく，強風や豪雪などの気象要因によって折れたり倒れたりする木が含まれるからである．枯れつつあるまたは枯

れたばかりの木に依存する昆虫の適応度を決める重要な要素は好適な宿主の発見率（あるいは利用効率といってもよい）である．つまり，そのような木がいつ出現してもそれに産卵できるように成虫の発生期間が長ければ，一時的に成虫が発生する場合よりも個体当たりの平均適応度のばらつきは低いであろう．成虫の長い発生期間は，木からの長い脱出期間，成虫の長い寿命，および年間の多い世代数（多化性）によって達成されるであろう．

実際，本書で取り上げたマツノマダラカミキリ成虫の長い発生期間は比較的長い脱出期間と成虫の長い寿命によって達成されていた．オオゾウムシでは短い脱出時期と成虫の長い寿命によって，成虫の長い発生期間が生じていた．成虫の寿命の短いキバチ類は脱出期間を長くすることによって長い成虫発生期間を実現していた．養菌性キクイムシのカシノナガキクイムシも脱出期間を長くすることによって成虫の発生期間が長くなっていた．

予測可能性の低い餌資源を利用する昆虫について，上述の推論をもう少し検討してみよう．1年1世代（＝年1化）の穿孔性昆虫の個体群を考えることにする．雌成虫が木から脱出する期間をT日，脱出初日を第0日とすると，第t日における齢xの個体は，第$t-x$（$=t'$）日に木の中から脱出したことになる．第t'日における脱出個体の割合を$E(t')$とすると，

$$\sum_{t'=0}^{T-1} E(t') = 1$$

となる．日当たりの死亡率をdとすると，齢xの個体の生存率$l(x)$は，$l(x) = e^{-dx}$と表すことができ，平均寿命（L）は$1/d$日となる．齢xの個体の産卵数を$m(x)$とし，ある日tに資源がある場合$m(x)$が実現され，ない場合はまったく実現されないとして，0と1の値をとる関数$k(t)$を定義すると，

$$m(x)k(t) = \begin{cases} m(x) & (k(t) = 1) \\ 0 & (k(t) = 0) \end{cases}$$

と表現できる．第t日における産卵数は各齢の個体の産卵数の和であるので，

$$\sum_{t'=0}^{t}\{E(t')e^{-d(t-t')}k(t)m(t-t')\} \qquad (0 \leq t' \leq T-1)$$

となる．第 t 日の産卵数はその日が脱出期間内かそれ以後かによって雌成虫の齢分布が異なる．そのため，発生期間 F の間の 1 雌当たりの実現産卵数は，発生期間が脱出期間内に終るかそれ以後に終るかによって，次のように表すことができる．

$$\sum_{t=0}^{F}\left[\sum_{t'=0}^{t}\{E(t')e^{-d(t-t')}k(t)m(t-t')\}\right] \qquad (F \leq T-1)$$

$$\sum_{t=0}^{T-1}\left[\sum_{t'=0}^{t}\{E(t')e^{-d(t-t')}k(t)m(t-t')\}\right] \\ + \sum_{t=T}^{F}\left[\sum_{t'=0}^{T-1}\{E(t')e^{-d(t-t')}k(t)m(t-t')\}\right] \qquad (T \leq F)$$

上式に卵から成虫になるまでの平均生存率 s と性比（雌比）σ を掛ければ，純繁殖率 R_0 になる．すなわち，

$$R_0 = s\sigma\left(\sum_{t=0}^{F}\left[\sum_{t'=0}^{t}\{E(t')e^{-d(t-t')}k(t)m(t-t')\}\right]\right) \qquad (F \leq T-1)$$

$$R_0 = s\sigma\left(\sum_{t=0}^{T-1}\left[\sum_{t'=0}^{t}\{E(t')e^{-d(t-t')}k(t)m(t-t')\}\right] \\ + \sum_{t=T}^{F}\left[\sum_{t'=0}^{T-1}\{E(t')e^{-d(t-t')}k(t)m(t-t')\}\right]\right) \qquad (T \leq F)$$

ここで，簡単のために単位時間当たりの脱出数と産卵数は一定であると仮定すると，

$$E(t') = 1/T, \quad m(x) = m$$

となる．$E(t') = 1/T$ と $m(x) = m$ を上式に代入して整理すると，

$$R_0 = \frac{s\sigma m}{T}\left(\sum_{t=0}^{F}\left[\sum_{t'=0}^{t}\{e^{-d(t-t')}k(t)\}\right]\right) \qquad (F \leq T-1)$$

$$R_0 = \frac{s\sigma m}{T}\left(\sum_{t=0}^{T-1}\left[\sum_{t'=0}^{t}\{e^{-d(t-t')}k(t)\}\right] \\ + \sum_{t=T}^{F}\left[\sum_{t'=0}^{T-1}\{e^{-d(t-t')}k(t)\}\right]\right) \qquad (T \leq F)$$

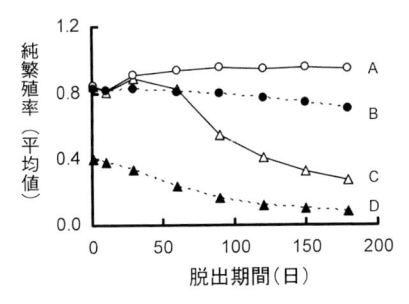

図1 発生予測性の低い産卵資源の場合，平均寿命（日当たりの死亡率の逆数），成虫の脱出期間，成虫の発生期間（産卵期間）が純繁殖率（R_0）に及ぼす影響.
A：日当たり産卵数100，平均寿命10日，発生期間250日
B：日当たり産卵数10，平均寿命100日，発生期間250日
C：日当たり産卵数100，平均寿命10日，発生期間60日
D：日当たり産卵数10，平均寿命100日，発生期間60日

さて，ここで平均寿命が10日と100日の昆虫2種を考える．この2種の性比（雌比）は0.5であり，日当たりの産卵数（m）は平均寿命の長い種の場合は10，短い種の場合は100とする．そうすると，平均寿命の長い種の雌成虫と平均寿命の短い種の雌成虫の生涯産卵数の平均値は1000卵で等しくなる．脱出期間は8通りの場合（1，10，30，60，90，120，150，180日）を想定し，成虫の発生期間（飛翔期間）は60または250日であると仮定した．発生期間が脱出期間より短い場合，発生期間外に脱出した成虫は繁殖に参加できないことを意味する．餌資源の出現が不確定であることは乱数を用いて表した．具体的には，好適な資源の日当たりの出現率が0.02になるように，一様乱数を用いて各日について資源が出現するかしないかを決めた．このようにして，餌資源の出現の違う10通りの場合をつくった．各場合が年に相当すると考えてよい．各場合について純繁殖率R_0を計算して，その平均値を求めた．

平均純繁殖率R_0と脱出期間Tの関係を見ると（図1），平均寿命の短い種の（$d = 0.1$）の発生期間が250日である場合（図1A），脱出期間が30日になると，平均純繁殖率は改善され，脱出期間が長くなるにつれて平均純繁殖率は少しずつ増加する．これに対して，発生期間が60日である場合（図1C），平均純繁殖率は脱出期間が30日より長くなると急激に減少した．純繁殖率のばらつき（SD，標準偏差）をみると，脱出期間が1から30日の間ではそのばらつきは発生期間の長短に関わらず違い

表1　成虫の平均寿命の短い種の純繁殖率に及ぼす脱出期間と発生期間の影響.

脱出期間	純繁殖率				脱出期間	純繁殖率			
(日)	平均値	SD	最小値	最大値	(日)	平均値	SD	最小値	最大値
	発生期間　60日					発生期間　250日			
1	0.84	1.34	0.00	3.74	1	0.84	1.35	0.00002	3.75
10	0.81	1.05	0.00	2.92	10	0.81	1.05	0.00003	2.93
30	0.89	1.08	0.00	3.22	30	0.90	1.08	0.00012	3.22
60	0.82	0.80	0.00	2.45	60	0.93	0.83	0.00125	2.45
90	0.55	0.53	0.00	1.63	90	0.96	0.73	0.01671	2.42
120	0.41	0.40	0.00	1.23	120	0.94	0.56	0.25180	1.89
150	0.33	0.32	0.00	0.98	150	0.96	0.48	0.35041	1.75
180	0.27	0.27	0.00	0.82	180	0.95	0.38	0.29480	1.46

成虫の日当たりの死亡率0.1（平均寿命10日）と日当たりの産卵数100，幼虫の餌資源（産卵資源）の発生率0.02/日，性比0.5，卵から羽化するまでの生存率0.1を仮定した.

はなかった（表1）．しかしながら，短い発生期間の場合，純繁殖率の最小値は0であり，個体群が絶滅する場合があることを示した．このことはすべての脱出期間についてみられた．発生期間が長い場合，純繁殖率の最小値は0にならず，脱出期間が長くなるにつれて増加した．もっとも脱出期間が短いと，純繁殖率の最小値はきわめて小さく，時として個体群が壊滅的な打撃を受けることが示唆された．脱出期間の増加による純繁殖率の最小値の増加によって，純繁殖率のばらつきは小さくなり，餌資源の発生に純繁殖率が影響されにくくなることが示された．つまり，成虫が短命な昆虫は脱出期間を長くして発生（繁殖）期間を長くすることが安定的な増殖に結びつくことがわかる．

　平均寿命の長い種の（$d=0.01$）の発生期間が250日である場合（図1B），脱出期間が長くなるにつれて平均純繁殖率は少し増加したのち，徐々に減少した．これに対して，発生期間が60日である場合（図1D），平均純繁殖率は250日の発生期間の場合の半分以下であり，しかも脱出期間が長くなるにつれて比較的急激に減少した．発生期間が短い場合，脱出期間の長短に関わらず純繁殖率の最小値は0になった（表2）．これに対して，発生期間が長い場合，純繁殖率の最小値は0でなく，個体群が絶滅しないことを示した．特に，脱出期間が1日の場合でも，純繁殖率の最小値は0.26もあり，平均寿命の短い種（表1）に比べて大きい

表2 成虫の平均寿命の長い種の純繁殖率に及ぼす脱出期間と発生期間の影響.

脱出期間	純繁殖率				脱出期間	純繁殖率			
(日)	平均値	SD	最小値	最大値	(日)	平均値	SD	最小値	最大値
	発生期間 60日					発生期間 250日			
1	0.41	0.39	0.00	1.11	1	0.82	0.44	0.25598	1.54
10	0.38	0.38	0.00	1.16	10	0.82	0.40	0.26788	1.32
30	0.34	0.35	0.00	1.01	30	0.83	0.37	0.29704	1.29
60	0.24	0.23	0.00	0.67	60	0.81	0.34	0.34900	1.38
90	0.16	0.16	0.00	0.45	90	0.80	0.31	0.41308	1.28
120	0.12	0.12	0.00	0.33	120	0.77	0.29	0.35158	1.31
150	0.01	0.09	0.00	0.27	150	0.74	0.27	0.32187	1.19
180	0.08	0.08	0.00	0.22	180	0.71	0.26	0.31390	1.10

成虫の日当たりの死亡率0.01(平均寿命100日)と日当たりの産卵数10,幼虫の餌資源(産卵資源)の発生率0.02/日,性比0.5,卵から羽化するまでの生存率0.1を仮定した.

ことを示した.脱出期間が長くなるにつれて,純繁殖率の最大値は減少し,最小値は増加する(表2).しかもそれぞれが同じオーダーで変化することから,純繁殖率の平均値が最大になる脱出期間が存在することが示唆される.つまり,成虫が長命な昆虫は,ある脱出期間をもち,発生(繁殖)期間を長くして純繁殖率を高くすることが期待される.

これまでの考察では種間競争が生活史形成に及ぼす影響を考慮していなかった.実際の野外では,枯れつつある木または枯れたばかりの木の内樹皮で複数種の昆虫の幼虫が近接して摂食している.つまり,野外では種間競争が種の生活史形成に影響を及ぼすことが考えられる.例えば,マツノマダラカミキリとカラフトヒゲナガカミキリは同じ餌資源を利用する.高知県では体サイズの小さいカラフトヒゲナガカミキリ成虫は4月中旬~5月上旬に,マツノマダラカミキリ成虫は6月上旬~7月中旬に木から脱出して(越智,1969),両種の発生期間はわずかに重なりながら分かれている.その結果,2種の発生期間は産卵可能な季節のほぼ全体を覆っている.また,九州ではマツノキボシゾウムシが2月下旬から5月にかけて産卵を行い,同属のマツノクロキボシゾウムシは9月から10月に産卵を行う(森本,1994).

異なる生活史もある.成虫の寿命が短く,脱出期間が短く制限される場合,産卵可能な季節の間に世代を繰り返すことによって予測不可能な

餌資源を確実に利用することができる．成虫の寿命と成虫の体サイズの間には正の相関が見られることが多い．また，成虫の体サイズと発育期間および個体当たりの餌資源消費量の間にも正の相関がある．このため，これらの制限を受ける種は細い枯れ枝を利用して世代を繰り返すことが可能である．例えば，キイロコキクイムシは枯れつつあるマツの内樹皮に穿孔して産卵する．本種は体長1.4から1.5 mmの小さな甲虫であり，1年に2～4世代を繰り返す（野淵，1994）．その結果，このキクイムシの成虫の発生期間は長い．同じような生活史はマツの穿孔性昆虫の寄生蜂キタコマユバチでも見られる（10章）．

腐朽材を利用する穿孔性昆虫は木の防御反応を受けないが，その栄養価は健全木や枯れたばかりの木ほど高くない．また，その時間的空間的な予測可能性と資源の存続時間は健全木と枯れたばかりの木の中間的な値であろう．これらのことはクワガタムシ幼虫の餌資源が生活史を規制する要因になりにくいこと，およびクワガタムシ成虫の発生期間が比較的長いことを示唆する．つまり，成虫の発生時期は資源の探索活動に好適な気温等の非生物的環境条件に依存しているのであろう．

穿孔性昆虫のカミキリムシ，タマムシ，ハチなどはキクイムシ類などに比べて体サイズの変異が大きい（1章）(Haack and Slansky, 1987)．これは，幼虫期の餌資源の質と量の変動が大きいことを示唆する．雌成虫の体サイズは蔵卵数や産卵数に正比例することが多い．この本の例で言えば，スギカミキリやキバチ類の成虫は枯死木からの脱出時に成熟卵を持っている．それらの体サイズと成熟卵数の間には正の相関がある（3章，10章）．また，マツノマダラカミキリでは，長い生存期間の間の産卵速度はほぼ一定であり，産卵速度は体サイズに比例することがわかっている（7章）．穿孔性昆虫の生活の理解には個体群内の体サイズの変異の生じる機構とその生態的意義を明らかにすることが重要であるが，あまり研究は進んでいない．

さらに，穿孔性昆虫では同一種の同一個体群でも発育に1年を要する個体と2年以上を要する個体が観察される．このような発育期間の変異は木の生理学的状態にあまり依存しないで観察される．変動環境下では，個体群の一部が世代繰り越しをした場合，その個体数変動は安定化する(Takahashi, 1977)．材内という環境が発育期間の変異を許すというだけ

でなく，穿孔性昆虫が変動環境に生活していることを示唆しているのかもしれない．穿孔性昆虫の生活にはまだまだ謎が多い．

引用文献

Haack, R.A. and F. Slansky Jr. (1987) Nutritional ecology of wood-feeding Coleoptera, Lepidoptera, and Hymenoptera. In: *Nutritional Ecology of Insects, Mites, Spiders, and Related Invertebrates* (F. Slansky Jr. and J.G Rodriguez eds.), John Willy, NewYork, pp.449-486.［食材性鞘翅目，鱗翅目，膜翅目昆虫の栄養生態学］

森本　桂（1994）マツノクロキボシゾウムシ，マツキボシゾウムシ．森林昆虫（小林富士夫・竹谷昭彦編）．養賢堂，東京．pp. 159-161.

野淵　輝（1994）キイロコキクイムシ．森林昆虫（小林富士夫・竹谷昭彦編）．養賢堂，東京．pp. 164-165.

越智鬼志夫（1969）マツ類を加害するカミキリムシ類の生態（II）*Monochamus* 属2種成虫の羽化と産卵習性などについて．日本林学会誌 51: 188-192.

Takahashi, F. (1977) Generation carryover of a fraction of population members as an animal adaptation to unstable environmental conditions. *Researches on Population Ecology* 18: 235-242.［動物個体群における世代遅れな発育による不安定な環境条件への適応］

あとがき

　樹木の穿孔性昆虫の生活は非常に興味深い．これは穿孔性昆虫が重要害虫を含むため，多くの研究が行われてきたからである．もちろん害虫以外の昆虫でもその生活が明らかにされてきた．しかしながら，私たちはその成果が昆虫や自然の愛好家にあまり知られていないと感じていた．そこで，生きた幹から腐った幹までの穿孔性昆虫を網羅的に紹介することを考え，研究者を集って生態学会の全国大会で自由集会を開催した．幸いなことに，その評価は好ましいものであり，私たちは種数を増やして出版する計画を立てた．この計画に自由集会での講演者以外の研究者も参加されて，この本ができた．

　本書では，幹の生理学的・生態学的特徴に注目しながら彼らの生活の紹介を試みた．具体的な幹の特徴は，「生息空間の時間的空間的安定性（予測可能性）」，「栄養」および「樹の抵抗性」であった．ここでは穿孔性昆虫と樹幹の関係に注目したために，種間競争や天敵が穿孔性昆虫の生活に及ぼす影響を全体としてまとめることはしなかった．今後に残された課題である．

　成虫になるまで穿孔性昆虫の多くは樹幹内という外界から隔離された環境で生息する．しかも樹幹は長く存在する．このような環境は地中，水中，硬い果実などにも見られる．露出していない環境は昆虫に可変的な発育期間（発育期間の大きな変異）を許すであろう．露出した環境に棲む昆虫との比較が穿孔性昆虫の生態の理解を深めるかもしれない．

　私たちは初めて本の編集を行った．そのため，執筆者に不合理な要求をして，それぞれの種やグループの面白さを減らしたかもしれない．また，本書の構成が不合理であったかもしれない．これは私たちの責任であり，ご指摘をいただければ幸いである．このようなこと考慮しても，各章の内容は十分に興味深いものばかりであると確信している．自然愛好家，技術者，および研究者の皆さんが穿孔性昆虫の理解を進める上で本書が一助になれば幸いである．最後に，東海大学出版会の編集担当の稲英史氏には私たちの遅いテンポに我慢していただいた．いまは感謝するばかりである．

柴田叡弌
富樫一巳

用語解説 (50音順)

■ア行

遺伝率（heritability）：ある量的形質について1個体群の表現型がどの程度遺伝的に影響されており，選択によって表現型をどの程度変えることができるかを表す測度．実際は表現型分散（phenotypic variance）を遺伝子型分散（genotypic variance）と環境分散（environmental variance）に分け，表現型分散のうち遺伝子型分散が占める割合を広義の遺伝率（broad-sense heritability）といい，個体の表現型値のうち遺伝子型値によって決定される程度を表す．遺伝子型分散をさらに相加遺伝分散（遺伝子分散）（additive genetic variance），優性分散（dominance variance），エピスタシス分散（epistatic variance）に分けたときに，表現型分散のうち相加遺伝分散が占める割合を狭義の遺伝率（narrow-sense heritability）といい，表現型が親から受けついだ遺伝子の効果によって決定される割合を表す．

エピセリウム細胞（epithelial cell）：樹脂道を囲む分泌細胞．樹脂を分泌する．

親による子の操作説（parental manipulation theory）：ヘルパーとなる子を作る親の能力によって社会性の発達が起こったとする説．親による操作が起こる生態的な圧力として，巣の長期的な維持を挙げている．親の死亡後，子に巣を引き継ぐ可能性があることに着目している．親子の一時的な共存から，親の長命化，子の不妊化へと進化したと考えた．

■カ行

階層的拡散（stratified diffusion）：各個体のランダムな動きによって生物個体群の分布域が広がる場合をランダム分散（拡散）とよび，拡散モデルによって表すことができる．ランダム分散に加えて，個体群の中の一部の個体が長距離を移動して定着し，そこからも分布域が広がる場合を階層的拡散という．

解発因（リリーサ，releaser）：異性，親子，グループ内の個体，または共生関係にある個体に特定の反応を引き起こす身体的特徴または行動的パターン．

外来種（alien species）：過去または現在の自然分布域外に人間の意図に関わらず人為的に導入された種，亜種，またはそれ以下の分類群をいう．このうち導入後に生物多様性を脅かす種を侵略的外来種（invasive alien species）という．

下唇鬚（labial palpus）：昆虫の口器を形成する下唇から伸びる環節．その表面には多数の感覚子が見られる．

化性（voltinism）：1年間の世代数．年1世代の場合は1化性（univoltine），年2世代の場合は2化性（bivoltine），年間の世代数が多い場合は多化（multivoltine）という．2年で1世代の場合は半化性（semivoltine）という．

仮道管（仮導管，tracheid）：細長い紡錘形の細胞で，木部に存在する．仮道管が形成する仮道管組織は水分を根から葉まで運ぶ．リグニンの沈着によって木部細胞の木化が完了すると，仮道管は原形質を失い，死細胞になる．

気管（trachea）：呼吸系の要素で，空気を通す管．気管はその内側にらせん状のリング構造を持っているため，弾力性がある．気管の開口部を気門

（spiracle）という．

休眠（diapause）：ホルモン（hormone）によって制御された生理的な発育停止．休眠中の昆虫は発育に好適な条件下におかれても発育は停止したままである．成虫の休眠は生殖停止である．通常休眠する発育ステージは種ごとに決まっている．休眠には環境条件に依存して休眠する場合（外因性休眠，facultative diapause）と環境条件に依存せずにある発育ステージになると必ず休眠する場合（内因性休眠，obligate diapause）がある．多くの外因性休眠の場合，光周期によって誘起され，低温によって打破される．

狭食性（oligophagy）：単一の科または亜科に属する植物種を食べる植食性昆虫の性質．単食性（monophagy）は1種の植物または1つの属内の植物種だけを食べる性質．

共生（symbiosis）：異なる種が同じ場所で行動的または生理的に密接な関係を持って生活すること．共生する2種の個体の適応度が単独でいる場合よりともに高まる場合を相利共生（mutualism），一方の種の個体の適応度は高まるが，他種の個体の適応度に変化がない場合を片利共生（commensalism），一方の種の個体の適応度は高まるが，他種の個体の適応度が低下する場合を寄生（parasitism）という．さらに，共生によって一方の種の個体の適応度に変化はなく，他方の種の個体の適応度が低下する場合を偏害作用（ammensalism）という．現在では，共生に寄生と偏害作用を含めないことが多い．

ギルド（guild）：同じ資源を同じような方法で利用する種の集まり．系統関係が異なっても構わない．最初は同じ餌に対して定義された．

近親交配説（inbreeding theory）：血縁淘汰説に含まれる「3/4仮説」を拡張した説．シロアリのように，半倍数性でない場合に提案された．異なるコロニー間の交配（外交配）と同じコロニー内の交配（内交配）が周期的に起こっていれば，親子間と兄弟間において血縁度の不均衡が生じるものと予想した．

食い分け（food segregation）：似た生活様式を持つ2種以上の生物が競争の結果として食物を分けている現象．各種が単独でいる場合，どの種も分け合う食物を食べることができる．

クチクラ（cuticle）：真皮の分泌物であり，昆虫の体の表面や前腸，後腸，および気管の内壁を覆う．

クローン（clone）：無性的な繁殖によって生じた同じ遺伝子型を持つ個体群．

軍拡競争（arms race）：捕食者－被食者のような相互作用を行う2種において，それぞれが発達させた敵対的な形質が互いに対する選択圧となって起こる共進化．

経路解析（path analysis）：想定される多くの原因と結果を矢印で結び付けて図式化し，結果に及ぼす原因の影響を評価する統計学的方法．

血縁淘汰説（kin selection theory）：社会生物学において，利他（altruism）行動の進化を説明する仮説の1つ．血縁者に利するような行動によって，血縁度に比例して利他的な個体の持つ遺伝子と同じ遺伝子が存続することを考慮した説．

血体腔（haemocoele）：昆虫は開放血管系であり，体内は血液で満たされ，その中に器官が存在する．血液で満たされた体内の空洞を血体腔という．

現存量（standing crop）：生物体量（biomass）ともいう．ある時点に存在する生物体の量．通常は乾重，炭素の重量またはエネルギー量によって表す．

抗菌（性）物質（antibacterial agent）：抗生物質の1群．
抗集合フェロモン（anti-aggregation pheromone）：マス・アタックを行うキクイムシ類が放出するフェロモン．集合フェロモンによって高まった個体群密度をそれ以上に高めないときに放出される．
広食性（polyphagy）：植食性昆虫の場合，多種の植物を食べる性質．通常，餌となる植物種の属する科の数は3つ以上に及ぶ．
口針（stylet）：硬い突起状の口器．
構成的防御（構成的抵抗性）（constitutive defense, constitutive resistance）：植物が昆虫や病原微生物に対して先在的に備えている抵抗性．静的抵抗性（static resistance）ともいう．先在性の抗菌物質，樹脂，厚い細胞壁などが含まれる．これに対して，昆虫や病原微生物の攻撃によって新しく誘導される抵抗性を誘導抵抗性（induced resistance）または動的抵抗性（dynamic resistance）という．
抗生物質（antibiotics）：微生物によって作られ，他の微生物または細胞の発育または機能を阻害する物質．
個体群動態（population dynamics）：生物個体群の時間的空間的変動．この研究では生物個体群の変動の記載，変動要因および変動の機構を明らかにする．
コロニー（colony）：空間における同一種または複数種の個体の集まり．

■サ行

最適採餌戦略（optimal foraging theory）：複数種の餌がある場合の餌メニューや採餌行動のパターンなどを理解するために，採餌時間当たりに獲得する餌量またはエネルギー量を最大にするように，餌種の選択や採餌場所利用などを行う個体の形質．
産卵曲線（fecundity curve, m_x curve）：雌の齢別産卵数（m_x）を齢（x）の関数として表した曲線．
産卵スケジュール（fecundity schedule, m_x schedule）：雌の齢別産卵数．
C/N比（C/N ratio）：有機物中の炭素と窒素の元素の重量比．
ジェネラリスト（generalist）：ある形質が特殊化していない種または個体群．specialistに対する語．
軸方向（axial）：樹木の細胞・組織の配列方向の1つ．幹軸の方向．
資源投資（investment of resources）：資源とは生物が利用しうる環境の要素である．資源には餌，空間，時間，配偶個体などが含まれる．子にとって親が与えるエネルギーや物質は資源である．生物は有限な資源を行動要素間や子の間に分配するが，その比率によって適応度が変化すると考えられる．
種間競争（interspecific competition）：似た生活様式を持つ2種の個体群が単独でいるよりも共存しているとき，1または2種の個体群の個体の成長，生存率，産卵数が低下する場合に種間競争があるという．種間競争の機構は取り合い（exploitation），干渉（interference），生物的条件付け（biological conditioning，干渉に含めることがある）に分けることができる．
純繁殖率（net reproduction rate）：1雌が残す子（雌）の数．子の数は親と同じ発育ステージで数える．このため，1雌成虫の生涯産卵数に子の生存率と雌比を掛け合わせることによって，純繁殖率を推定することができる．
生涯産卵数（lifetime fecundity）：1雌が生涯に産む全卵数．

傷害周皮（wound periderm）：樹木の樹皮が傷ついたり，病原菌の感染を受けたりした場合，それらを囲んで形成される周皮．この周皮はコルク層，コルク形成層，コルク皮層からなり，傷ついた部分からの病原菌の侵入を防ぐ．さらに周皮に囲まれた部分は外樹皮となって，幹から剥離する．
傷害心材（wound heartwood）：樹木の木部が傷ついた場合，形成層の分裂によって，傷口をふさぐ．さらに木部柔細胞にフェノール類やテルペン類が蓄積する．このため，傷害を受けた部位は褐色から黒褐色に着色し，傷害心材とよばれるようになる．
小腮鬚（maxillary palpus）：昆虫の口器を形成する小腮（小顎）から伸びる環節．その表面には多数の感覚子が見られる．
髄（pith）：幹や枝の中心にある組織．成長点に由来する組織である．
棲み分け（habitat segregation）：似た生活様式を持つ2種以上の生物が競争の結果として生息場所を分けている現象．各種が単独でいる場合，どの種も分け合っている生息場所を利用することができる．
生活環（life cycle）：昆虫の場合，通常周年経過をいう．
生活史（life history）：個体が生まれてから死ぬまでにたどる過程．生活史特性（life history trait）は繁殖と生存に直接関係する生活史構成要素であり，出生時の体サイズ，繁殖開始齢，子の数と性比，齢別または体サイズ依存的な死亡率，世代時間などを含む．
生存曲線（survivorship curve, l_x curve）：生存率（l_x）を齢（x）の関数として表した曲線．
生存率（生残率）（survival rate）：出生した個体のうち，ある齢xに達した個体の割合を齢xの生存率といい，l_xによって表す．
生体防御（biophylaxis）：生物の個体，組織，細胞がストレス，異物，病原体などにさらされたときに示す反応．
性的二型（sexual dimorphism）：形態，色彩，生理，行動における雌雄の違い．
生命表（life table）：1個体群の死亡過程を記載した表．生命表には，齢（発育ステージ），死亡要因，生存率，死亡率を記載する．時として，平均余命を記載することもある．
精油（essential oil）：植物に含まれる揮発性の油．モノテルペンやセスキテルペンを含む．
接線方向（tangential）：樹木の細胞・組織の配列方向の1つ．軸方向（axial）と放射方向（radial）の両者に垂直な方向．
繊維飽和点（fiber saturation point）：ある状態の木材の含水率．生きた木の材中では，細胞内や細胞壁中の間隙に液体の水が存在する．これを自由水（free water）という．これに対して，乾燥した材には自由水はなく，水は木材と二次的に結合している．このような水を結合水（bound water）という．自由水をまったく含まないが，最大の結合水を含む材の含水率を繊維飽和点という．
走光性（phototaxis）：刺激に対する反応のうち，方向性のある運動を走性（taxis）という．刺激が光の場合を走光性といい，刺激源に向かう反応を正，遠ざかる反応を負とよぶ．

■タ行
大顎（mandible）：口器の一部．咀嚼性の昆虫では歯のような形をしている．
多様度（diversity index）：生物群集の種多様性や1個体群の遺伝的多様性の

程度を表す測度.

単為生殖(parthenogenesis):精子が関与せず,卵だけで新個体を生じること.単為生殖には,ハチやアリのように未受精卵が雄になる場合(半数性単為生殖)とアブラムシのように成熟分裂が1回だけ起こり,極核が卵内に留まったまま胚発生が起こって雌になる場合(倍数性単為生殖)がある.

単寄生(solitary parasitism):1頭の寄主に1頭の寄生者が寄生する場合.2頭以上の場合は多寄生(gregarious parasitism)という.1頭の寄主に多数の寄生者が寄生して,そのすべてが正常に発育できない場合を過寄生(superparasitism),1頭の寄主に複数種の寄生者が寄生する場合を共寄生(multiparasitism),寄生中の寄生者に寄生することを高次寄生または重寄生(hyperparasitism)という.

虫えい(虫こぶ,ゴール,gall):昆虫の刺激によって起こる植物組織の異常な生長.昆虫の種によってゴールの形は異なるが,同じ種でも季節によって異なる形のゴールを作ることがある.

宙吊り飛翔法(tethered flight):昆虫の飛翔能力を測定する方法.多くの場合,垂直に立てた軸の先端に腕となる金属または木を取り付け,その先から伸ばした糸または細い針金の先端と成虫の胸部背板を接着させる.昆虫が飛翔すると,軸の周りを回転するので,その時間と回転数によって,飛翔時間と飛翔距離を測る.

適応度(fitness):ある遺伝子型(またはある遺伝子)を持つ個体が他の遺伝子型を持つ個体に比べて自然選択に対してどの程度有利かを示す測度.単位時間当たりの個体の増加率によって表す.世代の重なりがない場合,純繁殖率が適応度を表す.世代の重なりがある場合,同じ時間に異なる世代の成体が子を産むので,純繁殖率によって適応度を表すことができない.その場合は個体数の指数的増加の程度を表すマルサス係数(Malthusian parameter)(内的自然増加率,intrinsic rate of natural increase)によって適応度を表す.ある個体が同じ遺伝子を持つ個体の利益になるような行動をする結果,その遺伝子が増加する場合,それらも考慮した適応度を計算することができる.それを包括適応度(inclusive fitness)という.

適応度成分(fitness component):適応度を構成する要素.例えば雌成虫の適応度は齢別産卵数(または生涯産卵数)や各発育ステージの生存率に分割される.

適応放散(adaptive radiation):1分類群の生物が異なった環境または生活様式に適した種や属に分岐すること.適応放散は1分類群の生物が多数の空いたニッチ(競争種のいない生息場所)に侵入したときに起こりやすい.適応放散は地質学的に比較的短い時間で起こる.その例には,オーストラリアの有袋類,ガラパゴス諸島のダーウィンフィンチ,ハワイのハワイミツスイなどがある.

テレビン油(turpentine):マツ科の樹木の樹脂を水蒸気蒸留することによって得られる精油.モノテルペン,ジテルペン,セスキテルペンが含まれる.樹脂から精油をとった後の残渣がロジン(rosin)である.

頭蓋(head capsule):頭部を覆う硬化した表皮.昆虫の幼虫や成虫の頭部で見ることができる.

同系交配(assortative mating):ある形質について同じまたは類似の表現型の個体が交配(交雑)すること.

■ナ行

ニッチ（生態的地位，ecological niche）：ニッチには3つの定義がある．1つは生息場所である（Grinnell, 1924）．もう1つは種が生物群集内で果たす機能を意味する（Elton, 1927）．最後の1つは，各環境因子について，ある種が存続可能な範囲によってニッチを表すものである（Hatchinson, 1957）．他種がいない場合のニッチを基本ニッチ（fundamental niche）という．しかしながら，ある種は生物群集内で他種と相互作用を行い，その結果として基本ニッチの一部で生活することになる．これを実現ニッチ（realized niche）という．

■ハ行

胚発生（embryogeny）：胚の形成される過程．

発育零点（developmental zero）：生物の発育限界温度のうち，低いほうの温度．

繁殖成功度（reproductive success）：1成体が残す接合子（受精卵）の数または1成体が次世代に残す成体の数（生涯繁殖成功度，lifetime reproductive successともいう）．雌の繁殖成功度は産む子の数に依存するが，雄のそれは交尾する雌の数に依存する．繁殖成功度は要素（繁殖齢に達するまでの生存率，繁殖期間，産卵数，交尾成功度，子の生存率）に分割される．

半倍数性（haplodiploidy）：ハチやアリでは卵が受精するかどうかで性が決まる．受精卵は2組の染色体を持ち，雌になる．未受精卵は1組の染色体を持ち，雄になる．

標識再捕法（marking-and-recapture method，capture-recapture method）：動物個体群の中に複数の標識個体を放して捕獲し，全個体数，移動，分散を調査する方法．

腐生者（scavenger）：腐食性（saprophagy）の生物．生物の遺体とその分解途中のもの，排泄物から栄養摂取を行う生物．

跗節（tarsus）：昆虫の脚の末端部．脛節の末端から生じ，1～5環節からなる．跗節からは爪が生じる．

物質循環（matter cycling）：生態系における物質の循環．

分散（dispersal）：生物が出生場所や生息場所から移動する過程．各個体が微少時間にどの方向にも同じ確率で一定距離を移動すると仮定して得られる分散をランダム分散（random dispersal）という．多くの個体が空間の1点からランダム分散する過程は拡散方程式によって表すことができる．

分裂（division）：個体，細胞などがもとの構造を増加する現象．分裂は無性生殖の1様式である．

平均寿命（mean longevity）：全個体の寿命の平均値．平均寿命は（寿命×1個体）の総和を全出生数で割って得られる．生存曲線の縦軸を個体数によって表すと，各個体の寿命はx軸の値に等しいので，（寿命×1個体）の総和は生存曲線とx軸とy軸で囲まれた面積（時間・個体）に等しい．面積は各齢の生存数をすべての齢について足し合わせても求めることができる．面積の総和を全出生数で割ることは，x軸をl_xで表すことに等しいので，l_x×単位時間の総和によって平均寿命を求めることができる（$\int_0^\infty l_x dx$）．平均余命は齢xに達した個体がその後生存する平均時間である．このため，齢xと生存曲線とx軸によって囲まれた面積を生存個体の割合l_xで割って求めることができる（$\frac{1}{l_x}\int_x^\infty l_z dx$）．

変態(metamorphosis):個体の発育おける体制の変化.昆虫の変態はいくつかに分けることができる.完全変態(holometabolous development)では,個体が卵,幼虫,蛹,成虫を経過する(チョウなど).半変態(hemimetabolous development)では,蛹のステージがなく,幼虫と成虫の体制は似ているが,幼虫には発達した翅と生殖器がない(バッタなど).無変態(ametabolous development)では,幼虫と成虫の体制の違いは小さく,成虫には翅がない(シミ).幼虫が水生であるカゲロウのように,幼虫と成虫の間に翅のある亜成虫(subimago)というステージがある場合を特に過変態(hypermetamorphosis)という.

変動主要因分析(key factor analysis):個体群密度の変動を引き起こす死亡要因を検出する方法.複数の生命表を用いて分析を行う.

防御反応(defensive response):構成的防御を参照.

放射方向(radial):樹木の細胞・組織の配列方向の1つ.軸方向に垂直な面上で,髄から樹皮に向かう方向.

捕食寄生者(parasitoid):寄生蜂や寄生バエのように,寄主を必ず殺す寄生者.

捕食性昆虫(predaceous insect):他の動物を捕らえて殺し,それを食べる昆虫.

■マ行

水ポテンシャル(water potential):純粋の水の持つ自由エネルギーを0とした場合の,いろいろな状態の水の持つエネルギー量.水ポテンシャルの単位は1 cm^3 当たりのエネルギー量であり,それは1 cm^2 当たりに加わる力(圧力)でもある.水に圧がかかると水ポテンシャルはプラスに,水に物質が溶けるとマイナスの値をとる.水は水ポテンシャルの高いところから低いところに流れる.

密度依存的な死亡(density-dependent mortality):個体群の初期密度が高いほど高い割合で起こる死亡.密度依存的な死亡は個体群密度の変動を小さくする.しかしながら,密度依存的な死亡に時間的な遅れがある場合,個体群密度の周期的変動を引き起こす.密度逆依存的な死亡(inversely density-dependent mortality)は初期密度が高いほど低い割合で起こる死亡であり,個体群密度の変動を拡大する.

モノテルペン(monoterpene):精油に含まれる化合物の1群.2つのイソプレン単位から構成される.炭素数10個からなるテルペンの総称である.α-ピネン,カンフェン,ミルセン,リモネンなどが含まれる.

■ヤ行

有効積算温量(有効積算温度,effective accumulative temperature):生物の成長や発育に有効な温量.発育零点以上の有効な温量の積算値.

誘導防御反応(induced defensive response):構成的防御を参照.

■ラ行

卵巣小管(ovariole):卵巣を形成する卵管.

ランダム分布(random distribution):空間内のどの場所にも同じ確率で個体が出現し,その確率は他個体の存在に影響されない場合に得られる個体の空間分布.

利他行動(altruistic behavior):ある個体が自分の利益を無視して,同種他個体に利益を与える行動.

索引

【ア】

アイノキクイムシ Euwallacea interjectus
　166, 175
アカアシクワガタ Dorcus rubrofemoratus
　218-220, 227
アゴブトシロアリ亜科 Apicotermitinae
　239
アシナガバチ　144, 146
亜社会性　144, 238
アミロステレウム・ラエビガツム Amylostereum
　laevigatum　152
アミロステレウム Amylostereum　12, 131,
　146, 157
アメリカカンザイシロアリ Incisitermes minor
　245, 252
アメリカカンザイシロアリ属　251
アリ類　52, 72, 144, 218
α-ピネン　127
アレロケミカル　193
アロモン　193
アンタイモン　193
アンブロシア菌（ambrosia fungi）　12, 161,
　162, 164
アンモニア　247

【イ】

イエシロアリ Coptotermes formosanus　120,
　241, 245
イエシロアリ亜科 Coptotermitinae　239
イエシロアリ属　245
イエシロアリ属の1種
　──Coptotermes brunneus　245
　──Coptotermes lacteus　245
育児　231
1化　230, 261
イチジク株枯病菌（Ophiostoma fimbriata）
　175
一次性昆虫（primary insects）　3
一様分布　89, 93
一夫一妻　165
一夫多妻　165, 179
遺伝率　92
Ips 属　195, 211

【ウ】

雲霧帯　57

【エ】

栄養価　176, 227
栄養交換（trophallaxious）　248
栄養伝達　202
疫病菌の1種
　──Phytophthora ramorum　211
エゾマツオオキクイムシ Dendroctonus micans
　30
枝打ち　25, 41
エタノール　89, 127, 193
エチレン　33, 88
NPV（核多角体病ウイルス）　72
エピセリウム細胞　31, 88
エントツオオキノコシロアリ Macrotermes
　subhyalinus　245, 248

【オ】

オオクワガタ Dorcus curvidens　218, 227
オオクワガタ亜科　233
オオクワガタ属 Dorcus　218, 224
オオゴキブリ　224
オオコクヌスト Trogossita japonica　97, 118,
　127
オオシロアリ Hodotermopsis sjoestedti　252
オオシロアリ亜科 Termopsinae　239
オオシロアリ科 Termopsidae　239, 243, 244
オオズアリ属　175
オオゾウムシ Sipalinus gigas　2, 108
オオホシオナガバチ Megarhyssa praecellence
　153
オサゾウムシ科　108
オトシブミ科　108
オナガキバチ Xeris spectrum　2, 146
オニクワガタ Prismognathus angularis　219,
　222, 227
オニクワガタ属 Prismognathus　219, 224
Ophiostoma 属　192
親による子の操作説　144

【カ】

カースト　238

外樹皮　32, 48
階層的拡散　205
解発因　130, 131
外部寄生　124, 153
外来種　205
カイロモン　193
加害様式　46
カカオ害虫
　—— *Xyleborus ferruginues*　196
　—— *Xyleborus posticus*　197
革翅目　99
カシノナガキクイムシ *Platypus quercivorus*
　2, 166, 175, 190
カシ類突然死（sudden oak death）　211
カシワノキクイムシ *Trypodendron signatum*
　166
下唇鬚　89
カッコウムシ　99, 127
褐色腐朽（赤腐れ）　214, 215
仮導管　88
下等シロアリ（lower termite）　239, 243
カミキリムシ科　84, 124, 125
体サイズ　91
カラフトヒゲナガカミキリ *Monochamus saltuarius*
　2, 100
カラマツヤツバキクイムシ *Ips cembrae*
　192, 204
カレザイノキクイムシ属　178
カワラタケ　218
乾材害虫　252
乾材シロアリ　244, 251
感受性品種　40
環状剥皮　21
含水率　193
感染態　154
間伐　56, 149

【キ】
キイロコキクイムシ *Cryphalus fulvus*　2, 134
気管　87
キクイサビゾウムシ類　108
キクイゾウムシ亜科　108
キクイムシ科 Scolytidae　108, 162, 211
キクイムシ科の1種
　—— *Anisandrus dispar*　166
　—— *Corthylus columbianus*　346
　—— *Corthylus fuscus*　166
　—— *Dendroctonus frontalis*　30, 127
　—— *Dendroctonus ponderosae*　30
　—— *Ips confusus*　127
　—— *Trypodendron domesticum*　166
　—— *Xyleborus alluandi*　167
　—— *Xyleborus ferrugineus*　167, 175
　—— *Xyleborus mascarensis*　167
　—— *Xyleborus mortatti*　167
　—— *Xyleborus semiopacus*　167
　—— *Xyleborus sharpae*　167
キクイムシ類　124, 136
キクイモンコガネコバチ *Rhopalicus tutela*
　135
キゴキブリ　249
キゴキブリ属　243
擬似社会性　238
寄主　141
寄主選択　80
寄主探索　126, 128
擬職蟻（pseudergate）　239
キシラン　226
キシロース　225, 234
寄生　126
寄生者　203
寄生生活　154
寄生性線虫　153
寄生態　154
寄生蜂　174
寄生率　136
キタコマユバチ *Atanycolus genalis*（= *initiator*）
　97, 124
蟻道　244
キノコシロアリ亜科 Macrotermitinae　239
キノコシロアリの1種　245
　—— *Macrotermes jeanneli*　241
キバガ科　66
キバチ亜科 Siricinae　146
キバチ科 Siricidae　124, 146
キマダラコウモリ　2
休眠　95
休眠発育　95
共種分化　204
狭食性　225
共生（symbiosis）　182, 248
共生菌　150, 190
共生バクテリア　246
共生微生物　131, 231, 232

共生微生物複合体　172
共存　138
共同巣性　144, 238
局所的反応　35
ギルド（guild）　2
菌園　246
菌寄生性　152
近親交配説　144
菌相　170
菌嚢（マイカンギア）　146, 190

【ク】
食い分け　220
空間分布　93
空中窒素の固定　224
クスアナアキゾウムシ *Dyscerus orientalis*　108
クスノオオキクイムシ　179
クチクラ　131
Gnathotrichus 属　178
クビナガキバチ類　178
クモ類　52
クリ胴枯病　211
グルーミング　249
グルコース　225
グルコシダーゼ　246
クローン　40
クロキボシゾウムシ *Pissodes obscurus*　108, 134, 139
クロコブゾウムシ　136, 139
クロツヤムシ科 Passalidae　231
クワガタ亜科　233
クワノキクイムシ *Xyleborus atratus*　167
軍拡競争　173
群飛（swarm）　239

【ケ】
形成層　48
系統樹　232
経路解析（path analysis）　92
ケシキスイ科 Nitidulidae　211
血縁淘汰説　144
げっ歯類　177
血体腔　154
Ceratocystis 属　211
嫌気性細菌　247
原生動物　120, 246

現存量　182

【コ】
抗菌性物質　172, 212
抗集合フェロモン　194
コウシュンシロアリ *Neotermes koshunensis*　252
広食性　8, 121
口針　53
構成的防御　31
抗生物質　172, 192, 248
坑道（孔道）　110, 164
高等シロアリ（higher termite）　239
交尾室　187
口吻　108
酵母　164, 182, 192
コウモリガ科　2, 66
広腰亜目　146
コガネコバチ科の1種
　── *Tomicobia tibialis*　127
コガネムシ上科　231
ゴキブリ　238
コクゾウムシ *Sitophilus zeamais*　108
コクワガタ *Dorcus rectus*　218, 227
枯死閾値　39
コスカシバ　2
個体群動態　23, 174
コッホの3原則　211
ゴマダラカミキリ　2
コマユバチ科　72, 124
コマユバチ科の1種
　── *Agashis* sp.　73
　── *Bassus cingulipes*　72
　── *Bracon* sp.　72
　── *Charmon extensor*　73
　── *Coeloides bostrychorum*　130
　── *Coeloides brunneri*　130
　── *Dendrosoter middendorffi*　130
　── *Iconella repleta*　72
　── *Macrocentrus thoracius*　73
　── *Spathius generosus*　135
ゴミムシ類　52, 72
コメツキムシ　72, 218
ゴヨウマツ類発疹さび病　211
コルリキバチ *Sirex juvencus*　146
コルリクワガタ *Platycerus acuticollis*　218, 220

コロニー（集団）　144, 229
昆虫寄生性糸状菌の1種
　——Beauveria bassiana　72, 204
コンテスト型　99

【サ】
材食性昆虫　214
材穿孔性昆虫（wood-feeding insects）　3
ザイタマヤドリハラビロコバチ　51
最適採餌戦略　222
材斑（stain）　46
細腰亜目　146
在来種　205
サクキクイムシ Xylosandrus crassiusculus　167
酢酸生成スピロヘータ　247
挿し木　41
サタゾウムシコマユバチ Eubazus satai　134
雑食性　249
殺虫剤抵抗性　250
サッポロマルズオナガヒメバチ Ischnoceros sapporensis　35
サビカミキリ　139
サポニン　177
サルノコシカケ　215
産雄単為生殖　187, 196
産卵加工　227
産卵管　89, 125, 128, 134
産卵期間　92
産卵曲線　91
産卵痕（産卵マーク）　90, 220, 227
産卵スケジュール　110
産卵選好　139
産卵選択　150
産卵速度　92
産卵抑制　89
産卵割合　150

【シ】
C/N（炭素/窒素）比　223, 247
CTスキャン（X線断層撮影装置）　197
シイノコキクイムシ Xylosandrus compactus　167, 175
ジェネラリスト　219
視覚　128
視覚刺激　134
シカクワガタ属 Rhaetulus　218, 227

軸方向　88
資源投資量　93
師細胞　32
糸状菌　120, 164, 174, 182
糸状菌の1種
　——Beauveria bassiana　99, 204
　——Ceratocystis fagacearum　211
　——Ceratocystis ulmi　204, 211
　——Ophiostoma ulmi　175
　——Paecilomyces cateniannulatus　51
湿材シロアリ　244, 252
ジテルペン　31
子嚢菌　170, 215
シノニム（同物異名）　163
シノモン　193
シバンムシ科　163
師部繊維　32
シボ丸太　56
若齢職蟻の排泄物（primary faeces）　249
ジャスモン酸メチル　33
シュウカクシロアリ科 Hodotermitidae　239, 246
集合フェロモン　127, 175, 194
柔細胞　8, 32
シュウ酸　215
自由生活　154
柔組織　226
集団（コロニー）　144, 229
集中攻撃（マスアタック，mass attack）　175, 194, 212
集中分布　23, 54, 89, 93
周皮　32, 48
樹脂圧　32
樹脂道　31, 88
樹脂嚢　32
受精嚢腺　91
出芽　171
種内競争　22, 99
樹皮下昆虫（phloem-feeding insects）　3
樹皮下（穿孔性）キクイムシ（bark beetles）　13, 164
主要アンブロシア菌（primary ambrosia fungi）　170
ジュラ紀　234
準社会性　144
純繁殖率　262
生涯産卵数　22, 91

傷害周皮　88
傷害樹脂道　22, 31, 74
傷害心材　212
消化共生　250
消化酵素　231
小腮鬚　89
鞘翅目　84, 144
職蟻（worker）　239
植物病原菌　174
触覚刺激　134
ショットホール（shot-hole）　178
Jolly-Seber 法　18
シラホシゾウ属　136, 139
シラホシゾウムシ類 *Shirahoshizo* spp.　108, 136
シロアリ亜科 Termitinae　239
シロアリ科 Termitidae　239
シロアリ類　121, 168, 238
シロスジカミキリ　2
シロフオナガバチ *Rhyssa persuasoria*　153
人工飼料　201
心材　48, 112
真社会性　144, 238
薪炭林　206
振動説　130

【ス】
髄　165
数理モデル　94
スカシバガ科　66
スギカミキリ *Semanotus japonicus*　2, 16, 30, 51
スギザイノタマバエ *Resseliella odai*　2, 46
スギタマバエ　46
スギノアカネトラカミキリ　2
スギヤニタマバエ *Resseliella resinicola*　59
スクランブル（共倒れ）型　99
Scolytus 属　211
スジクワガタ *Dorcus striatipennis*　218, 219
スズメバチ　146
スチロシロアリ亜科 Stylotermitinae　239
ストロシロアリ亜科 Stolotermitinae　239
スナシロアリ亜科 Psammotermitinae　239
棲み分け　218, 234
Pseudomonas spp.　88

【セ】
生活型　154
生活環　229, 239
生活史　16, 86
生活史特性　8
生殖カースト　238
生存曲線　20
生存率（生残率）　91, 118, 262
生体防御　127, 250
成長阻害物質　226
静的な防御　250
性的二型　233
性比　138, 187, 262
青変菌　30, 192, 204, 211
生命表　97
精油　31
セスキテルペン　31
摂食痕　88
摂食阻害物質　221
接線方向　32
Serratia spp.　99
セルラーゼ（エンドグルカナーゼ）　226, 246
セルロース　148, 214
繊維飽和点　251
全身の反応　35
線虫類　204
穿入孔　192
選抜育種　40

【ソ】
早期二分岐型　239
総翅目　144
双翅目　204
ゾウムシ　124
ゾウムシ科　108, 125
ゾウムシ上科　108, 162
側社会ルート　144
走光性　67
ソトハナガキクイムシ *Crossotarsus externedentatus*　166, 199, 201

【タ】
大顎　53, 96
体外消化　51, 53
ダイコクシロアリ *Cryptotermes domesticus*　252
ダイコクシロアリ属　251, 252

代謝熱説　130
耐シロアリ性　250
大卵少産　231
タイリクヤツバキクイムシ *Ips typographus*　204
タイワンクチキゴキブリ *Salganea taiwanensis*　198
タイワンシロアリ *Odontotermes formosanus*　255
タカサゴシロアリ *Nasutitermes takasagoensis*　245
多化性　59, 261
多糖類　226
ダニ類　170, 204
タマバエ科 Cecidomyiidae　46
タマムシ　124
多様度　178
単寄生　138
担子菌　146, 170, 216
単糖類　225
単独性　144, 238
タンニン　74, 177

【チ】
地下シロアリ　253
地球温暖化　207
窒素固定細菌　247
窒素のリサイクル　227
チビクワガタ *Figulus binodulus*　229
チビクワガタ亜科 Figulinae　229, 233
チビクワガタ属 *Figulus*　229
虫えい（虫こぶ，ゴール）　46
中生代　234
宙吊り飛翔法　87
腸外消化　53
鳥類　177
直列型　239

【ツ】
通水機能　39
接ぎ木　41
ツノヒョウタンクワガタ属 *Nigidius*　229
ツメカクシクワガタ属 *Penichrolucanus*　224
ツヤハダクワガタ *Ceruchus lignarius*　216, 222, 227

【テ】
抵抗性品種　40
抵抗力　192
適応度　22, 214, 232, 260
適応度成分　222
適応放散　182
デラデヌス・シリシディコラ *Deladenus siricidicola*　153
テルペン類　31
テレビン油　31
テングシロアリ亜科 Nasutitermitinae　239, 245
Dendroctonus 属　204, 211
伝播者（ベクター）　211

【ト】
頭蓋　110
同系交配　179, 187
等翅目　144, 238
糖蛋白質　148
頭幅　110
Trachyostus 属　199, 201
糖類　148
トガリハネナガキクイムシ *Platypus solidus*　166, 205
毒液　129
トドマツオオキクイムシ *Euwallacea validus*　166
トドマツノキバチ *Xoanon matsumurae*　146
共食い　230
共棲み　219
トラカミキリ類　120
トリコデルマ *Trichoderma*　152
Dorcus 属　227

【ナ】
内樹皮　32, 48
内部寄生　124, 153
ナガキクイムシ科 Platypodidae　162, 190, 211
ナガキクイムシ科の1種
　—— *Austroplatypus confertus*　166
　—— *Austroplatypus incompertus*　144, 166, 167, 187, 203
　—— *Chaetastus tuberculatus*　166
　—— *Crossotarsus barbatus*　199
　—— *Crytoqenius cribicollis*　166

索引 —— 283

—— *Dendroplatypus impar* 166
—— *Doliopygus aduncus* 166
—— *Doliopygus conradti* 166, 199
—— *Doliopygus dubius* 166, 199
—— *Doliopygus erichsoni* 166
—— *Doliopygus serratus* 166
—— *Doliopygus solidus* 166
—— *Doliopygus unispinosus* 166
—— *Notoplatypus elongatus* 166
—— *Platypus apicalis* 166, 193
—— *Platypus caviceps* 166
—— *Platypus cylindrus* 166, 199, 203
—— *Platypus flavicornis* 193
—— *Platypus gracilis* 166, 196
—— *Platypus hintzi* 166
—— *Platypus mutatus* 166
—— *Platypus pseudocupulatus* 166
—— *Platypus refertus* 166
—— *Platypus subgranosus* 166
—— *Platypus sulcatus* 166
—— *Platypus tuberculosus* 166
—— *Platypus vitiensis* 166
—— *Trachyostus carinatus* 166
—— *Trachyostus ghanaensis* 166, 199, 203
—— *Trachyostus schaufussi medius* 166
—— *Trachyostus schaufussi schaufussi* 166
—— *Trachyostus tomentosus* 166
—— *Trachyostus aterrimus* 166, 200
ナガシンクイムシ科　163
長梯子型　190
ナラ・カシ萎凋病（oak wilt）　211
ナラ菌 *Raffaelea quercivora*　204, 211
ナラ類の衰退（oak decline）　211
ナワキバチ *Urocerus yasushii*　146
軟腐朽（泥腐れ）　215
ナンヨウキクイムシ *Xyleborus formicatus* 167

【ニ】
二次師部　88
二次性昆虫（secondary insects）　3
ニセコルリクワガタ *Platycerus sugitai*　218-220
ニッチ（生態的地位，niche）　157, 178
ニトベキバチ *Sirex nitobei*　2, 146
ニホンキバチ *Urocerus japonicus*　2, 146, 149
尿酸　247

ニレ立枯病（Dutch elm disease）　175, 204, 211
ニンフ（nymph）　239

【ネ】
ネバダオオシロアリ *Zootermopsis nevadensis* 243
ネブトクワガタ属 *Aegus*　224, 234
年輪　55, 75

【ノ】
ノクチリオキバチ *Sirex noctilio*　131, 148
ノコギリクワガタ属 *Prosopocoilus*　218, 224, 227
ノコギリシロアリ科 Serritermitidae　239

【ハ】
Verticillium sp.　72
徘徊性クモ類　72
配偶システム　187
配偶様式　165
胚発生　50
Hylurgopinus 属　211
ハギキクイムシ *Xyleborus glabratus*　167
吐き戻し　243
ハキリアリ　162, 168
白亜紀　234
白色腐朽（白腐れ）　214, 215
バクテリア　182, 227
はちかみ　16
Bacillus spp.　88
発育零点　197
発音器官　196
ハットリキクイコマユバチ *Ecphylus hattorii* 134
ハマキガ科　66
ハモグリガ科　66
半子嚢菌　170
半翅目　144
半社会性　144, 238
繁殖カースト　144
繁殖成功度　25
繁殖様式　165
バンド・トラップ法　16
ハンノキカミキリ　2
ハンノキキクイムシ *Xylosandrus germanus* 2, 167, 175, 196, 204

ハンノスジキクイムシ　165
半倍数性　144, 182

【ヒ】
PDA培地　150
被害回避　55
ヒゲジロキバチ *Urocerus antennatus*　146
ヒゲジロハサミムシ *Carcinophora marginalis*　99
ヒゲナガカミキリ属　84
ヒゲナガカミキリ属の1種
　—— *Monochamus carolinensis*　87
　—— *Monochamus sutor*　96
ヒゲナガゾウムシ科　108
ヒゲナガモモブトカミキリ　136, 139
飛翔距離　87
飛翔筋　199
飛翔時間　87, 89
皮層　88
ピットフォール・トラップ（pitfall trap）　113
ヒノキカワモグリガ *Epinotia granitalis*　2, 21, 66
ヒメアリ *Monomorium nipponense*　97
ヒメオオクワガタ *Dorcus montivagus*　218
ヒメスギカミキリ　2, 24
ヒメバチ科　72
ヒメバチ科の1種
　—— *Celinae* sp.　72
　—— *Diadegma* sp.　73
　—— *Ischnus* sp.　72
　—— *Rhyssa persuasoria*　131
　—— *Campoplex* sp. A　72
　—— *Campoplex* sp. B　72
皮紋（fleck）　53
ヒューマス食性　246
病原微生物　99
病原力　192
ヒョウタンクワガタ属 *Nigidionus*　229
ヒラアシキバチ亜科 Tremecinae　146
ヒラタキクイムシ　163
ヒラタクワガタ *Dorcus titanus*　218
ヒラタシロアリ亜科 Termitogetoninae　239
ヒラタタマバチ *Ibalia leucospoides*　153
ヒラタモグリガ科　66
ピンホール（pin-hole）　178

【フ】
ファイルキクイムシ *Xyleborus pfeili*　197
フィージーナガキクイムシ *Platypus gerstaeckeri*　166, 201
フィリピンザイノキクイムシ *Xyleborus perforans*　167, 197
フェニル酢酸　88
フェノール　74
フェノール類　203, 212
フェロモン　193
不完全菌　170, 216
不完全変態　238
腐朽菌　120
腐朽材食性　214
副次的アンブロシア菌（auxiliary ambrosia fungi）　170
副生殖虫　240
腐生昆虫（scavenger）　4
跗節　198, 225
物質循環　207
物理的防御　250
ブナ科樹木萎凋病　190, 205, 206
不妊カースト　144, 239
不妊化型　154
フラス　90, 110, 126, 196
フルミゾガシラシロアリ亜科 Prorhinotermitinae　239
Protoplatypus 属　187
分解者　238
分岐孔　192, 200
分散　23, 86
分裂　171

【ヘ】
兵蟻（soldier）　239
Paecilomyces spp.　72
ヘミセルロース　214
Periomatus 属　166
辺材　48, 112
変動環境　101
変動主要因分析（key factor analysis）　97
鞭毛虫類　249
片利共生　155

【ホ】
防御反応　39, 212, 260
防御物質　74, 164

胞子　171
放射組織　226
放射方向　88
捕獲 - 再捕獲　18
ボクトウガ科　2, 66
母孔　187, 190
捕食寄生者　124
捕食者　203
捕食性昆虫　142
ホソカタムシ科 Colydiidae　204
ホソツヤルリクワガタ Platycerus kawadai　218, 223, 234
ポロシロアリ亜科 Porotermitinae　239

【マ】
マイカンギア（mycangia, 単数形 mycangium）　146, 168
巻き込み　54
膜翅目 Hymenoptera　144, 204
マグソクワガタ Nicagus japonicus　220
マグソクワガタ属　234
マスアタック（集中攻撃, mass attack）　175, 194, 212
マスダクロホシタマムシ　2
マダラクワガタ Aesalus asiaticus　216, 222
マダラクワガタ亜科 Aesalinae　233
マツキボシゾウムシ Pissodes nitidus　108
マツ材線虫病　84, 211
マツノキクイムシ　138, 139
マツノクロキボシゾウムシ　2
マツノザイセンチュウ Bursaphelenchus xylophilus　84
マツノシラホシゾウムシ　2
マツノシンマダラメイガ　2
マツノツノキクイムシ　138
マツノマダラカミキリ Monochamus alternatus　2, 22, 84, 120, 127, 139
マツバノタマバエ　46
繭　126
マルバネクワガタ属 Neolucanus　224

【ミ】
水ポテンシャル　88
ミゾガシラシロアリ亜科 Rhinotermitinae　239
ミゾガシラシロアリ科 Rhinotermitidae　239, 245

ミツギリゾウムシ科　108
密度依存的な死亡　99
ミツバチ　144, 146
ミツフシハマダラタマバエ Lestodiplosis trifaria　61
ミヤマクワガタ Lucanus maculifemoratus　218
脈翅目　99
ミューカス（mucus）　146, 179

【ム】
ムカシシロアリ Mastotermes darwiniensis　256
ムカシシロアリ科 Mastotermitidae　239
ムカデ類　72, 218

【メ】
メイガ科　66
メタン　224, 247
メタン細菌　247

【モ】
木材腐朽菌　214
Monochamus 属　100
モノテルペン　31, 89
モミノオオキバチ Urocerus gigas　146

【ヤ】
ヤシオオサゾウムシ Rhynchophorus ferrugineus　108
ヤチダモノナガキクイムシ Crossotarsus niponics　198, 205
ヤツバキクイムシ Ips typographus japonicus　2, 30, 192, 204
ヤドリバエ科の1種 Billaea sp.　99
ヤマトシロアリ Reticulitermes speratus　120, 239, 245, 248
ヤマトシロアリ亜科 Heterotermitinae　239
ヤマトシロアリ属　254
ヤマトネスイ Rhizophagus japonicus　204

【ユ】
誘引トラップ　127
有効積算温度　197
有翅虫（alate）　238
誘導防御反応　32

【ヨ】

養菌性キクイムシ（ambrosia beetles） 120, 161, 164
蛹室 16
ヨゴオナガコマユバチ *Doryctes yogoi* 35
ヨシブエナガキクイムシ *Platypus calamus* 204, 205

【ラ】

ラクダムシ *Inocellia japonica* 99
Raffaelea 属 211
卵塊 200
卵巣小管 92
ランダム分散 94

【リ】

リグニン 120, 148, 214
リター食性 246

【ル】

ルイスザイノキクイムシ *Ambrosiodmus lewisi* 204
ルイスナガキクイムシ *Platypus lewisi* 205
ルリクワガタ *Platycerus delicatulus* 218, 223, 234
ルリクワガタ属 234

【レ】

レイビシロアリ科 Kalotermitidae 239, 244
Lestodiplosis 属 61
Resseliella 属 59

【ロ】

ロジン 31

利他行動 144

執筆者紹介（あいうえお順）

荒谷邦雄（あらや　くにお）（13章）
1965年生
京都大学大学院理学研究科博士後期課程修了
九州大学大学院比較社会文化研究院助教授

伊藤賢介（いとう　けんすけ）（4章）
1957年生
北海道大学理学部卒業
林野庁研究・保全課首席研究企画官

浦野忠久（うらの　ただひさ）（9章）
1964年生
名古屋大学大学院農学研究科博士過程（後期課程）単位取得退学
独立行政法人森林総合研究所関西支所生物被害研究グループ主任研究員

大村和香子（おおむら　わかこ）（14章）
1966年生
京都大学大学院農学研究科博士後期課程中途退学
独立行政法人森林総合研究所主任研究員

梶村　恒（かじむら　ひさし）（11章）
1966年生
名古屋大学大学院生命農学研究科博士課程（後期課程）修了
名古屋大学大学院生命農学研究科助手

加藤一隆（かとう　かずたか）（6章）
1964年生
名古屋大学大学院農学研究科博士課程（前期課程）修了
独立行政法人林木育種センター育種部育種研究室長

小林正秀（こばやし　まさひで）（12章）
1966年生
京都府立大学農学部卒業
京都府林業試験場主任

讃井孝義（さぬい　たかよし）（5章）
1945年生
九州大学大学院農学研究科博士課程中途退学
宮崎県林業技術センター育林環境部専門技師

柴田叡弌（しばた　えいいち）（1, 2, 3章）
別掲

富樫一巳（とがし　かつみ）（7, 15章）
別掲

中村克典（なかむら　かつのり）（8章）
1964年生
広島大学大学院生物圏科学研究科単位取得退学
独立行政法人森林総合研究所東北支所生物被害研究グループ主任研究員

福田秀志（ふくだ　ひでし）（10章）
1968年生
名古屋大学大学院農学研究科博士課程（後期課程）修了
日本福祉大学情報社会科学部助教授

吉田成章（よしだ　なりあき）（5章）
1946年生
九州大学農学部卒業
独立法人森林総合研究所元九州支所長

編者紹介

柴田叡弌（しばた　えいいち）
1946年生
三重大学大学院農学研究科修士課程修了
名古屋大学大学院生命農学研究科教授

著書
スギカミキリの生態と防除（林業科学技術振興所，1985）（共著），暗い所好きが運のつき（日本林業技術協会「森の虫の100不思議」，1991），スギカミキリ，スギドクガ（養賢堂「森林昆虫」，1994），森の生き物（丸善「森へゆこう．大学の森へのいざない」，1996）（共著），栽培きのこ害虫，材質劣化害虫，球果・種子害虫と苗畑害虫，森林鳥獣の管理（朝倉書店「植物保護の事典」，1997），樹木の虫害（朝倉書店「樹木医学」，1999），樹木害虫（朝倉書店「植物病害虫の事典」，2001），虫害（朝倉書店「森林保護学」，2004），Biology and life history of the bamboo gall maker, *Aiolomorphus rhopaloides* Waker (Hymenoptera: Eurytomidae) (Springer-Verlag「Galling Arthropods and Their Associates: Ecology and Evolution」，2006)，フィールド調査における調査方法の選択―森林昆虫，データ解析―昆虫（朝倉書店「森林フィールドサイエンス」，2006）

富樫一巳（とがし　かつみ）
1953年生
京都大学大学院農学研究科博士後期課程中途退学
東京大学大学院農学生命科学研究科教授

著書
キアシドクガ（養賢堂「森林昆虫」，1994），松枯れをめぐる宿主-病原体-媒介者の相互作用（京都大学学術出版会，「昆虫個体群生態学の展開」，1996），昆虫の目，虫を見る目（培風館「異文化／Ｉ・BUNKA」，2000），マツノザイセンチュウ―日本の景観を変えた線虫（地人書館「外来種ハンドブック」，2002），Spread of an introduced tree pest organism - the pinewood nematode (Kluwer「Ecological issues in a changing world - status, response and strategy」，2004) （共著），Obstruction of *Bursaphelenchus mucronatus* to *B. xylophilus* boarding *Monochamus alternatus* adults (Brill「The pinewood nematode, *Bursaphelenchus xylophilus*」，2004) （共著）

装丁　中野達彦／イラスト　北村公司
制作協力　株式会社テイクアイ

樹の中の虫の不思議な生活　　穿孔性昆虫研究への招待
2006年9月20日　第1版第1刷発行

編　者	柴田叡弌・富樫一巳
発行者	高橋守人
発行所	東海大学出版会

〒257-0003　神奈川県秦野市南矢名3-10-35
TEL 0463-79-3921　FAX 0463-69-5087
URL http://www.press.tokai.ac.jp/
振替　00100-5-46614

印刷所　港北出版印刷株式会社
製本所　株式会社石津製本所

Ⓒ Ei'ichi SHIBATA & Katsumi TOGASHI, 2006　　　　ISBN4-486-01735-8

Ⓡ〈日本複写権センター委託出版物〉
本書の全部または一部を無断で複写複製（コピー）することは，著作権法上の例外を除き，禁じられています．本書から複写複製する場合は日本複写権センターへご連絡の上，許諾を得てください．日本複写権センター（電話03-3401-2382）

自然を学ぶシリーズ

1. 中国サル学紀行
黄山に暮らす
和田一雄著
定価 2625円（本体 2500円）
中国農村の生活，サルの観察を記録するサイエンスエッセイ

2. かわらの小石の図鑑
日本列島の生い立ちを考える
千葉とき子・斎藤靖二著
定価 2625円（本体 2500円）
かわらの小石を観察，解説することにより日本列島の生い立ちを考える

3. ヒマラヤの自然誌
ヒマラヤから日本列島を遠望する
酒井治孝編著
定価 2100円（本体 2000円）
ヒマラヤの多様な自然の姿と文化，ヒマラヤの素朴な質問に答える

4. 貝のミラクル
軟体動物の最新学
奥谷喬司編著
定価 2625円（本体 2500円）
貝類を含む軟体動物のユニークな生態を紹介

5. サメ
軟骨魚類の不思議な生態
矢野和成著
定価 2625円（本体 2500円）
サメ学者でありサーファーである著者による接近遭遇サメ学

6. 地球科学の巨人たち
科学者たちの素顔に迫る
リチャード・レイメント著・阿部勝巳訳
定価 2940円（本体 2800円）
地球科学者＋地球科学入門＋エッセイ

7. 失われ行く森の自然誌
熱帯林の記憶
大井 徹著
定価 2625円（本体 2500円）
スマトラに暮した著者による熱帯雨林の自然史

8. 貝のパラダイス
磯の貝たちの行動と生態
岩崎敬二著
定価 2940円（本体 2800円）
磯の貝たちが繰り広げる自由気ままな生態と行動を解説

9. ホタルイカの素顔
奥谷喬司編著
定価 2625円（本体 2500円）
光イカのスターの生態・行動，発光の秘密などに迫る

10. 害虫はなぜ生まれたのか
農薬以前から有機農業まで
小山重郎著
定価 2625円（本体 2500円）
害虫と害虫防除の物語．害虫はなぜ生まれたのかなど

11. ウミウシ学
海の宝石、その謎を探る
平野義明著
定価 2625円（本体 2500円）
ウミウシの素顔をひも解くわが国唯一の後鰓類のテキスト

12. 多足類読本
ムカデとヤスデの生物学
田辺 力著
定価 2940円（本体 2800円）
多足類に関するわが国唯一のゲジゲジマニア入門

13. ハエ学
多様な生活と謎を探る
篠永 哲・嶌 洪編著
定価 3675円（本体 3500円）
身近なハエから吸血するハエ，貝を食べる貝など多様な生活史を紹介

14. 魚のエピソード
魚類の多様性生物学
尼岡邦夫編著
定価 2940円（本体 2800円）
魚の形態，機能，行動，発生，生理，生態など多様性魚類生物学

15. ヒトデ学
棘皮動物のミラクルワールド
本川達雄編著
定価 2940円（本体 2800円）
棘皮動物はどんな動物かを手軽に理解できる本

16. 蚊の不思議
多様性生物学
宮城一郎編著
定価 2940円（本体 2800円）
12の話題からなる「最新蚊学情報」

17. クモ学
摩訶不思議な八本足の世界
小野展嗣著
定価 2940円（本体 2800円）
摩訶不思議な八本足の世界を解き明かす，スパイダー入門

18. 生命科学物語
横田幸雄著
定価 2940円（本体 2800円）
生命の誕生から分子生物学までを解説するテキストとして最適

19. 虫の名、貝の名、魚の名
和名にまつわる話題
青木淳一・奥谷喬司・松浦啓一編著
定価 2940円（本体 2800円）
虫，貝，イカ・タコ，カニ，魚の和名に関する様々話題を紹介

20. イルカ・クジラ学
イルカとクジラの謎に挑む
村山 司・中原史生・森 恭一編著
定価 2940円（本体 2800円）
謎と神秘に満ちたイルカ・クジラの世界を解説する．鯨類学の第一歩

21. 昆虫少年の博物誌
水棲昆虫とともに
川合禎次著
定価 2940円（本体 2800円）
日本の水棲昆虫学の先達の業績をたどる

22. 甲殻類学
エビ・カニとその仲間の世界
朝倉 彰編著
定価 2940円（本体 2800円）
系統分類，生活史，保全などエビ・カニとその仲間の世界を探る

23. カイガラムシが熱帯林を救う
渡辺弘之著
定価 2520円（本体 2400円）
接着剤，薬，染料，塗料など様々な用途に用いられるカイガラムシの話題

24. ミミズ
嫌われものの はたらきもの
渡辺弘之著
定価 2100円（本体 2000円）
役立ちミミズの素顔，生活史，生態などミミズの自然史を解説

25. フィールドの寄生虫学
水族寄生虫学の最前線
長澤和也編著
定価 2940円（本体 2800円）
水族寄生虫の生態や生残戦略の最新情報

26. 飛ぶ昆虫、飛ばない昆虫の謎
藤崎憲治・田中誠二編著
定価 2940円（本体 2800円）
飛ぶ，飛ばない昆虫の生理学，生態学，進化学の謎を解く

27. サルとバナナ
三戸幸久著
定価 2940円（本体 2800円）
サルとバナナの関係はいつごろから？ サルのナチュラルヒストリーとフォークロアを探る

28. 自然学
自然の「共生循環」を考える
藤原 昇・池原健二・磯辺ゆう著
定価 3360円（本体 3200円）
環境共生，循環型社会を目指すための基礎テキスト

29. キナバル山
ボルネオに生きる……自然と人と
安間繁樹著
定価 2940円（本体 2800円）
熱帯雨林に生息する生物の自然史と人々の暮らしを語る

30. 南極の自然史
ノトセニア魚類の世界から
川口弘一著
定価 2940円（本体 2800円）
南極海におけるノトセニア魚類の適応戦略などを解説

31. 新版 魚の分類の図鑑
世界の魚の種類を考える
上野輝彌・坂本一男著
定価 2940円（本体 2800円）
世界中の魚を分類学でいう目・亜目のレベルでまとめる

32. 魚の形を考える
松浦啓一編著
定価 2940円（本体 2800円）
千変万化な「魚の形」を魚の化石，発生，系統と分類，稚魚などから紹介する

33. カイアシ類学入門
水中の小さな巨人たちの世界
長澤和也編著
定価 3360円（本体 3200円）
カイアシ類の多様性や生態を紹介する．わが国唯一のカイアシ類学入門テキスト

34. 南の島の自然誌
沖縄と小笠原の海洋生物研究のフィールドから
矢野和成編著
定価 3360円（本体 3200円）
美ら海，東洋のガラパゴスにすむ魚類，貝類，頭足類，棘皮動物，甲殻類，プランクトン，鯨類などのユニークな生活を探る

35. ミツバチ学
ニホンミツバチの研究を通し科学することの楽しさを伝える
菅原道夫著
定価 2940円（本体 2800円）
生態観察と飼育，ハチミツ採取など，ミツバチ研究の楽しさを伝える

36. 藻類30億年の自然史
藻類からみる生物進化
井上 勲著
定価 3990円（本体 3800円）
藻類の30億年の多様な歩みと藻類が地球と生命の進化に深く関わってきたことについての物語．最新藻類ウォッチング

37. 魚のつぶやき
高田浩二著
定価 2940円（本体 2800円）
マダイから始まりリュウグウノツカイまでを紹介

38. 樹の中の虫の不思議な生活
穿孔性昆虫研究への招待
柴田叡弌・富樫一巳編著
定価 2940円（本体 2800円）
穿孔性昆虫の樹幹の中での不思議で，興味深い生活を紹介する

39. 森と水辺の甲虫誌
丸山宗利編著
定価 3360円（本体 3200円）
甲虫がどれほど多様かに答える．分類から最新進化学までの15話